KB074501

대학수학

CALCULUS

Fundamental of Elementary Mathematics

대학수학

수학의 기초적 개념을 보다 쉽게 이해할 수 있도록
핵심사항만을 엄선하여 기본원리를 중심으로
상세하게 설명해 주었고, 예제와 더불어
연습문제를 수록하였다.

동양에서는 육례에, 서양에서는 칠 학예에 수학을 포함시킨 것을 보면 예로부터 수학을 중요시하였다는 것을 알 수 있다. 오늘날에도 공학, 자연과학, 사회과학, 인문과학 등 모든 분야에서 창의적인 능력을 발휘할 수 있도록 높은 수학적 사고력이 요구되는 시대이기도 하다. 그럼 예나 지금이나 왜 변함없이 수학은 중요하게 여겨지는 것일까?

이는 수학을 공부함으로써 논리적으로 생각하는 능력, 어떤 현상에 숨겨져 있는 원리를 통찰하고 표현하는 능력, 사물을 관찰하여 공통점을 발견하고 추상화하는 능력, 자료를 수집하고 분석하는 능력, 주어진 조건에서 새로운 결과를 이끌어내는 능력 등을 함양할 수 있는 수학적 사고력을 기를 수 있기 때문일 것이다. 이런 능력은 사회가 발전하면 발전할수록 더 많이 요구될 것이다.

이러한 시대적 흐름에 부합하여 이 책은 공업계 대학생들이 수학적 사고력을 높일 수 있도록 하면서, 배운 지식들이 전공 공부에 직접 녹아들어 갈 수 있도록 가급적 쉽게 저술했고, 독자들이 친근감을 가질 수 있도록 다음 점에 유의하여 집필하였다.

① 고등학교 수학의 기본적인 내용을 알고 있다는 전제로 하였으나 가급적 이 전제에서 벗어나려고 노력했다.
② 기본개념에서 응용에 이르기까지 자율학습이 가능하도록 노력하였다.

이 책으로 공부하는 대학생들은 교양뿐만이 아니라 자기 학문분야에서 발생하는 현상을 논리적으로 해석하고, 체계적으로 분석하여 합리적인 해결방안에 이르러 21세기 정보화 사회의 주역으로 우뚝 서기를 바랍니다.

2017년 2월

지은이 씀

제1장 기초편

제2장 함수의 극한과 연속

CONTENT S

Fundamental of Elementary Mathematics

제 **1** 장

기초편

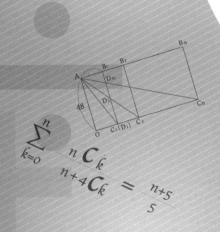

$$\sum_{k=0}^{n} \frac{{}_{n}C_{k}}{{}_{n+4}C_{k}} = \frac{n+5}{5}$$

제1장 기초편

수학 또는 공학을 공부하면서 자주 접하게 될 수학용어 및 성질 등을 알아본다.

1-1 수의 분류

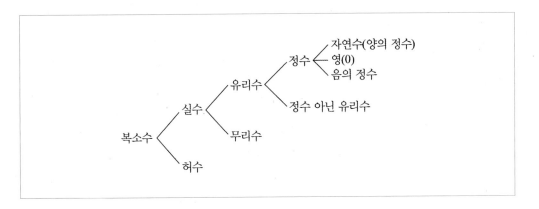

1) 자연수(양의 정수)

1, 2, 3, …을 말하고, 자연수전체의 집합은 보통 N으로 나타낸다.

2) 음의 정수

-1, -2, -3, …을 말한다.

3) 정수

자연수, 영(0), 음의 정수 전체를 **정수**라 한다. 정수전체의 집합을 보통 Z로 나타낸다.

4) 유리수

$\frac{a}{b}$(단, a, b는 정수, $b \neq 0$)로 나타낼 수 있는 수를 유리수라고 한다. 임의의 정수 n은 $n = \frac{n}{1}$로 표현할 수 있으므로 정수는 유리수이다. 유리수 전체의 집합을 보통 Q로 나타낸다.

〈보기〉

① $\frac{2}{3}$, $\frac{1}{5}$, $\frac{3}{1} = 3$ 등은 유리수이다.

② $\frac{1}{2} = 0.5$, $\frac{1}{3} = 0.\dot{3}$, $\frac{1}{6} = 0.1\dot{6}$

정리 1.1

유리수를 소수로 표시하면 유한소수이거나 순환하는 무한소수이다.

증명

양의 유리수 $\frac{a}{b}$(a, b는 서로소이고, $b > 1$)에 대해서 증명하면 충분하다.

① b가 2 또는 5의 소인수만을 가지고 있는 경우

$b = 2^n \cdot 5^m$(n, m은 0 또는 양의 정수)이라 두면 $10^{\max(n,m)} \cdot \frac{a}{b}$는 정수이므로 $\frac{a}{b}$는 유한소수이다.

② b가 2와 5 이외의 소인수가 있는 경우

임의의 양수 n에 대하여 $10^n \cdot \frac{a}{b}$는 정수가 아니므로 $\frac{a}{b}$는 무한소수이다.
한편,

$$a = b\alpha_0 + r_0 \ (0 < r_0 < b),$$
$$10r_0 = b\alpha_1 + r_1 \ (0 < r_1 < b),$$
$$10r_1 = b\alpha_2 + r_2 \ (0 < r_2 < b),$$
$$\cdots$$

라 두면 a 를 b 로 계속 나눌 때 몫은 $\alpha_0.\alpha_1\alpha_2\cdots$ 이고, 나머지는 차례로 r_0, r_1, r_2, $\cdots$ 임을 의미한다. 모든 나머지는 1, 2, $\cdots$, $b-1$ 중의 하나이므로 처음 b 개의 나머지 r_0, r_1, $\cdots$, r_{b-1} 가운데 어느 두 개는 같아야 한다. 즉 $r_i = r_j \, (0 \le i < j \le b-1)$

$$\therefore \alpha_{i+1} = \alpha_{j+1}, \; r_{i+1} = r_{j+1}, \; \alpha_{i+2} = \alpha_{j+2}, \; r_{i+2} = r_{j+2}, \cdots$$

따라서 $\dfrac{a}{b}$ 는 순환하는 무한소수이다.

Q.E.D.

[예제 1.1]

다음 유리수를 유한소수와 순환하는 무한소수로 구별하라.

$$\frac{3}{20}, \frac{13}{80}, \frac{11}{140}, \frac{27}{1100}$$

[풀이] 유한소수 : $\dfrac{3}{20} = \dfrac{3}{2^2 \times 5}$, $\dfrac{13}{80} = \dfrac{13}{2^4 \times 5}$

순환하는 무한소수 : $\dfrac{11}{140} = \dfrac{11}{2^2 \times 5 \times 7}$, $\dfrac{27}{1100} = \dfrac{27}{2^2 \times 5^2 \times 11}$

5) 무리수

실수 중에서 유리수가 아닌 수를 무리수라고 한다. 무리수를 소수로 표시하면 순환하지 않는 무한소수이다.

〈보기〉

$$\sqrt{2} = 1.41423\cdots, \; \pi = 3.14159\cdots$$

6) 실수

유리수와 무리수 전체의 집합을 실수의 집합이라 하고, 실수의 전체의 집합을 보통 R 로 나타낸다.

임의의 실수는 수직선 위의 한 점으로 볼 수 있고, 수직선 위의 임의의 한 점은 실수로 볼 수 있으므로 실수와 수직선은 일대일대응을 이룬다. 따라서 실수와 수직선을 같은 것으로 본다.

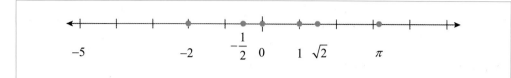

7) 복소수

제곱하여 -1이 되는 새로운 수를 i로 나타내고 이를 허수단위라고 한다. 임의의 실수 a, b에 대하여 $a+bi$ 꼴로 나타내어지는 수를 **복소수**라 하는데, 임의의 실수 a에 대하여 $a=a+0i$ 이므로 실수도 복소수이다. 실수가 아닌 복소수를 허수라고 한다. 복소수 전체의 집합은 보통 C로 나타낸다.

> **참고**
>
> 어떤 수 전체의 집합을 나타내는 기호는 그 집합을 대표하는 단어의 머리글자를 따서 만든 것이다. N은 자연수를 뜻하는 영어 Natural number, Z는 정수를 뜻하는 독일어 Zahlen, Q는 유리수를 뜻하는 영어 Quotient, R은 실수를 뜻하는 영어 Real number, C는 복소수를 뜻하는 영어 Complex number에서 왔다.

연습문제

1. 다음 수 가운데 자연수, 정수, 유리수, 무리수, 허수를 찾아라.

   1) -7, $-\dfrac{9}{4}$, 5, $\sqrt{3}$, $\dfrac{1}{2}$, 0, -4, 3.12, $\sqrt{7}$, $1-i$

   2) $2.\dot{3}$, -1.1, π, $-\sqrt{2}$, $\dfrac{\pi}{2}$, -4.123, 10, -8, 12, $2i$

2. 다음 유리수를 소수로 나타낼 경우 유한소수인 것과 순환하는 무한소수로 구분하여라.

   $\dfrac{53}{1024}$, $\dfrac{114}{3072}$, $\dfrac{537}{26600}$, $\dfrac{721}{30124}$

1-2 지수와 근호

2를 5번 곱한 것 $2 \cdot 2 \cdot 2 \cdot 2 \cdot 2$을 간단히 2^5로 나타낸다. 일반적으로 실수 a와 자연수 n에 대하여 $\underbrace{a \cdot a \cdots a}_{n개}$를 a^n으로 나타내고, a의 n제곱 또는 a의 n승이라 부른다. a^n에서 a를 밑, n을 지수라고 한다.

정리 1.2 지수의 법칙

a, b는 임의의 실수이거나, 변수, 또는 식이고, m, n은 정수일 때

1) $a^m a^n = a^{m+n}$

2) $(a^m)^n = a^{mn}$

3) $\dfrac{a^m}{a^n} = a^{m-n} (a \neq 0)$

4) $\left(\dfrac{a}{b}\right)^m = \dfrac{a^m}{b^m} (b \neq 0)$

위의 정리의 3)에서 $m = n$이면

$$a^0 = 1 (a \neq 0)$$

또, $m = 0$으로 선택하면

$$a^{-n} = \frac{1}{a^n} (a \neq 0)$$

이다. 한편, 위의 정리에서 m, n이 실수까지 확장될 수 있다.

예제 1.2

지수의 법칙을 이용하여 다음을 간단하게 나타내라. (단, a, b는 실수)

1) $(-2a^4 b^3)(3a^{-3} b)$ (단, $a \neq 0$)

2) $7a^2 (-5a^4 - 1)^0$

풀이 1) $(-2a^4b^3)(3a^{-3}b) = -6a^4a^{-3}b^3b = -6ab^4$

2) $(-5a^4-1) = -(5a^4+1) \neq 0$ 이므로 $(-5a^4-1)^0 = 1$

$\therefore 7a^2(-5a^4-1)^0 = 7a^2$

예제 1.3

다음을 지수가 양수되게 나타내어라.

1) $\dfrac{y^{-1}}{x^{-3}}$ (단, $xy \neq 0$)

2) $\left(\dfrac{b}{a}\right)^{-n}$ (단, $ab \neq 0$, n은 자연수)

풀이 1) $\dfrac{y^{-1}}{x^{-3}} = \dfrac{x^3}{y}$

2) $\left(\dfrac{b}{a}\right)^{-n} = \dfrac{b^{-n}}{a^{-n}} = \dfrac{a^n}{b^n} = \left(\dfrac{a}{b}\right)^n$

---

a가 실수, n이 자연수일 때 n제곱하여 a가 되는 수를 a의 n제곱근이라 한다. 즉, 방정식

$$x^n = a$$

을 만족하는 x들이며, 복소수 범위에서 n개의 해가 있으나 실수의 범위에서는 기껏해야 2개의 해밖에 없다.

① n이 홀수일 때

a의 n제곱근 중에서 실수인 것은 한 개이고, 이를 $\sqrt[n]{a}$로 나타낸다.

② n이 짝수일 때

ⓐ $a < 0$이면 a의 n제곱근 중에서 실수인 것은 없다.

ⓑ $a > 0$이면 a의 n제곱근 중에서 실수인 것은 2개 있는데, 양수는 $\sqrt[n]{a}$로, 음수는 $-\sqrt[n]{a}$로 나타낸다.

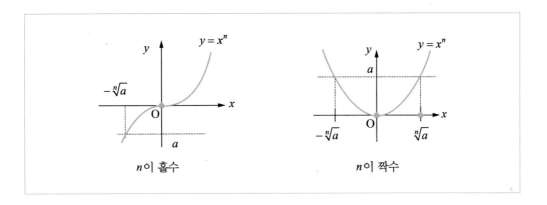

$\sqrt[n]{}$ 은 n 제곱근호라 하며, $\sqrt[2]{}$ 은 $\sqrt{}$ 로 나타낸다.

정리 1.3 (제곱근의 성질)

a, b 는 임의의 실수이거나 변수, 또는 식이며, 다음 각 거듭제곱근이 실수일 때, 자연수 m, n 에 대하여

1) $\sqrt[n]{a^m} = (\sqrt[n]{a})^m$

2) $\sqrt[n]{a}\sqrt[n]{b} = \sqrt[n]{ab}$

3) $\dfrac{\sqrt[n]{a}}{\sqrt[n]{b}} = \sqrt[n]{\dfrac{a}{b}}$ (단, $b \neq 0$)

4) $\sqrt[m]{\sqrt[n]{a}} = \sqrt[mn]{a}$

5) $(\sqrt[n]{a})^n = a$

6) $\sqrt[n]{a^n} = \begin{cases} |a| & (n = \text{짝수}) \\ a & (n = \text{홀수}) \end{cases}$

예제 1.4

다음 식을 간단히 하여라. (단, x, y 는 실수)

1) $\sqrt{\sqrt[3]{729}}$

2) $\sqrt[5]{x^5}$

3) $\sqrt[8]{y^8}$

4) $\sqrt[4]{80}$

5) $\sqrt{75x^3}$ $(x \geq 0)$

6) $\sqrt[3]{-24x^6}$

풀이 1) $\sqrt{\sqrt[3]{729}} = \sqrt[6]{729} = \sqrt[6]{3^6} = |3| = 3$

2) $\sqrt[5]{x^5} = x$

3) $\sqrt[8]{y^8} = |y|$

4) $\sqrt[4]{80} = \sqrt[4]{16 \cdot 5} = \sqrt[4]{2^4 \cdot 5} = \sqrt[4]{2^4} \cdot \sqrt[4]{5} = 2\sqrt[4]{5}$

5) $\sqrt{75x^3} = \sqrt{25x^2 \cdot 3x} = \sqrt{(5x)^2 \cdot 3x} = \sqrt{(5x)^2} \cdot \sqrt{3x} = 5x\sqrt{3x}$

6) $\sqrt[3]{-24x^6} = \sqrt[3]{(-8x^6) \cdot 3} = \sqrt[3]{(-2x^2)^3 \cdot 3} = \sqrt[3]{(-2x^2)^3} \sqrt[3]{3} = -2x^2\sqrt[3]{3}$

---

a 의 n 제곱근 중에서 실수가 존재할 때

$$\sqrt[n]{a} = a^{\frac{1}{n}}$$

으로 정의하고, $a^{\frac{1}{n}}$ 이 정의될 때 자연수 m 에 대하여

$$a^{\frac{m}{n}} = (a^{\frac{1}{n}})^m = (\sqrt[n]{a})^m$$

$$a^{\frac{m}{n}} = (a^m)^{\frac{1}{n}} = \sqrt[n]{a^m}$$

으로 정의한다. 지수가 유리수인 경우도 정리 1.2가 성립한다.

참고

$\sqrt[n]{a}$ 가 실수가 아니면 $a^{\frac{m}{n}}$ 은 정의하지 않는다. 이를테면 $\sqrt[3]{-8} = -2$ 이므로 $(-8)^{\frac{1}{3}}$ 은 정의된다. 그러나 $\sqrt[6]{-8}$ 은 실수가 아니므로 $(-8)^{\frac{1}{6}}$ 는 정의되지 않는다.

1) $\sqrt{5} = 5^{\frac{1}{2}}$

2) $x \geq 0$ 일 때, $3x\sqrt[4]{x^5} = 3x \cdot x^{\frac{5}{4}} = 3x^{1+\frac{5}{4}} = 3x^{\frac{9}{4}}$

3) $\sqrt{(x^2 + y^2)^3} = (x^2 + y^2)^{\frac{3}{2}}$

4) $(-32)^{-\frac{4}{5}} = \dfrac{1}{(-32)^{\frac{4}{5}}} = \dfrac{1}{(\sqrt[5]{-32})^4} = \dfrac{1}{(-2)^4} = \dfrac{1}{16}$

5) $x \geq 0$ 일 때, $\sqrt[10]{x^5} = (x^5)^{\frac{1}{10}} = x^{5 \cdot \frac{1}{10}} = x^{\frac{1}{2}} = \sqrt{x}$

연 습 문 제

1. 다음 식의 값을 구하거나 간단히 하여라.

1) $(-x+1)^0$ (단, $x \neq 1$)

2) $(-12)^0$

3) $(-3x^2)^3(6x^4)^{-1}$ (단, $x \neq 0$)

4) $2^{-2} + 3^{-1}$

5) $(6x^3y^4)^3(3x^3y^4)^{-3}$ (단, $xy \neq 0$)

6) $\dfrac{x^3}{y^3} \cdot ((\dfrac{x}{y})^{-1})^3$ (단, $xy \neq 0$)

2. 다음 식을 간단히 하여라.

1) $\sqrt{27}$

2) $\sqrt{72x^5}$ (단, $x \geq 0$)

3) $\sqrt[3]{16x^5}$

4) $\sqrt{\dfrac{64x^4}{y^2}}$ (단, $y \neq 0$)

3. 다음 식을 간단히 하여라.

1) $3^{\frac{5}{2}} \cdot 3^{\frac{3}{2}}$

2) $\dfrac{(3x^2)^{\frac{3}{2}}}{3^{\frac{1}{2}} \cdot x^5}$ (단, $x \neq 0$)

3) $\dfrac{x^2 \cdot x^{\frac{1}{3}}}{x^{\frac{4}{3}} \cdot x^{-1}}$ (단, $x \neq 0$)

4) $(3x+1)^{\frac{5}{4}} \cdot (3x+1)^{-\frac{1}{4}}$ (단, $x > -\dfrac{1}{3}$)

5) $\sqrt[6]{x^3}$ (단, $x > 0$)

6) $\sqrt[6]{(x-1)^4}$

1-3 로그(Log)

방정식 $2^x = 5$을 만족하는 지수 x의 값은 얼마인가? $2^2 = 4$, $2^3 = 8$ 이므로 $x = 2.\cdots$ 일거라 추측되는데, 이 x를 $\log_2 5$로 나타낸다.

일반적으로 1이 아닌 양수 a와 양수 N에 대하여

$$a^x = N$$

을 만족하는 실수 x는 오직하나 존재하는데 이를 $\log_a N$으로 나타내고, a를 밑으로 하는 N의 **로그**라 한다. 또, N은 $\log_a N$의 **진수**라고 한다.

$$a^x = N \Leftrightarrow x = \log_a N \text{ (단, } a > 0, \ a \neq 1, \ N > 0 \text{)}$$

많이 쓰이는 로그의 밑으로 10 또는 $e \, (= 2.71828\cdots)$가 있는데 밑이 10인 경우를 **상용로그**라 하고, 밑이 e인 경우를 **자연로그**라 한다.

$\log_e x$을 간단히 $\ln x$로 나타낸다.

다음 값을 구하여라.

1) $\log_2 8$ 2) $\log_3 1$ 3) $\log_4 8$

풀이 1) $\log_2 8 = x$ 라 두면 로그의 정의에 의하여

$$2^x = 8, \quad \text{즉} \quad 2^x = 2^3$$

$$\therefore \ x = 3$$

2) $\log_3 1 = x$ 라 두면 로그의 정의에 의하여

$$3^x = 1, \quad \text{즉} \quad 3^x = 3^0$$

$$\therefore \ x = 0$$

3) $\log_4 8 = x$ 라 두면 로그의 정의에 의하여

$$4^x = 8, \quad \text{즉} \quad 2^{2x} = 2^3$$

$$2x = 3 \ \text{에서} \quad x = \frac{3}{2}$$

$a > 0$, $a \neq 1$ 일 때, 지수와 로그의 정의로부터

$$a^0 = 1 \Leftrightarrow \log_a 1 = 0$$

$$a^1 = a \Leftrightarrow \log_a a = 1$$

이다. 또 지수법칙을 이용하면 다음 로그의 성질을 얻는다.

정리 1.4 (로그의 성질)

$a > 0$, $a \neq 1$ 이고, $M > 0$, $N > 0$ 일 때

1) $\log_a MN = \log_a M + \log_a N$

2) $\log_a \dfrac{M}{N} = \log_a M - \log_a N$

3) $\log_a M^r = r \log_a M$ (단, r은 임의의 실수)

4) $\log_a M = \dfrac{\log_b M}{\log_b a}$ (단, $b > 0$, $b \neq 1$)

예제 1.7

다음 값을 구하여라.

1) $\log_2 12 - \log_2 3$ 2) $\log_2 3 \cdot \log_3 5 \cdot \log_5 2$

풀이   1) $\log_2 12 - \log_2 3 = \log_2 \dfrac{12}{3} = \log_2 4$

$$= \log_2 2^2 = 2 \log_2 2$$

$$= 2$$

2) 밑을 2로 통일한다.

$$\log_2 3 \cdot \log_3 5 \cdot \log_5 2 = \log_2 3 \cdot \dfrac{\log_2 5}{\log_2 3} \cdot \dfrac{\log_2 2}{\log_2 5}$$

$$= \log_2 2$$

$$= 1$$

연 습 문 제

1. 다음 값을 구하여라.

1) $\log_8 4 + \log_8 2$ 2) $\log_{\frac{1}{3}} 9$

3) $\log_5 \dfrac{1}{\sqrt{5}}$ 4) $\log_2 \dfrac{2}{3} + \log_2 27 - \log_2 9$

5) $\log_4 3 \cdot \log_5 8 \cdot \log_9 25$　　　　　　6) $5\log_3 \sqrt{2} + \dfrac{1}{2}\log_3 \dfrac{1}{12} - \dfrac{3}{2}\log_3 6$

2. $\log_{10} 2 = a,\ \log_{10} 3 = b$ 라 할 때 다음을 $a,\ b$로 나타내어라.

　1) $\log_2 3$　　　　　　2) $\log_9 20$　　　　　　3) $\log_5 240$

3. $a^{\log_b c} = c^{\log_b a}$ 임을 증명하여라. (단, a, b, c는 양수, $b \neq 1$)

4. $\log_{a^m} a^n$의 값을 구하여라. (단, $a \neq 1,\ a > 0,\ m \neq 0$)

1-4　삼각비와 삼각함수

　각을 크기로 나타내는 방법에는 육십분법과 호도법이 있다. 육십분법은 직각을 90°로 하고, 직각을 90 등분하여 한 등분의 각의 크기를 1°(도)로 해서 각의 크기를 나타내는 것이다.

　반지름의 길이가 r이고, 호의 길이가 r인 부채꼴의 중심각의 크기를 1라디안(rad)이라하고, 이것을 단위로 하여 각의 크기를 나타내는 방법을 **호도법**이라 한다.

　호도법으로 각의 크기를 나타낼 때는 일반적으로 라디안을 생략하기도 한다.

　이를테면 2 라디안을 2, $\dfrac{\pi}{3}$ 라디안을 $\dfrac{\pi}{3}$으로 나타낸다. 육십분법과 호도법사이의 관계는 다음이 성립한다.

$$\pi = 180^\circ$$

예제 1.8

다음 각의 크기가 호도법으로 된 것은 육십분법으로, 육십분법으로 된 것은 호도법으로 고쳐라.

1) $1°$ 2) 1

3) $30°$ 4) $\dfrac{\pi}{4}$

5) $360°$

풀이 1) $\pi = 180°$의 양변을 180으로 나누면

$$1° = \frac{\pi}{180}$$

2) $\pi = 180°$의 양변을 π로 나누면

$$1 = \frac{180°}{\pi} \ (\fallingdotseq 57.2958°)$$

3) $\pi = 180°$의 양변을 6으로 나누면

$$30° = \frac{\pi}{6}$$

4) $\pi = 180°$의 양변을 4로 나누면

$$\frac{\pi}{4} = \frac{180°}{4} = 45°$$

5) $\pi = 180°$의 양변에 2로 곱하면

$$360° = 2\pi$$

1) 삼각비의 뜻

오른쪽 그림과 같이 $\angle C = 90°$ 인 직각삼각형에서 삼각비를 다음과 같이 정의한다.

① $\sin\theta = \dfrac{높이}{빗변} = \dfrac{b}{c}$

② $\cos\theta = \dfrac{밑변}{빗변} = \dfrac{a}{c}$

③ $\tan\theta = \dfrac{높이}{밑변} = \dfrac{b}{a}$

④ $\cot\theta = \dfrac{밑변}{높이} = \dfrac{a}{b}$

⑤ $\sec\theta = \dfrac{빗변}{밑변} = \dfrac{c}{a}$

⑥ $\csc\theta = \dfrac{빗변}{높이} = \dfrac{c}{b}$

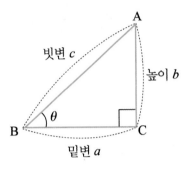

참고

sin, cos, tan, cot, sec, csc는 각각 sine, cosine, tangent, cotangent, secant, cosecant의 약자이며, cosecant의 약자로 csc 이외에 cosec를 쓰기도 한다.

예제 1.9

오른쪽 그림의 직각삼각형에서

$\sin\theta = \dfrac{3}{5}$, $\cos\theta = \dfrac{4}{5}$, $\tan\theta = \dfrac{3}{4}$

$\csc\theta = \dfrac{5}{3}$, $\sec\theta = \dfrac{5}{4}$, $\cot\theta = \dfrac{4}{3}$

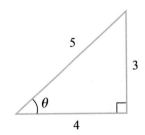

한편, $30°$, $45°$, $60°$의 삼각비의 값은 다음 표와 같다.

θ 　　삼각비	$\sin\theta$	$\cos\theta$	$\tan\theta$	$\cot\theta$	$\sec\theta$	$\csc\theta$
$30°$	$\dfrac{1}{2}$	$\dfrac{\sqrt{3}}{2}$	$\dfrac{\sqrt{3}}{3}$	$\sqrt{3}$	$\dfrac{2\sqrt{3}}{3}$	2
$45°$	$\dfrac{\sqrt{2}}{2}$	$\dfrac{\sqrt{2}}{2}$	1	1	$\sqrt{2}$	$\sqrt{2}$
$60°$	$\dfrac{\sqrt{3}}{2}$	$\dfrac{1}{2}$	$\sqrt{3}$	$\dfrac{\sqrt{3}}{3}$	2	$\dfrac{2\sqrt{3}}{3}$

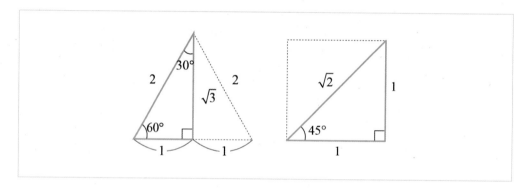

또한 삼각비 사이의 관계는 다음과 같다.

정리 1.5 (삼각비의 성질)

1) $\tan\theta = \dfrac{\sin\theta}{\cos\theta} = \dfrac{1}{\cot\theta}$, $\cot\theta = \dfrac{\cos\theta}{\sin\theta} = \dfrac{1}{\tan\theta}$

2) $\sec\theta = \dfrac{1}{\cos\theta}$, $\csc\theta = \dfrac{1}{\sin\theta}$

3) $\sin^2\theta + \cos^2\theta = 1$, $1 + \tan^2\theta = \sec^2\theta$, $1 + \cot^2\theta = \csc^2\theta$

삼각비의 정의에서 각 θ는 $0 < \theta < \dfrac{\pi}{2}$인 범위로 제한된다. 이 제한을 벗어나기 위하여 삼각함수를 다음과 같이 정의한다.

2) 삼각함수의 뜻

오른쪽 그림과 같이 x축의 양의 부분을 시초선으로 할 때, 일반각 θ가 나타내는 동경 OP와 단위원 O의 교점을 $P(a,\ b)$라면 대응관계

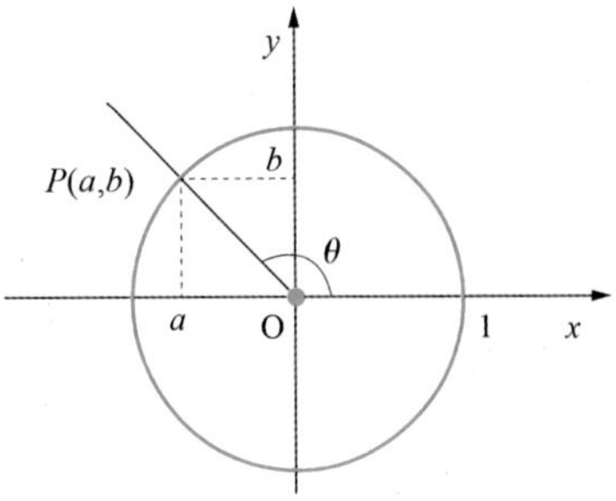

$$\theta \to b,\ \theta \to a,\ \theta \to \frac{b}{a}(a \neq 0)$$

$$\theta \to \frac{a}{b}(b \neq 0),\ \theta \to \frac{1}{a}(a \neq 0),\ \theta \to \frac{1}{b}(b \neq 0)$$

은 각각 θ의 함수이다. 이 함수들을 차례로 사인함수, 코사인함수, 탄젠트함수, 코탄젠트함수, 시컨트함수, 코시컨트함수라 하고, $\sin\theta,\ \cos\theta,\ \tan\theta,\ \cot\theta,\ \sec\theta,\ \sec\theta,\ \csc\theta$로 나타낸다. 이와 같이 정의된 함수들을 통틀어 **삼각함수**라 한다.

$$\sin\theta = b,\ \cos\theta = a,\ \tan\theta = \frac{b}{a}$$

$$\cot\theta = \frac{a}{b},\ \sec\theta = \frac{1}{a},\ \csc\theta = \frac{1}{b}$$

예제 1.10

다음 값을 구하여라.

1) $\sin 0$

2) $\cos 0$

3) $\sin\dfrac{\pi}{2}$

4) $\cos\dfrac{\pi}{2}$

풀이 오른쪽 그림에서 θ가 차례로 0, $\dfrac{\pi}{2}$이면

점 P는 A, B를 나타낸다. 따라서,

삼각함수의 정의에 의하여

1) $\sin 0 = 0$　　　　2) $\cos 0 = 1$

3) $\sin \dfrac{\pi}{2} = 1$　　　4) $\cos \dfrac{\pi}{2} = 0$

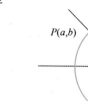

예제 1.11 **(삼각함수의 부호)**

θ의 동경 OP가 위치하는 사분면에 따라 삼각함수의 부호가 어떻게 되는지 조사하여 다음 표의 빈칸을 채워라.

삼각함수 ＼ θ	제1사분면의 각	제2사분면의 각	제3사분면의 각	제4사분면의 각
$\sin \theta$, $\csc \theta$	+			
$\cos \theta$, $\sec \theta$	+			
$\tan \theta$, $\cot \theta$	+			

풀이 $\csc \theta$의 부호는 $\sin \theta$의 부호, $\sec \theta$의 부호는 $\cos \theta$의 부호, $\cot \theta$의 부호는 $\tan \theta$의 부호와 각각 일치하므로 $\sin \theta$, $\cos \theta$, $\tan \theta$의 부호만 조사하면 된다.

① 오른쪽 그림에서 θ가 제2사분면의 각이면

　$a < 0$, $b > 0$이므로

$$\sin \theta = b > 0, \ \cos \theta = a < 0, \ \tan \theta = \dfrac{b}{a} < 0$$

② 같은 방법으로 θ가 제3사분면의 각이면

　$a < 0$, $b < 0$이므로

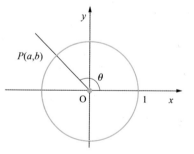

$$\sin\theta = b < 0, \ \cos\theta = a < 0, \ \tan\theta = \frac{b}{a} > 0$$

③ 같은 방법으로 θ가 제4사분면의 각이면

$a > 0, \ b < 0$ 이므로

$$\sin\theta = b < 0, \ \cos\theta = a > 0, \ \tan\theta = \frac{b}{a} < 0$$

예제 1.12 (음의 각의 삼각함수)

다음이 성립함을 증명하여라.

  1) $\sin(-\theta) = -\sin\theta$ 2) $\cos(-\theta) = \cos\theta$

  3) $\tan(-\theta) = -\tan\theta$

증명

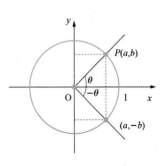

  θ의 동경과 $-\theta$의 동경은 x축 대칭이므로 (a,b)가 θ의 동경위의 점일 필요 충분조건은 $(a,-b)$가 $-\theta$ 동경위의 점이다.

  따라서

  1) $\sin(-\theta) = -b, \ \sin\theta = b$

      $\therefore \ \sin(-\theta) = -\sin\theta$

  2) $\cos(-\theta) = a, \ \cos\theta = a$

      $\therefore \ \cos(-\theta) = \cos\theta$

  3) $\tan(-\theta) = \dfrac{\sin(-\theta)}{\cos(-\theta)} = \dfrac{-\sin\theta}{\cos\theta} = -\tan\theta$

① 함수 $f(\theta) = \sin\theta$ 의 그래프

각 θ의 동경과 단위원과의 교점의 좌표를 $P(a,\ b)$라면

$$b = \sin\theta$$

이다. 따라서 각 θ를 변화시키면서 교점 $P(a,\ b)$의 y좌표인 b값의 변화를 이용하여 사인함수의 그래프를 그릴 수 있다.

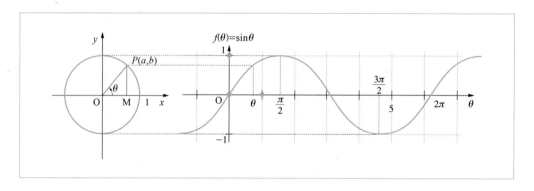

② 함수 $f(\theta) = \cos\theta$ 의 그래프

$y = \sin(\theta + \dfrac{\pi}{2}) = \cos\theta$ 이므로 $y = \cos\theta$ 의 그래프는 $y = \sin\theta$ 의 그래프를 x축의 방향으로 $-\dfrac{\pi}{2}$ 만큼 평행이동한 것임을 알 수 있다.

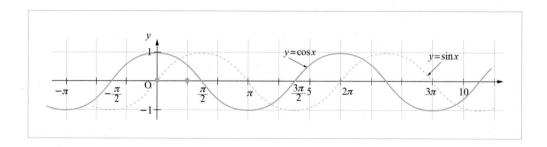

③ 함수 $f(\theta) = \tan\theta$ 의 그래프

아래 그림에서

$$\tan\theta = \frac{b}{a} = \frac{t}{1}$$

이다. 따라서 각 θ를 변화시키면서 교점 $T(1,\ t)$의 y좌표인 t값의 변화를 이용하여 탄젠트함수의 그래프를 그릴 수 있다.

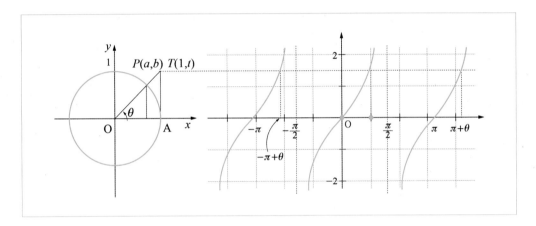

연습문제

1. 다음 값을 구하여라.

   1) $\sin 30° + \cos 60°$

   2) $\cos 45° \cdot \tan 45°$

   3) $\sin \dfrac{\pi}{3} \cdot \tan \dfrac{\pi}{6}$

   4) $\sin 60° - \cos 60°$

2. $\tan\theta = \dfrac{3}{5}$ 일 때 $\sin\theta + \cos\theta$ 의 값을 구하여라. (단, $0 < \theta < \dfrac{\pi}{2}$)

3. 다음 값을 구하여라.

   1) $\sin \pi$ 2) $\cos \pi$

   3) $\sin(-\dfrac{3\pi}{2})$ 4) $\tan 2\pi$

4. $\sec \theta = \dfrac{6}{5}$, $\tan \theta < 0$ 일 때 $\sin \theta,\ \cos \theta,\ \tan \theta,\ \cot \theta,\ \csc \theta$ 를 구하여라.

5. 다음 삼각함수의 그래프를 그려라. (Hint $\sin \theta,\ \cos \theta,\ \tan \theta$ 의 그래프를 이용하여라.)

   1) $f(\theta) = \cot \theta$ 2) $f(\theta) = \sec \theta$

   3) $f(\theta) = \csc \theta$

1-5 삼각함수의 덧셈정리

삼각함수의 모든 공식의 출발이라고 볼 수 있는 삼각함수의 덧셈정리를 알아보자.

정리 1.6 (삼각함수의 덧셈정리)

   1) $\sin(\alpha \pm \beta) = \sin \alpha \cos \beta \pm \cos \alpha \sin \beta$

   2) $\cos(\alpha \pm \beta) = \cos \alpha \cos \beta \mp \sin \alpha \sin \beta$

   3) $\tan(\alpha \pm \beta) = \dfrac{\tan \alpha \pm \tan \beta}{1 \mp \tan \alpha \tan \beta}$

2) 오른쪽 그림과 같이 각의 크기가
   $0,\ \alpha,\ \alpha+\beta,\ -\beta$ 를 나타내는
   동경과 단위원과의 교점을 각각
   $A,\ B,\ C,\ D$ 라면

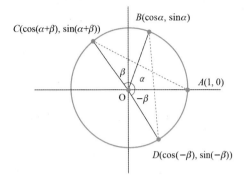

$$A(1,\ 0),\ B(\cos\alpha,\ \sin\alpha)$$

$$C(\cos(\alpha+\beta),\ \sin(\alpha+\beta))$$

$$D(\underbrace{\cos(-\beta)}_{\cos\beta},\ \underbrace{\sin(-\beta)}_{-\sin\beta})$$

이다. 한편,

$$\left(\overline{AC}\right)^2=\left(\overline{BD}\right)^2$$ 이므로

$$(\cos(\alpha+\beta)-1)^2+(\sin(\alpha+\beta)-0)^2=(\cos\alpha-\cos\beta)^2+(\sin\alpha+\sin\beta)^2$$

위 식을 전개하고, $\sin^2\theta+\cos^2\theta=1$ 을 이용하면

$$2-2\cos(\alpha+\beta)=2-2\cos\alpha\cos\beta+2\sin\alpha\sin\beta$$

$$\therefore\ \cos(\alpha+\beta)=\cos\alpha\cos\beta-\sin\alpha\sin\beta\ \cdots\cdots\cdots\cdots\cdots\ ①$$

등식 ①은 임의의 $\alpha,\ \beta$ 에 대하여 성립하므로 β 대신에 $-\beta$ 를 대입하면

$$\cos(\alpha+(-\beta))=\cos\alpha\cos(-\beta)-\sin\alpha\sin(-\beta)$$

$$\therefore\ \cos(\alpha-\beta)=\cos\alpha\cos\beta+\sin\alpha\sin\beta\ \cdots\cdots\cdots\cdots\cdots\ ②$$

1) 등식 $\sin\theta = \cos(\dfrac{\pi}{2} - \theta)$, $\cos\theta = \sin(\dfrac{\pi}{2} - \theta)$와 등식 ②를 이용하면

$$\begin{aligned}
\sin(\alpha + \beta) &= \cos\left\{\frac{\pi}{2} - (\alpha + \beta)\right\} \\
&= \cos\left\{(\frac{\pi}{2} - \alpha) - \beta\right\} \\
&= \cos(\frac{\pi}{2} - \alpha)\cos\beta + \sin(\frac{\pi}{2} - \alpha)\sin\beta \\
&= \sin\alpha\cos\beta + \cos\alpha\sin\beta \quad\cdots\cdots③
\end{aligned}$$

등식 ③은 임의의 α, β에 대하여 성립하므로 β 대신에 $-\beta$를 대입하면

$$\sin(\alpha + (-\beta)) = \sin\alpha\cos(-\beta) + \cos\alpha\sin(-\beta)$$

$$\therefore\ \sin(\alpha - \beta) = \sin\alpha\cos\beta - \cos\alpha\sin\beta \quad\cdots\cdots④$$

3) $\tan(\alpha \pm \beta) = \dfrac{\sin(\alpha \pm \beta)}{\cos(\alpha \pm \beta)} = \dfrac{\sin\alpha\cos\beta \pm \cos\alpha\sin\beta}{\cos\alpha\cos\beta \mp \sin\alpha\sin\beta}$

위 식의 우변의 분자와 분모를 각각 $\cos\alpha\cos\beta(\cos\alpha\cos\beta \neq 0)$로 나누면

$$\tan(\alpha \pm \beta) = \frac{\tan\alpha \pm \tan\beta}{1 \mp \tan\alpha\tan\beta}$$

Q.E.D.

예제 1.13

다음 삼각함수의 값을 구하여라.

1) $\sin 105°$ 2) $\cos 75°$ 3) $\tan 105°$

풀이   1) $\sin 105° = \sin(60° + 45°)$

$$= \sin 60°\cos 45° + \cos 60°\sin 45°$$

$$= \frac{\sqrt{3}}{2} \cdot \frac{\sqrt{2}}{2} + \frac{1}{2} \cdot \frac{\sqrt{2}}{2}$$

$$= \frac{\sqrt{6}+\sqrt{2}}{4}$$

2) $\cos 75° = \cos(45° + 30°)$

$$= \cos 45° \cos 30° - \sin 45° \sin 30°$$

$$= \frac{\sqrt{2}}{2} \cdot \frac{\sqrt{3}}{2} - \frac{\sqrt{2}}{2} \cdot \frac{1}{2}$$

$$= \frac{\sqrt{6}-\sqrt{2}}{4}$$

3) $\tan 105° = \tan(60° + 45°)$

$$= \frac{\tan 60° + \tan 45°}{1 - \tan 60° \tan 45°}$$

$$= \frac{\sqrt{3}+1}{1-\sqrt{3}}$$

$$= -(2+\sqrt{3})$$

예제 1.14

좌표평면 위의 두 직선 $y = 3x - 2$ 와 $y = \dfrac{1}{2}x + 2$ 가 이루는 예각의 크기를 구하여라.

풀이 두 직선 $y = 3x - 2$ 와 $y = \dfrac{1}{2}x + 2$ 가 x 축의 양의 방향과 이루는 각의 크기

를 각각 α, β 라고 하면, $\tan \alpha = 3$, $\tan \beta = \dfrac{1}{2}$ 이다.

두 직선이 이루는 예각의 크기는 $\alpha - \beta$ 이므로 $\alpha - \beta$ 를 구하면 된다.

$$\tan(\alpha - \beta) = \frac{\tan\alpha - \tan\beta}{1 + \tan\alpha\tan\beta}$$

$$= \frac{\tan\alpha - \tan\beta}{1 + \tan\alpha\tan\beta}$$

$$= \frac{3 - \dfrac{1}{2}}{1 + 3 \cdot \dfrac{1}{2}}$$

$$= 1$$

$$\therefore \ \alpha - \beta = \frac{\pi}{4}$$

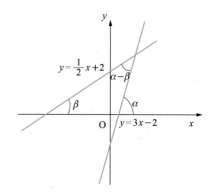

정리 1.7

1) 배각의 공식

① $\sin 2\alpha = 2\sin\alpha\cos\alpha$

② $\cos 2\alpha = \cos^2\alpha - \sin^2\alpha = 2\cos^2\alpha - 1 = 1 - 2\sin^2\alpha$

③ $\tan 2\alpha = \dfrac{2\tan\alpha}{1 - \tan^2\alpha}$

2) 반각의 공식

① $\sin^2\alpha = \dfrac{1 - \cos 2\alpha}{2}$

② $\cos^2\alpha = \dfrac{1 + \cos 2\alpha}{2}$

③ $\tan^2\alpha = \dfrac{1 - \cos 2\alpha}{1 + \cos 2\alpha}$

3) 곱을 합 또는 차로 고치는 공식

① $\sin\alpha\cos\beta = \dfrac{1}{2}\{\sin(\alpha+\beta)+\sin(\alpha-\beta)\}$

② $\cos\alpha\sin\beta = \dfrac{1}{2}\{\sin(\alpha+\beta)-\sin(\alpha-\beta)\}$

③ $\cos\alpha\cos\beta = \dfrac{1}{2}\{\cos(\alpha+\beta)+\cos(\alpha-\beta)\}$

④ $\sin\alpha\sin\beta = -\dfrac{1}{2}\{\cos(\alpha+\beta)-\cos(\alpha-\beta)\}$

4) 합 또는 차를 곱으로 고치는 공식

① $\sin A+\sin B = 2\sin\dfrac{A+B}{2}\cos\dfrac{A-B}{2}$

② $\sin A-\sin B = 2\cos\dfrac{A+B}{2}\sin\dfrac{A-B}{2}$

③ $\cos A+\cos B = 2\cos\dfrac{A+B}{2}\cos\dfrac{A-B}{2}$

④ $\cos A-\cos B = -2\sin\dfrac{A+B}{2}\sin\dfrac{A-B}{2}$

증명

1) 삼각함수의 덧셈정리 중 $\sin(\alpha+\beta)$, $\cos(\alpha+\beta)$, $\tan(\alpha+\beta)$ 에서 β 대신에 α 라 두면 얻어진다.

2) 배각의 공식 ②를 이용한다.

$\cos 2\alpha = 1-2\sin^2\alpha$ 에서 $\sin^2\alpha = \dfrac{1-\cos 2\alpha}{2}$

$\cos 2\alpha = 2\cos^2\alpha -1$ 에서 $\cos^2\alpha = \dfrac{1+\cos 2\alpha}{2}$

$$\tan^2 \alpha = \frac{\sin^2 \alpha}{\cos^2 \alpha} = \frac{1 - \cos 2\alpha}{1 + \cos 2\alpha}$$

3) 삼각함수의 덧셈정리에서

$$\sin(\alpha + \beta) = \sin \alpha \cos \beta + \cos \alpha \sin \beta \quad \cdots\cdots\cdots\cdots\cdots\cdots\cdots\cdots\cdots ⓐ$$

$$\sin(\alpha - \beta) = \sin \alpha \cos \beta - \cos \alpha \sin \beta \quad \cdots\cdots\cdots\cdots\cdots\cdots\cdots\cdots\cdots ⓑ$$

ⓐ와 ⓑ의 각 변끼리 더하면

$$\sin(\alpha + \beta) + \sin(\alpha - \beta) = 2 \sin \alpha \cos \beta$$

$$\therefore \sin \alpha \cos \beta = \frac{1}{2}\{\sin(\alpha + \beta) + \sin(\alpha - \beta)\}$$

ⓐ와 ⓑ의 각 변끼리 빼면

$$\sin(\alpha + \beta) - \sin(\alpha - \beta) = 2 \cos \alpha \sin \beta$$

$$\therefore \cos \alpha \sin \beta = \frac{1}{2}\{\sin(\alpha + \beta) - \sin(\alpha - \beta)\}$$

나머지도 같은 방법으로 얻어진다.

4) 곱을 합 또는 차로 고치는 공식에서 $\alpha + \beta = A$, $\alpha - \beta = B$ 라 두면

$$\alpha = \frac{A + B}{2}, \quad \beta = \frac{A - B}{2}$$

이므로 합 또는 차를 곱으로 고치는 공식을 얻는다.

Q.E.D.

예제 1.15

$\sin \alpha = \dfrac{1}{3}$ 일 때 다음을 구하여라. (단, $\dfrac{\pi}{2} < \alpha < \pi$)

1) $\sin 2\alpha$ 2) $\sin \dfrac{\alpha}{2}$

[풀이] $\cos^2 \alpha = 1 - \sin^2 \alpha = 1 - (\frac{1}{3})^2 = \frac{8}{9}$ 이고, $\frac{\pi}{2} < \alpha < \pi$ 이므로

$$\cos \alpha = -\frac{2\sqrt{2}}{3}$$

1) 배각의 공식으로부터

$$\sin 2\alpha = 2 \sin \alpha \cos \alpha = 2 \cdot \frac{1}{3} \cdot (-\frac{2\sqrt{2}}{3}) = -\frac{4\sqrt{2}}{9}$$

2) 반각의 공식으로부터

$$\sin^2 \frac{\alpha}{2} = \frac{1-\cos\alpha}{2} = -\frac{1-(-\frac{2\sqrt{2}}{3})}{2} = \frac{3+2\sqrt{2}}{6} = \frac{(\sqrt{2}+1)^2}{6}$$

그런데 $\frac{\pi}{4} < \frac{\alpha}{2} < \frac{\pi}{2}$ 이므로

$$\sin \frac{\alpha}{2} = \frac{\sqrt{2}+1}{\sqrt{6}} = \frac{(2+\sqrt{2})\sqrt{3}}{6}$$

예제 1.16

다음 식의 값을 구하여라.

1) $\sin 52.5° \cos 7.5°$

2) $\sin 37.5° \sin 7.5°$

[풀이] 1) 곱을 합 또는 차로 고치는 공식으로부터

$$\sin 52.5° \cos 7.5° = \frac{1}{2}\left\{\sin(52.5° + 7.5°) + \sin(52.5° - 7.5°)\right\}$$

$$= \frac{1}{2}\left\{\sin 60° + \sin 45°\right\}$$

$$= \frac{1}{2}\left\{\frac{\sqrt{3}}{2} + \frac{\sqrt{2}}{2}\right\}$$

$$= \frac{\sqrt{3} + \sqrt{2}}{4}$$

2) 곱을 합 또는 차로 고치는 공식으로부터

$$\sin 37.5° \sin 7.5° = -\frac{1}{2}\left\{\cos(37.5° + 7.5°) - \cos(37.5° - 7.5°)\right\}$$

$$= -\frac{1}{2}\left\{\cos 45° - \cos 30°\right\}$$

$$= -\frac{1}{2}\left\{\frac{\sqrt{2}}{2} - \frac{\sqrt{3}}{2}\right\}$$

$$= \frac{\sqrt{3} - \sqrt{2}}{4}$$

[예제 1.17]

다음 식의 값을 구하여라.

1) $\sin 130° - \sin 110° + \sin 10°$ 2) $\cos 130° + \cos 110° + \cos 10°$

풀이 1) 합 또는 차를 곱으로 고치는 공식으로부터

$$\sin 130° - \sin 110° + \sin 10° = 2\cos 120° \sin 10° + \sin 10°$$

$$= 2 \cdot (-\frac{1}{2}) \cdot \sin 10° + \sin 10°$$

$$= 0$$

2) 합 또는 차를 곱으로 고치는 공식으로부터

$$\cos 130° + \cos 110° + \cos 10° = 2\cos 120° \cos 10° + \cos 10°$$

$$= 2 \cdot (-\frac{1}{2}) \cdot \cos 10° + \cos 10°$$

$$= 0$$

 연습문제

1. 다음 식의 값을 구하여라.

   1) $\sin 15°$ 2) $\cos 15°$

   3) $\tan 75°$ 4) $\sin 75°$

2. $\cos \alpha = -\dfrac{4}{5}$ 일 때 다음의 값을 구하여라. (단, $\dfrac{\pi}{2} < \alpha < \pi$)

   1) $\sin 2\alpha$ 2) $\cos 2\alpha$

3. 반각의 공식을 이용하여 다음 값을 구하여라.

   1) $\sin 22.5°$ 2) $\cos 22.5°$

   3) $\sin 67.5°$ 4) $\tan 67.5°$

4. 다음 식의 값을 구하여라.

   1) $\sin 20° \sin 40° \sin 80°$ 2) $\cos 10° \cos 50° \cos 70°$

5. 다음 두 직선이 이루는 예각의 크기를 구하여라.

   1) $\begin{cases} y = 2x + 2 \\ y = \dfrac{1}{3}x + 1 \end{cases}$ 2) $\begin{cases} y = -x + 5 \\ y = (2 + \sqrt{3})x - 3 \end{cases}$

1-6 복소수

어떤 실수를 제곱하면 항상 음 아닌 실수가 되므로 방정식 $x^2 + 1 = 0$의 해를 실수 범위에서는 구할 수 없다. 따라서 이와 같은 방정식이 해를 가지게 하려면 수의 범위를 확장할 필요가 있다.

어떤 실수를 제곱하면 항상 음 아닌 실수가 되므로 제곱하여 −1이 되는 수는 실수는 아니다. 이때, 제곱하여 −1되는 한 수를 i로 나타내고 **허수단위**라 한다.

$$i^2 = -1 \ (i = \sqrt{-1})$$

두 실수 a, b에 대하여 $a + bi$의 꼴로 나타내어지는 수를 **복소수**라 하고, a를 이 복소수의 **실수부분**, b를 이 복소수의 **허수부분**이라 한다.

예제 1.18

1) $2 + 3i$는 실수부분이 2이고, 허수부분이 3인 복소수이다.
2) $3 - i$는 실수부분이 3이고, 허수부분이 −1인 복소수이다.

$0i = 0$으로 정하면 임의의 실수 a에 대하여 $a = a + 0 = a + 0i$이므로 모든 실수는 복소수로 볼 수 있다. 따라서 실수전체의 집합은 복소수 전체집합의 부분집합이다.

또, 복소수 $a + bi$에서 $b \neq 0$인 복소수를 **허수**라 하고, 특히 $a = 0$, $b \neq 0$인 복소수를 **순허수**라 한다.

예제 1.19

$2 - 3i$, $2i$는 모두 허수이고, $2i$는 순허수이다.

두 복소수의 실수부분과 허수부분이 서로 같을 때 두 복소수는 서로 같다고 한다. 즉, a, b, c, d 가 실수일 때

$$a+bi = c+di \Leftrightarrow a = c, \ b = d$$

특히, $a+bi = 0 \Leftrightarrow a = 0, \ b = 0$

복소수 $a+bi$ 에 대하여 허수부분의 부호를 바꾸어 놓은 복소수 $a-bi$ 를 $a+bi$ 의 **켤레복소수**라 하고, $\overline{a+bi}$ 로 나타낸다. 즉,

$$\overline{a+bi} = a-bi$$

이다. 한편 $\overline{a-bi} = a+bi$ 이므로 $a+bi$ 와 $a-bi$ 는 서로 켤레복소수이다.

[예제 1.20]

다음을 만족하는 실수 $x, \ y$ 의 값을 구하여라.

$$(2x-1)+(y+1)i = \overline{3-4i}$$

[풀이] $(2x-1)+(y+1)i = \overline{3-4i} = 3+4i$ 에서

$$\begin{cases} 2x-1 = 3 \\ y+1 = 4 \end{cases}$$

따라서, $x = 2, \ y = 3$

1) 복소수의 연산

두 복소수 $z_i = a+bi, \ z_2 = c+di$ 에 대하여 사칙연산은 다음과 같이 정의한다.

① $z_1 + z_2 = (a+c)+(b+d)i$

② $z_1 - z_2 = (a-c)+(b-d)i$

③ $z_1 \cdot z_2 = (ac - bd) + (ad + bc)i$

④ $\dfrac{z_1}{z_2} = \dfrac{a + bi}{c + di} = \dfrac{(a + bi)(c - di)}{(c + di)(c - di)} = \dfrac{ac + bd}{c^2 + d^2} + \dfrac{bc - ad}{c^2 + d^2}i$ (단, $c + di \neq 0$)

정리 1.8

임의의 복소수 z_1, z_2, z_3에 대하여 다음이 성립한다.

1) (교환법칙) $z_1 + z_2 = z_2 + z_1$, $z_1 z_2 = z_2 z_1$

2) (결합법칙) $(z_1 + z_2) + z_3 = z_1 + (z_2 + z_3)$, $(z_1 z_2)z_3 = z_1(z_2 z_3)$

3) (분배법칙) $z_1(z_2 + z_3) = z_1 z_2 + z_1 z_3$

예제 1.21

다음을 계산하여라.

1) $(2 - i)(3 + 4i)$

2) $\dfrac{2 + 3i}{1 - 2i}$

풀이 1) $(2 - i)(3 + 4i) = 6 + 8i - 3i - 4i^2$

$= 6 + 8i - 3i - 4(-1)$

$= 10 + 5i$

2) $\dfrac{2 + 3i}{1 - 2i} = \dfrac{2 + 3i}{1 - 2i} \cdot \dfrac{1 + 2i}{1 + 2i}$

$= \dfrac{2 + 4i + 3i + 6i^2}{1 - 4i^2}$

$= \dfrac{-4 + 7i}{5}$

$a > 0$일 때 $\sqrt{-a} = \sqrt{a}\,i$로 정의한다.

1. 다음 등식을 만족하는 실수 x, y 의 값을 구하여라.

   1) $(x - 2y) + (2x + y)i = 7 + 4i$ 2) $(y + 1) + (2x - 1)i = 5 + 3i$

   3) $(2 - i)x + (1 + i)y = 3 + 4i$ 4) $(1 - 2i)x + (1 + i)y = 1 + 3i$

2. 다음을 계산하여라.

   1) $(2 - i) + 2(3 + 2i)$ 2) $(4 - 3i) - (-2 - i)$

   3) $i \cdot \bar{i}$ 4) $(2 - 3i)(4 + i)$

   5) $(3 + 4i) \cdot \overline{(3 + 4i)}$ 6) $(\dfrac{1 + \sqrt{3}i}{2})^2$

3. 다음을 계산하여 $a + bi$ 꼴로 나타내어라. (단, a, b 는 실수)

   1) $\dfrac{1}{i}$ 2) $\dfrac{1}{1 - i}$

   3) $\dfrac{5 + 6i}{i}$ 4) $\dfrac{1 + 2i}{2 + i}$

   5) $\dfrac{1 - i}{3 - 2i}$ 6) $\dfrac{3 + 5i}{2 + 7i}$

4. 임의의 복소수 $z = a + bi$ 에 대하여 다음을 구하여라. (단, a, b 는 실수)

   1) $z + \bar{z}$ 2) $z \cdot \bar{z}$

5. 실수 아닌 두 복소수의 곱과 합이 실수이면 그 들은 서로 켤레복소수임을 보여라.

6. 임의의 복소수 z_1, z_2 에 대하여 다음이 성립함을 보여라.

1) $\overline{z_1 + z_2} = \overline{z_1} + \overline{z_2}$ 2) $\overline{z_1 \cdot z_2} = \overline{z_1} \cdot \overline{z_2}$

3) $\overline{\left(\dfrac{z_1}{z_2}\right)} = \dfrac{\overline{z_1}}{\overline{z_2}}$ (단, $z_2 \neq 0$)

7. 다음 값을 구하여라.

1) i^{1000} 2) $\left(\dfrac{1+i}{1-i}\right)^{2000}$

8. 다음이 성립함을 증명하여라.

1) $a < 0$, $b < 0$ 일 때 $\sqrt{a}\sqrt{b} = -\sqrt{ab}$ 임을 증명하여라.

2) $a > 0$, $b < 0$ 일 때 $\dfrac{\sqrt{a}}{\sqrt{b}} = -\sqrt{\dfrac{a}{b}}$ 임을 증명하여라.

9. 임의의 자연수 n에 대하여 다음 복소수는 순허수임을 보여라.

$$(1+2i)^n - (1-2i)^n$$

10. a, b가 복소수일 때 임의의 복소수 z에 대하여 $az + b\overline{z}$가 실수이면 $b = \overline{a}$ 임을 보여라.

11. 임의의 복소수 $z = a + bi$에 대하여

1) $a = \dfrac{1}{2}(z + \overline{z})$, $b = -\dfrac{i}{2}(z - \overline{z})$ 임을 보여라.

2) $2(a^2 - b^2) + 3abi$ 를 z와 $\overline{z}$의 식으로 나타내어라.

12. $\dfrac{z}{1+z^3}$ 가 실수이기 위한 복소수 z의 조건을 구하여라.

1-7 복소수의 극형식

실수는 수직선과 일대일 대응이다. 그럼 복소수는 어떤가?

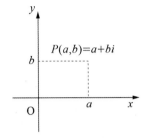

복소수 $a+bi$ 가 주어지면 좌표평면의 점 (a, b) 를 하나 대응시킬 수 있고, 역으로 좌표평면의 점 (a, b) 가 주어지면 복소수 $a+bi$ 를 하나 대응시킬 수 있다.

즉, 복소수 전체의 집합을 C, 좌표평면 위의 모든 점들의 집합을 R^2 라고 할 때 함수

$$f:C \to R^2, \; f(a+bi) = (a, \; b)$$

은 일대일 대응이다. 따라서 좌표평면을 복소수로 볼 수 있는데 좌표평면을 복소수로 보았을 때 이 평면을 **복소평면** 또는 **가우스**(Gauss)**평면**이라고 한다.

복소수 $z = a+bi$ 에 대응하는 복소평면 위의 점을 $P(a, \; b)$ 라 하고, $\overline{OP} = r$, 동경 OP 와 x 축의 양의 방향과 이루는 각의 크기를 θ 라 하면, 삼각함수의 정의로부터

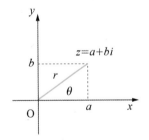

$$\begin{cases} a = r\cos\theta \\ b = r\sin\theta \end{cases}$$

이다. 이 때 r 를 복소수 z 의 **절댓값**이라 하고, $|z|$ 로 나타낸다. 또, θ 를 복소수 z 의 **편각**이라 하고, $\arg(z)$ 로 나타낸다. 즉,

$$|a+bi| = \sqrt{a^2+b^2}$$

$$\arg(a+bi) = \tan^{-1}\frac{b}{a} \;\; (단, \, a \neq 0)$$

따라서 임의의 복소수를 절댓값과 편각으로 다음과 같이 나타낼 수 있다.

$$z = a + bi = r\cos\theta + ir\sin\theta$$
$$= r(\cos\theta + i\sin\theta) \quad\cdots\cdots\cdots\cdots\cdots\cdots\cdots\cdots\cdots\cdots\cdots\cdots① $$

복소수를 위의 ①과 같이 나타내는 것을 복소수의 **극형식**이라 한다. 즉, 복소수를 음 아닌 실수와 절댓값이 1인 복소수의 곱으로 분해하는 것을 복소수의 극형식이라 할 수 있다.

①에서 $\cos\theta + i\sin\theta$ 는 매우 특수한 성질을 갖는데 복소수의 곱과 몫에 대한 기하학적인 의미를 제공하기도 한다. 테일러 급수전개에 의하여 다음 오일러 공식이 잘 알려져 있다.

> **Euler 공식**
>
> $$e^{i\theta} = \cos\theta + i\sin\theta$$

따라서 극형식을 다음과 같이 나타내기도 한다.

$$z = r(\cos\theta + i\sin\theta) = re^{i\theta}$$

[예제 1.22]

다음 복소수를 극형식으로 나타내어라.

1) $z = \sqrt{3} + i$ 2) $z = -1 - i$

풀이   1) $r = \sqrt{(\sqrt{3})^2 + 1^2} = \sqrt{4} = 2$

$$\theta = \tan^{-1}\frac{1}{\sqrt{3}} = \frac{\pi}{6}$$

$$\therefore z = \sqrt{3} + i = 2(\cos\frac{\pi}{6} + i\sin\frac{\pi}{6})$$

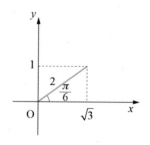

2) $r = \sqrt{(-1)^2 + (-1)^2} = \sqrt{2}$

$\theta = \tan^{-1}\dfrac{-1}{-1} = \dfrac{5\pi}{4}$

$\therefore z = -1 - i = \sqrt{2}\,(\cos\dfrac{5\pi}{4} + i\sin\dfrac{5\pi}{4})$

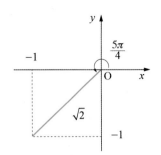

연 습 문 제 ————————————

1. 다음 복소수의 극형식을 구하여라.

1) $-1 + \sqrt{3}i$ 2) $\dfrac{-\sqrt{3} + i}{2}$

3) $-2i$ 4) 3

5) $1 - i$ 6) $-2 - 2\sqrt{3}i$

2. $\overline{e^{i\theta}} = e^{-i\theta}$ 임을 보여라.

3. $1 - e^{-i\theta}\,(-\pi \le \theta \le \pi)$ 의 극형식을 구하여라.

4. $\dfrac{(1 - e^{i\theta_1})(1 - e^{i\theta_2})}{1 - e^{i(\theta_1 + \theta_2)}}$ 는 순허수임을 보여라. (단, $e^{i(\theta_1 + \theta_2)} \ne 1$, $e^{i\theta_1} \ne 1$, $e^{i\theta_2} \ne 1$)

1-8 드 무아브르(De Moivre)의 정리

복소수의 극형식을 이용하여 두 복소수의 곱과 몫을 구해보자.

두 복소수 $z_1 = r_1 e^{i\theta_1}$, $z_2 = r_2 e^{i\theta_2}$ 에 대하여

$$z_1 \cdot z_2 = (r_1 e^{i\theta_1})(r_2 e^{i\theta_2}) = r_1 r_2 e^{i(\theta_1 + \theta_2)}$$

$$\frac{z_1}{z_2} = \frac{r_1 e^{i\theta_1}}{r_2 e^{i\theta_2}} = \frac{r_1}{r_2} e^{i(\theta_1 - \theta_2)}$$

이므로 다음을 알 수 있다.

정리 1.9

두 복소수 z_1, z_2 에 대하여

1) $\left| z_1 \cdot z_2 \right| = \left| z_1 \right| \left| z_2 \right|$

$\arg(z_1 \cdot z_2) = \arg(z_1) + \arg(z_2)$

2) $\left| \dfrac{z_1}{z_2} \right| = \dfrac{\left| z_1 \right|}{\left| z_2 \right|}$

$\arg(\dfrac{z_1}{z_2}) = \arg(z_1) - \arg(z_2)$

예제 1.23

다음을 계산하여라.

1) $2(\cos\dfrac{\pi}{3} + i\sin\dfrac{\pi}{3}) \cdot 3(\cos\dfrac{\pi}{6} + i\sin\dfrac{\pi}{6})$

2) $6(\cos\dfrac{7\pi}{12} + i\sin\dfrac{7\pi}{12}) \div 3(\cos\dfrac{\pi}{3} + i\sin\dfrac{\pi}{3})$

풀이 1) $2(\cos\dfrac{\pi}{3} + i\sin\dfrac{\pi}{3}) \cdot 3(\cos\dfrac{\pi}{6} + i\sin\dfrac{\pi}{6})$

$$= 2 \cdot 3 \left\{ (\cos(\dfrac{\pi}{3} + \dfrac{\pi}{6}) + i\sin(\dfrac{\pi}{3} + \dfrac{\pi}{6}) \right\}$$

$$= 6(\cos\frac{\pi}{2} + i\sin\frac{\pi}{2})$$

$$= 6(0 + i)$$

$$= 6i$$

2) $6(\cos\dfrac{7\pi}{12} + i\sin\dfrac{7\pi}{12}) \div 3(\cos\dfrac{\pi}{3} + i\sin\dfrac{\pi}{3})$

$$= \frac{6}{3}\left\{\cos(\frac{7\pi}{12} - \frac{\pi}{3}) + i\sin(\frac{7\pi}{12} - \frac{\pi}{3})\right\}$$

$$= 2(\cos\frac{\pi}{4} + i\sin\frac{\pi}{4})$$

$$= 2(\frac{\sqrt{2}}{2} + \frac{\sqrt{2}}{2}i)$$

$$= \sqrt{2} + \sqrt{2}i$$

[정리 1.10] (De Moivre 정리)

복소수 $z = r(\cos\theta + i\sin\theta) = re^{i\theta}$ 에 대하여

$$z^n = \left\{r(\cos\theta + i\sin\theta)\right\}^n = r^n(\cos n\theta + i\sin n\theta) \quad (\text{단, } n \text{ 은 정수})$$

[증명]

지수법칙에 의하여

$$(re^{i\theta})^n = r^n e^{in\theta}$$

따라서 드 무아브르 정리는 성립한다.

다음을 계산하여라.

1) $(1+\sqrt{3}i)^{10}$

2) $(1+i)^{-10}$

풀이 1) $1+\sqrt{3}i = 2(\cos\dfrac{\pi}{3} + i\sin\dfrac{\pi}{3})$ 이므로

$$(1+\sqrt{3}i)^{10} = 2^{10}(\cos\frac{10\pi}{3} + i\sin\frac{10\pi}{3})$$

$$= 2^{10}(-\frac{1}{2} - \frac{\sqrt{3}}{2}i)$$

$$= -2^{9}(1+\sqrt{3}i)$$

2) $1+i = \sqrt{2}(\cos\dfrac{\pi}{4} + i\sin\dfrac{\pi}{4})$ 이므로

$$(1+i)^{-10} = (\sqrt{2})^{-10}\left\{\cos(\frac{-10\pi}{4}) + i\sin(\frac{-10\pi}{4})\right\}$$

$$= 2^{-5}\left\{\cos\frac{10\pi}{4} - i\sin\frac{10\pi}{4}\right\}$$

$$= 2^{-5}(0-i)$$

$$= -\frac{1}{32}i$$

1. 다음을 계산하여라.

  1) $3(\cos 71° + i\sin 71°) \cdot \dfrac{1}{3}(\cos 19° + i\sin 19°)$

  2) $5(\cos 133° + i\sin 133°) \cdot 2(\cos 47° + i\sin 47°)$

  3) $3(\cos 71° + i\sin 71°) \div 2(\cos 11° + i\sin 11°)$

  4) $10(\cos 215° + i\sin 215°) \div 5(\cos 65° + i\sin 65°)$

2. 다음을 계산하여라.

  1) $\left(\dfrac{1+\sqrt{3}i}{2}\right)^{15}$

  2) $\left(\dfrac{-1+\sqrt{3}i}{2}\right)^{-30}$

  3) $(\sqrt{3}-i)^{20}$

  4) $(-1-i)^{100}$

3. $(\sqrt{3}+i)^n + (\sqrt{3}-i)^n = -128$ 을 만족하는 자연수 n 의 값을 모두 구하여라.

4. $z + \dfrac{1}{z} = \sqrt{2}$ 인 복소수 z 에 대하여 $z^{16} + \dfrac{1}{z^{10}}$ 의 값을 구하여라.

5. $\left(\dfrac{1}{2} - \dfrac{\sqrt{3}}{2}i\right)^{22} = p+qi$ 일 때 실수 $p,\ q$ 의 값을 구하여라.

6. $\left(\dfrac{1+i}{\sqrt{2}}\right)^{2n} + \left(\dfrac{1-i}{\sqrt{2}}\right)^{2n}$ 의 값을 구하여라. (단, n 은 홀수이다.)

Fundamental of Elementary Mathematics

제2장 함수의 극한과 연속

제2장 함수의 극한과 연속

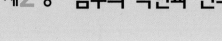

2-1 함수의 극한

함수 $f(x)$ 가 a 를 포함하는 어떤 구간에서 a 를 제외한 모든 점에서 정의되었다고 하자. (함수 $f(x)$ 는 a 에서 정의 되어도 좋고 정의되지 않아도 좋다.)

x 가 일정한 값 a 에 한없이 가까워질 때 $f(x)$ 가 일정한 값 l 에 한없이 가까워지게 되는 경우가 있다. 이 경우 x 가 a 에 한없이 가까워질 때 $f(x)$ 는 l 에 수렴한다고 하고 이것을 기호로

$$\lim_{x \to a} f(x) = l \text{ 또는 } x \to a \text{일 때 } f(x) \to l$$

와 같이 나타내고, l 을 $x \to a$ 일 때 $f(x)$ 의 **극한값** 또는 **극한**이라고 한다.

참고

극한의 엄밀한 정의는 $\varepsilon - \delta$ 논법을 사용하여 나타낸다.

예제 2.1

1) $\lim_{x \to 1}(2x+1) = 3$ 또는 $x \to 1$ 일 때 $(2x+1) \to 3$

2) $\lim_{x \to 2}(x^2+1) = 5$ 또는 $x \to 2$ 일 때 $(x^2+1) \to 5$

$x \to a$ 일 때 $f(x)$ 의 값이 한없이 커지면 $f(x)$ 는 양의 무한대로 발산한다고 하며, 이것을 기호로

$$\lim_{x \to a} f(x) = \infty \quad \text{또는} \quad x \to a \text{ 일 때} f(x) \to \infty$$

와 같이 나타낸다.

또 $x \to a$ 일 때 $f(x)$ 의 값이 음수이면서 그 절댓값이 한없이 커지면 $f(x)$ 는 음의 무한대로 발산한다고 하며, 이것을 기호로

$$\lim_{x \to a} f(x) = -\infty \quad \text{또는} \quad x \to a \quad f(x) \to -\infty$$

와 같이 나타낸다.

예제 2.2

1) $\lim\limits_{x \to 0} \dfrac{1}{x^2} = \infty$
2) $\lim\limits_{x \to 1} \dfrac{-1}{|x-1|} = -\infty$

x 의 값이 한없이 커질 때 $f(x)$ 의 값이 일정한 값 l 에 한없이 가까워지는 것을 기호로

$$\lim_{x \to \infty} f(x) = l \quad \text{또는} \quad x \to \infty \text{ 일 때} \ f(x) \to l$$

와 같이 나타내고, $f(x)$ 의 값이 양의 무한대나 음의 무한대로 발산하는 경우는 기호로

$$\lim_{x \to \infty} f(x) = \infty, \ \lim_{x \to \infty} f(x) = -\infty$$

와 같이 나타낸다.

또, x 의 값이 음수이면서 그 절댓값이 한없이 커질 때 $f(x)$ 의 값이 일정한 값 l 에 한없이 가까워지는 것을 기호로

$$\lim_{x \to -\infty} f(x) = l \quad \text{또는} \quad x \to -\infty \text{ 일 때} \ f(x) \to l$$

와 같이 나타내고, $f(x)$ 의 값이 무한대나 음의 무한대로 발산하는 경우는 기호로

$$\lim_{x \to -\infty} f(x) = \infty, \ \lim_{x \to -\infty} f(x) = -\infty$$

와 같이 나타낸다.

[예제 2.3]

1) $\displaystyle\lim_{x \to \infty} \frac{1}{x} = 0$

2) $\displaystyle\lim_{x \to -\infty} \frac{1}{x^2 + 1} = 0$

3) $\displaystyle\lim_{x \to \infty} (3x - 1) = \infty$

4) $\displaystyle\lim_{x \to -\infty} 2^{-x} = \infty$

연 습 문 제 ─────────────────

1. 다음 극한값을 구하여라.

1) $\displaystyle\lim_{x \to 3} (5x + 2)$

2) $\displaystyle\lim_{x \to 1} \frac{x^2 - 1}{x - 1}$

3) $\displaystyle\lim_{x \to 0} \frac{1}{|x|}$

4) $\displaystyle\lim_{x \to 1} \frac{-1}{(x - 3)^2}$

5) $\displaystyle\lim_{x \to \infty} \frac{-1}{x^2 + x}$

6) $\displaystyle\lim_{x \to -\infty} \frac{2}{x^3}$

7) $\displaystyle\lim_{x \to \infty} \log_2 x$

8) $\displaystyle\lim_{x \to -\infty} (x^3 + 2)$

2-2 우극한과 좌극한

극한의 정의에서 x 가 a 에 접근하는 방법에 제한을 두지 않았지만, 그 접근방법에 제한을 둘 수 있다. 실수축 위의 고정점 a 와 동점 x 를 생각해보자.

x 가 a 보다 큰 값을 가지면서 a 에 한없이 가까워지는 것을 $x \to a + 0$ 과 같이 나타내고, x 가 a 보다 작은 값을 가지면서

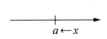

a에 한없이 가까워지는 것을 $x \to a-0$과 같이 나타낸다. 특

히 $x \to 0+0$은 $x \to +0$, $x \to 0-0$은 $x \to -0$으로 나타낸다.

참고

$x \to a+0$은 $x \to a^+$, $x \to a-0$을 $x \to a^-$로 나타내기도 한다.

$\displaystyle\lim_{x \to a+0} f(x) = l_1$, $\displaystyle\lim_{x \to a-0} f(x) = l_2$ 일 때 l_1, l_2를 각각 a에서의 $f(x)$의 우극한, 좌극한 또는 우극한값, 좌극한값이라고 한다.

$\displaystyle\lim_{x \to a} f(x) = l$은 x가 a에 접근하는 방법에 관계없이 $f(x)$는 l에 접근하는 것을 뜻하므로

$$\lim_{x \to a} f(x) = l \text{ 이면 } \lim_{x \to a+0} f(x) = \lim_{x \to a-0} f(x) = l$$

이고, 그 역도 성립한다. 따라서 함수의 극한값이 존재하는지를 알아보려면 우극한과 좌극한을 구하여 비교하여 보면 된다.

예제 2.4

$$\lim_{x \to +0} \frac{|x|}{x} = \lim_{x \to +0} \frac{x}{x} = \lim_{x \to +0} 1 = 1$$

$$\lim_{x \to -0} \frac{|x|}{x} = \lim_{x \to -0} \frac{-x}{x} = \lim_{x \to -0} (-1) = -1$$

이다. 따라서

$$\lim_{x \to 0} \frac{|x|}{x} \text{의 값은 존재하지 않는다.}$$

연습문제

1. 다음 극한이 존재하는가? 그렇다면 그 값을 구하여라.

1) $\lim\limits_{x\to 0}\dfrac{1}{x}$

2) $\lim\limits_{x\to\frac{\pi}{2}}\tan x$

2. 다음 극한값을 구하여라.

1) $\lim\limits_{x\to +0}\dfrac{2}{1+2^{-\frac{1}{x}}}$

2) $\lim\limits_{x\to +0}(1-2^{\frac{1}{x}})$

3. x를 넘지 않는 최대의 정수를 $[x]$로 나타낼 때, 다음 극한값을 구하여라.

1) $\lim\limits_{x\to 2+0}(x-[x])$

2) $\lim\limits_{x\to 2-0}(x-[x])$

4. $f(x)=\dfrac{3x+|x|}{7x-5|x|}$일 때, 다음 극한값을 구하여라.

1) $\lim\limits_{x\to +0}f(x)$

2) $\lim\limits_{x\to -0}f(x)$

2-3 극한에 관한 정리

정리 2.1 (극한에 관한 정리)

$\lim\limits_{x\to a}f(x)=A,\ \lim\limits_{x\to a}g(x)=B$일 때

1) $\lim\limits_{x\to a}kf(x)=k\lim\limits_{x\to a}f(x)=kA$ (k는 상수)

2) $\lim\limits_{x\to a}(f(x)\pm g(x))=\lim\limits_{x\to a}f(x)\pm\lim\limits_{x\to a}g(x)=A\pm B$

3) $\lim\limits_{x\to a}f(x)g(x)=(\lim\limits_{x\to a}f(x))(\lim\limits_{x\to a}g(x))=AB$

4) $\lim\limits_{x \to a} \dfrac{f(x)}{g(x)} = \dfrac{\lim\limits_{x \to a} f(x)}{\lim\limits_{x \to a} g(x)} = \dfrac{A}{B}$ (단, $B \neq 0$)

5) a 에 가까운 값 x 에 대하여

$$f(x) \leq g(x) \text{ 이면 } \lim_{x \to a} f(x) = A \leq \lim_{x \to a} g(x) = B$$

예제 2.5

1) $\lim\limits_{x \to a} x = a$ 이므로 $\lim\limits_{x \to a} x^2 = \lim\limits_{x \to a}(x \cdot x) = (\lim\limits_{x \to a} x)(\lim\limits_{x \to a} x) = a \cdot a = a^2$ 이고, 같은 방법으로 $\lim\limits_{x \to a} x^3 = a^3$, $\lim\limits_{x \to a} x^4 = a^4$, $\cdots$ 임을 알 수 있다. 따라서 $f(x) = a_n x^n + a_{n-1} x^{n-1} + \cdots + a_0$ (단 $a_n, a_{n-1}, \cdots a_1, a_0$ 는 실수)이면 $\lim\limits_{x \to a} f(x) = f(a)$ 이다.

2) $f(x)$ 와 $g(x)$ 가 다항식이고 $g(a) \neq 0$ 이면 $\lim\limits_{x \to a} \dfrac{f(x)}{g(x)} = \dfrac{f(a)}{g(a)}$ 이다.

예제 2.6

$\lim\limits_{x \to 0} x \sin\dfrac{1}{x}$ 의 값을 구하여라.

풀이 $\left| \sin\dfrac{1}{x} \right| \leq 1$ 이므로 $-|x| \leq x \sin\dfrac{1}{x} \leq |x|$ 이다. 따라서

$$\lim_{x \to 0}(-|x|) \leq \lim_{x \to \infty} x \sin\dfrac{1}{x} \leq \lim_{x \to 0}|x| \text{ 이고, } \lim_{x \to 0}(-|x|) = 0 = \lim_{x \to \infty}|x| \text{ 이므로}$$

$$\lim_{x \to 0} x \sin\dfrac{1}{x} = 0 \text{ 이다.}$$

$\lim\limits_{x \to a} \dfrac{f(x)}{g(x)} = \alpha$ (α 는 실수) 일 때 $\lim\limits_{x \to a} g(x) = 0$ 이면

$$\lim_{x \to a} f(x) = \lim_{x \to a} \left\{ \frac{f(x)}{g(x)} \cdot g(x) \right\} = \lim_{x \to a} \frac{f(x)}{g(x)} \cdot \lim_{x \to a} g(x) = \alpha \cdot 0 = 0$$

이다.

예제 2.7

$\displaystyle\lim_{x \to 1} \frac{ax^2 + b}{x - 1} = 2$ 이 성립하도록 상수 a, b 의 값을 구하여라.

풀이 $\displaystyle\lim_{x \to 1} \frac{ax^2 + b}{x - 1} = 2$ 이고 $\displaystyle\lim_{x \to 1}(x - 1) = 0$ 이므로 $\displaystyle\lim_{x \to 1}(ax^2 + b) = a + b = 0$ 이어야 한

다. 즉, $b = -a$ 이므로

$$\lim_{x \to 1} \frac{ax^2 + b}{x - 1} = \lim_{x \to 1} \frac{ax^2 - a}{x - 1} = \lim_{x \to 1} \frac{a(x-1)(x+1)}{x - 1}$$

$$= \lim_{x \to 1} a(x + 1) = 2a = 2$$

$$\therefore \ a = 1, \ b = -1$$

연습문제

1. 다음 극한값을 구하여라.

1) $\displaystyle\lim_{x \to 1}(2x^3 + 3x + 1)$

2) $\displaystyle\lim_{x \to 2} \frac{x^4 + 3x + 1}{x^2 - x + 1}$

3) $\displaystyle\lim_{x \to 1}(x - 1)\sin\frac{1}{x - 1}$

4) $\displaystyle\lim_{x \to \infty} \frac{\sin x}{x}$

2. 다음 등식이 성립하도록 상수 a, b의 값을 구하여라.

1) $\displaystyle\lim_{x \to 2} \frac{x^2 + ax + b}{x - 2} = 3$

2) $\displaystyle\lim_{x \to 1} \frac{ax^2 - 7x + b}{x^2 + x - 2} = 1$

3. 다음 극한값을 구하여라.

1) $\displaystyle\lim_{x\to 0}\frac{1-\cos x}{\sin^2 x}$

2) $\displaystyle\lim_{x\to -5}\frac{x^2+3x-10}{x+5}$

3) $\displaystyle\lim_{x\to -2}\frac{2x+4}{x^3+2x}$

4) $\displaystyle\lim_{x\to 9}\frac{\sqrt{x}-3}{x-9}$

4. $\displaystyle\lim_{x\to\infty}\frac{ax^2+bx+c}{x^2-x-2}=1,\ \lim_{x\to 2}\frac{ax^2+bx+c}{x^2-x-2}=2$ 일 때, $a,\ b,\ c$ 의 값을 구하여라.

2-4 함수의 연속

함수 $f(x)=x^2$ 의 그래프를 그려보면 그래프가 끊어져 있지 않고 연결되어 있음을 알 수 있다. 이와 같은 함수를 연속함수라고 한다. 그럼 함수 $f(x)$ 가 $x=a$ 에서 연결된다는 것은 수학적으로 어떻게 표현할까?

다음 4개의 함수의 그래프를 생각해보자.

$$f_1(x)=\frac{x^2-1}{x-1}, \qquad f_2(x)=\begin{cases}1\,(x>1)\\0\,(x\le 1)\end{cases}$$

$$f_3(x)=\begin{cases}\dfrac{x^2-1}{x-1}\,(x\neq 1)\\[2mm]0\qquad\;(x=1)\end{cases},\quad f_4(x)=x+1$$

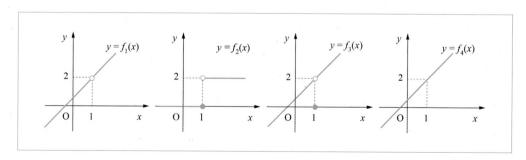

위의 그래프를 살펴보면 $f_1(x)$, $f_2(x)$, $f_3(x)$의 그래프는 모두 $x=1$에서 끊겨져 있음을 알 수 있다. 그 이유는 $f_1(x)$는 $x=1$에서 정의 되어 있지 않기 때문이고, $f_2(x)$는 $\lim_{x\to 1} f_2(x)$의 값이 존재하지 않기 때문이며, $f_3(x)$는 $f_3(1)$이 존재하고 $\lim_{x\to 1} f_3(x)$도 존재하나 $f_3(1)=0 \neq \lim_{x\to 1} f_3(x) = 2$이기 때문이다. 한편, $f_4(x)$의 그래프는 $x=1$에서 연결되어 있다. 그 이유는

   1) $f_4(1)$이 존재하고, 2) $\lim_{x\to 1} f_4(x)$가 존재하고, 3) $f_4(1) = \lim_{x\to 1} f_4(x) = 2$

라고 말할 수 있다.

위의 사실로부터 함수 $f(x)$가 $x=a$에서 연속이 되기 위해서는 다음 3가지 조건을 만족해야 한다.

   1) $f(a)$가 존재하고(즉, $f(x)$는 $x=a$에서 정의되고)

   2) $\lim_{x\to a} f(x)$가 존재하고

   3) $\lim_{x\to a} f(x) = f(a)$

> **참고**
>
> 극한의 정의와 마찬가지로 연속의 정의도 "$\varepsilon - \delta$" 논법으로 정의하는 것이 좀 더 이론적이고, 논리적이나 유용성의 문제가 생긴다.

함수 $f(x)$가 열린구간 (a, b)안의 모든 점에서 연속일 때 열린구간 (a, b)에서 연속이라고 한다. 특히, 열린구간 (a, b)에서 연속이고

$$\lim_{x\to a+0} f(x) = f(a), \quad \lim_{x\to b-0} f(x) = f(b)$$

일 때 $f(x)$는 닫힌구간 $[a, b]$에서 연속이라고 한다. 또한 $f(x)$가 정의역내의 모든 점에서 연속이면 $f(x)$를 **연속함수**라고 한다.

$f(x)$ 가 $x = a$ 에서 연속이 아닐 때 $f(x)$ 는 $x = a$ 에서 **불연속**이라 한다.

예제 2.8

1) $f(x) = \begin{cases} x^2 & (x \neq 3) \\ 0 & (x = 3) \end{cases}$ 라 두면 $f(3) = 0$, $\lim_{x \to 3} f(x) = 9$ 이나

$\lim_{x \to 3} f(x) \neq f(3)$ 이므로 $f(x)$ 는 $x = 3$ 에서 불연속이다.

2) $f(x) = 2x + 1$ 은 연속함수이다.

3) $g(x) = \ln x$ 는 연속함수이다.

두 함수 $f(x) = x + 1$, $g(x) = x - 1$ 은 연속함수이다. 이 때, 두 함수의 합과 곱

$$f(x) + g(x) = 2x, \quad f(x)g(x) = x^2 - 1$$

은 각각 연속함수임을 알 수 있다. 일반적으로 연속함수에 대하여 다음이 성립한다.

정리 2.2 (연속함수의 성질)

두 함수 $f(x)$, $g(x)$ 가 $x = a$ 에서 연속이면 다음 함수도 $x = a$ 에서 연속이다.

1) $f(x) \pm g(x)$

2) $kf(x)$ (k 는 상수)

3) $f(x)g(x)$

4) $\dfrac{f(x)}{g(x)}$ (단, $g(a) \neq 0$)

증명

1) $h(x) = f(x) + g(x)$ 라 두면

$$\lim_{x \to a} h(x) = \lim_{x \to a} (f(x) + g(x))$$

$$= \lim_{x \to a} f(x) + \lim_{x \to a} g(x)$$

$$= f(a) + g(a)$$

$$= h(a)$$

따라서 $h(x) = f(x) + g(x)$는 $x = a$ 에서 연속이다.

나머지도 같은 방법으로 증명이 된다.

Q.E.D.

예제 2.9

$f(x) = c$ (c 는 상수)와 $g(x) = x$ 는 연속함수이므로 위의 정리에 의하여 임의의

다항식 $f(x) = a_n x^n + a_{n-1} x^{n-1} + \cdots + a_1 x + a_0$ 은 연속함수이다. 또한, 분수함수

$f(x) = \dfrac{P(x)}{Q(x)}$ ($P(x), Q(x)$는 다항식)은 $Q(x) \neq 0$ 인 모든 곳에서 연속이다.

정리 2.3

1) $\lim\limits_{x \to a} f(x) = L$ 이고 $g(x)$ 가 $x = L$ 에서 연속이면

$$\lim_{x \to a} g(f(x)) = g(\lim_{x \to a} f(x)) = g(L)$$

2) 함수 $f(x)$ 는 $x = a$ 에서 연속이고, $g(x)$ 는 $f(a)$ 에서 연속이면 $g(f(x))$ 는

$x = a$ 에서 연속이다.

증명

2) $\lim\limits_{x \to a} (g(f(x)) = g(\lim\limits_{x \to a} f(x)) = g(f(a))$

따라서 $g(f(x))$ 는 $x = a$ 에서 연속이다.

Q.E.D.

1) $\lim\limits_{x \to 2} \dfrac{x^2-4}{x-2} = 4$ 이고, $f(x) = \sqrt{x}$ 는 $x=4$ 에서 연속이다. 따라서

$$\lim_{x \to 2} \sqrt{\dfrac{x^2-4}{x-2}} = \sqrt{\lim_{x \to 2} \dfrac{x^2-4}{x-2}} = \sqrt{4} = 2$$

2) $f(x) = 2x+1$, $g(x) = \sin x$ 는 연속함수이므로 $g(f(x)) = \sin(2x+1)$ 도 연속함수이다.

연습문제

1. 다음 각 함수가 불연속이 되는 x 의 값을 구하여라.

1) $f(x) = 2^x$

2) $g(x) = \tan x$

3) $h(x) = \lim\limits_{n \to \infty} \dfrac{x^{2n}}{x^{2n}+1}$

4) $f(x) = \dfrac{x}{x+1}$

5) $g(x) = \dfrac{x^2}{x^4-16}$

6) $h(x) = \dfrac{2x^3+1}{2x-5}$

2. 다음에 답하여라.

1) $\lim\limits_{x \to \pi} \sqrt{1-\cos x}$ 의 값을 구하여라.

2) $f(x) = \cos(x^2-3x+1)$ 은 연속함수인가?

2-5 최대최소의 정리와 중간값의 정리

정리 2.4 (최대최소의 정리)

함수 $f(x)$가 닫힌구간 $[a, b]$에서 연속이면 $f(x)$는 이 구간에서 반드시 최댓값과 최솟값을 갖는다.

> **참고**
>
> 위의 정리에서 닫힌구간은 필수적이다. 예를 들어 $f(x) = x^2$은 열린구간 $(1, 3)$에서 연속이지만 이 구간에서 최댓값과 최솟값을 갖지 않는다. 또, $g(x) = \dfrac{1}{x}$는 반열린구간 $(1, 2]$에서 연속이고 이 구간에서 최솟값은 존재하나 최댓값은 없다.

정리 2.5 (중간값의 정리)

함수 $f(x)$가 닫힌구간 $[a, b]$에서 연속이고, $f(a) \neq f(b)$일 때 $f(a)$와 $f(b)$ 사이의 임의의 값 k에 대하여

$$f(c) = k \ (a < c < b)$$

인 c가 적어도 하나 존재한다.

중간값의 정리로부터 함수 $f(x)$가 닫힌구간 $[a, b]$에서 연속이고 $f(a)$와 $f(b)$의 부호가 서로 다를 때 방정식 $f(x) = 0$은 a와 b사이에 적어도 하나의 실근을 가짐을 알 수 있다.

예제 2.11

함수 $f(x) = x^3 + 2x^2 - 3x - 1$은 닫힌구간 $[-1, 0]$에서 연속이며, $f(-1) = 3 > 0$, $f(0) = -1 < 0$이다. 따라서 방정식 $x^3 + 2x^2 - 3x - 1 = 0$은 -1과 0 사이에 적어도 하나의 실근을 갖는다.

⟨연⟩⟨습⟩⟨문⟩⟨제⟩

1. 주어진 구간에서 다음 방정식은 실근을 가짐을 보여라.

   1) $x^5 + 4x^2 - 9x + 3 = 0, \ (0, 1)$

   2) $x - \cos x = 0, \ \left(0, \ \dfrac{\pi}{2} \right)$

2. $a < b < c < d$ 를 만족하는 상수 $a, \ b, \ c, \ d$ 에 대하여 다음 함수

$$f(x) = (x-b)(x-c)(x-d) + (x-a)(x-c)(x-d)$$
$$+(x-a)(x-b)(x-d) + (x-a)(x-b)(x-c)$$

에 대하여 다음 물음에 답하여라.

   1) 실근을 세 개 가짐을 보여라.

   2) 가장 큰 실근이 존재하는 구간은 다음 중 어느 것인가?

   ① $(-\infty, a)$ ② (a, b) ③ (b, c)

   ④ (c, d) ⑤ (d, ∞)

3. 연속함수 $f(x)$ 가 $f(-1) = -1, \ f(0) = 1, \ f(1) = 2, \ f(2) = 0, \ f(3) = 2, \ f(4) = -3$

   일 때 구간 $[-1, \ 4]$에서 방정식 $f(x) = 0$ 은 적어도 몇 개의 실근을 갖는가?

Fundamental of Elementary Mathematics

제**3**장 도함수

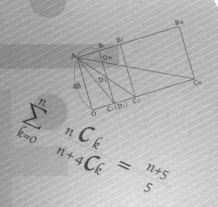

제3장 도함수

3-1 도함수의 정의

높은 절벽에서 돌멩이를 자유낙하시킬 때 x초 후에 돌멩이가 움직인 거리를 $f(x)$라면 $f(x) = 4.9x^2\text{(m)}$로 나타난다. 이 경우 $f(3) - f(1) = 4.9(3^2 - 1^2) = 39.2\text{(m)}$은 1초에서 3초까지의 움직인 총 거리이며 이는 2초 동안에 일어났다. 따라서 1초 동안에는 움직인 거리(이를 **평균속도**라 한다.)는 $\dfrac{39.2}{2} = 19.6\text{(m/s)}$이며 이는 다음과 같이 계산할 수 있다.

$$\frac{f(3) - f(1)}{3 - 1} = \frac{4.9(3^2 - 1^2)}{3 - 1} = \frac{4.9(3 - 1)(3 + 1)}{3 - 1} = 4.9 \times 4 = 19.6\text{(m/s)}$$

위의 것은 1초와 3초 사이에서 평균속도이며, 1초와 1.5초 사이의 평균속도는

$$\frac{f(1.5) - f(1)}{1.5 - 1} = \frac{4.9(1.5^2 - 1^2)}{1.5 - 1} = \frac{4.9(1.5 - 1)(1.5 + 1)}{1.5 - 1}$$
$$= 4.9 \times 2.5 = 12.25\text{(m/s)}$$

이다. 또 1초와 1.1초 사이의 평균속도는

$$\frac{f(1.1) - f(1)}{1.1 - 1} = \frac{4.9(1.1^2 - 1^2)}{1.1 - 1} = \frac{4.9(1.1 - 1)(1.1 + 1)}{1.1 - 1}$$
$$= 4.9 \times 2.1 = 10.29\text{(m/s)}$$

이며, 일반적으로 1초와 $1 + h$초 사이의 평균속도는

$$\frac{f(1+h)-f(1)}{1+h-1} = \frac{4.9((1+h)^2-1^2)}{1+h-1} = \frac{4.9(1+h-1)(1+h+1)}{1+h-1}$$

$$= 4.9 \times (2+h)(\text{m/s})$$

이다. 위에서 $h \to 0$으로 하면 그 값은 $9.8(\text{m/s})$가 되는데 이 값을 1초에서 **순간속도**라 한다. 즉, 1초에서 순간속도는 다음과 같이 계산할 수 있다.

$$\lim_{h \to 0} \frac{f(1+h)-f(1)}{h} = \lim_{h \to 0} \frac{4.9((1+h)^2-1^2)}{h}$$

$$= \lim_{h \to 0} \frac{4.9(1+h-1)(1+h+1)}{h}$$

$$= \lim_{h \to 0} 4.9 \times (2+h)$$

$$= 9.8(\text{m/s})$$

평균속도란 용어는 **평균변화율**로, 순간속도란 용어는 **미분계수** 또는 **순간변화율**로 나타낸다. 이는 다른 분야에서 쓰이는 용어(기하학에서는 기울기, 경제학에서는 한계)를 의미에 맞게 통일한 것이라 생각하면 된다.

정의

1) 함수 $y = f(x)$에 대하여

$$\frac{f(a+h)-f(a)}{h}$$

을 x가 a에서 $a+h$까지 변할 때 함수 $y = f(x)$의 **평균변화율**이라고 한다.

2) $\lim\limits_{h \to 0} \dfrac{f(a+h)-f(a)}{h}$의 값이 존재할 때 함수 $y = f(x)$는 $x = a$에서 **미분가능**하다고 하며, 그 값을 $x = a$에서 함수 $y = f(x)$의 **미분계수** 또는 **순간변화율**이라 하고, 기호 $f'(a)$로 나타낸다.

$$f'(a) = \lim_{h \to 0} \frac{f(a+h) - f(a)}{h} \quad \cdots\cdots\cdots\cdots\cdots\cdots\cdots\cdots\cdots\cdots\cdots\cdots\cdots\cdots ①$$

참고

위의 ①에서 $a+h=x$ 라 두면 $h=x-a$ 이고, $h \to 0$ 과 $x \to a$ 는 동치이다. 따라서 위의 ①을 다음과 같이 나타낼 수도 있다.

$$f'(a) = \lim_{x \to a} \frac{f(x) - f(a)}{x - a}$$

예제 3.1

함수 $f(x) = 2x^2 + 3$ 에 대하여 $f'(2)$ 의 값을 구하여라.

풀이
$$\begin{aligned}
f'(2) &= \lim_{h \to 0} \frac{f(2+h) - f(2)}{h} \\
&= \lim_{h \to 0} \frac{(2 \cdot (2+h)^2 + 3) - (2 \cdot 2^2 + 3)}{h} \\
&= \lim_{h \to 0} \frac{2(2+h-2)(2+h+2)}{h} \\
&= \lim_{h \to 0} 2(4+h) \\
&= 8
\end{aligned}$$

$\lim_{h \to 0} \dfrac{f(a+h) - f(a)}{h}$ 이 존재하기 위한 필요충분조건은 $\lim_{h \to +0} \dfrac{f(a+h) - f(a)}{h}$ 와

$\lim_{h \to -0} \dfrac{f(a+h) - f(a)}{h}$ 이 존재하고 서로 같아야 한다. 이를 각각 **우미분계수**, **좌미분계수**라 하고 각각 기호 $f_+'(a)$, $f_-'(a)$ 로 나타낸다. 즉,

$$f_+'(a) = \lim_{h \to +0} \frac{f(a+h)-f(a)}{h}, \quad f_-'(a) = \lim_{h \to -0} \frac{f(a+h)-f(a)}{h}$$

따라서 함수 $y = f(x)$ 가 $x = a$ 에서 미분가능일 필요충분조건은 $f_+'(a) = f_-'(a)$ 이다.

함수 $y = f(x)$ 가 어떤 열린구간 I 의 모든 점에서 미분가능하면 함수 $y = f(x)$ 는 구간 I 에서 미분가능이라 하고, 특히 닫힌구간 $[a, b]$ 에서 미분가능 이란 열린구간 (a, b) 에서 미분가능하고, $f_+'(a)$ 와 $f_-'(b)$ 가 존재할 때이다.

예제 3.2

함수 $f(x) = |x|$ 은 $x = 0$ 에서 미분가능인가?

풀이 우미분계수와 좌미분계수를 각각 구해본다.

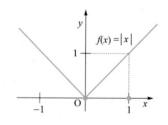

$$f_+'(0) = \lim_{h \to +0} \frac{f(0+h)-f(0)}{h} = \lim_{h \to +0} \frac{|h|}{h}$$
$$= \lim_{h \to +0} \frac{h}{h} = \lim_{h \to +0} 1 = 1$$

$$f_-'(0) = \lim_{h \to -0} \frac{f(0+h)-f(0)}{h} = \lim_{h \to -0} \frac{|h|}{h}$$
$$= \lim_{h \to -0} \frac{-h}{h} = \lim_{h \to -0} (-1) = -1$$

따라서 $f_+'(0) \neq f_-'(0)$ 이므로 $f(x) = |x|$ 은 $x = 0$ 에서 미분불가능이다.

함수의 연속성과 미분가능성의 관계는 다음과 같다.

함수 $y = f(x)$ 가 $x = a$ 에서 미분가능하면 $f(x)$ 는 $x = a$ 에서 연속이다. 그러나 그 역은 성립하지 않는다.

증명

$$\lim_{h \to 0}(f(a+h) - f(a)) = \lim_{h \to 0}\frac{f(a+h) - f(a)}{h} \cdot h$$

$$= \lim_{h \to 0}\frac{f(a+h) - f(a)}{h} \cdot \lim_{h \to 0} h$$

$$= f'(a) \cdot 0$$

$$= 0$$

따라서 $\lim_{h \to 0} f(a+h) = f(a)$ 이다. 즉, $f(x)$ 는 $x = a$ 에서 연속이다.

Q.E.D.

함수 $f(x) = |x|$ 에 대하여 $\lim_{x \to 0} f(x) = f(0) = 0$ 이므로 $f(x) = |x|$ 는 $x = 0$ 에서 연속이지만 위의 예제 3.2로부터 함수 $f(x) = |x|$ 은 $x = 0$ 에서 미분불가능이다.

함수 $y = f(x)$ 의 정의역에 속하는 x 에서 함수 $y = f(x)$ 가 미분가능일 수도 있고, 미분불가능일 수도 있다.

정의

함수 $y = f(x)$ 의 미분가능한 모든 x 들의 집합을 D 라고 할 때 집합 D 에서 정의되는 다음의 함수 $f'(x)$ 를 함수 $y = f(x)$ 의 **도함수**라고 한다.

$$f' : D \to R, \ f'(x) = \lim_{h \to 0}\frac{f(x+h) - f(x)}{h}$$

함수 $y = f(x)$로부터 도함수 $f'(x)$를 구하는 것을 함수 $f(x)$를 x에 관하여 미분한다고 하며, 그 계산법을 미분법이라고 한다.

함수 $y = f(x)$의 도함수를 나타내는 기호를 $f'(x)$ 이외에 다음과 같은 기호도 사용된다.

$$y', \ \frac{dy}{dx}, \ \frac{df(x)}{dx}, \ \frac{d}{dx}f(x)$$

예제 3.3

함수 $f(x) = \sqrt{x}$의 도함수를 구하여라.

풀이
$$
\begin{aligned}
f'(x) &= \lim_{h \to 0} \frac{f(x+h) - f(x)}{h} \\
&= \lim_{h \to 0} \frac{\sqrt{x+h} - \sqrt{x}}{h} \\
&= \lim_{h \to 0} \frac{\sqrt{x+h} - \sqrt{x}}{h} \cdot \frac{\sqrt{x+h} + \sqrt{x}}{\sqrt{x+h} + \sqrt{x}} \\
&= \lim_{h \to 0} \frac{h}{h(\sqrt{x+h} + \sqrt{x})} \\
&= \lim_{h \to 0} \frac{1}{\sqrt{x+h} + \sqrt{x}} \\
&= \frac{1}{2\sqrt{x}}
\end{aligned}
$$

1. 함수 $f(x) = x^2 + 2x + 3$ 에 대하여 다음 물음에 답하여라.

   1) x 가 a 에서 b 까지 변할 때 함수의 평균변화율을 구하여라.

   2) $x = c$ 에서 $f(x)$ 의 미분계수와 1)의 평균변화율이 같을 때 c 를 a, b 로 나타 내어라.

2. 다음 각 함수에 대하여 주어진 점에서 미분계수를 구하여라.

   1) $f(x) = 2x + 3,\ x = 1$ 2) $f(x) = 3x^2 + 1,\ x = 2$

   3) $f(x) = \sqrt{x - 1},\ x = 5$ 4) $f(x) = \dfrac{1}{x},\ x = \dfrac{1}{2}$

3. 도함수의 정의를 이용하여 다음 각 함수의 도함수를 구하여라.

   1) $f(x) = 3x - 1$ 2) $f(x) = \dfrac{3}{x + 1}$

   3) $f(x) = 5x^3$ 4) $f(x) = \sqrt[3]{x}$

4. 다음 각 함수에 대하여 $x = 0$ 에서 연속성과 미분가능성을 조사하여라.

   1) $f(x) = x|x|$ 2) $f(x) = x^2 - 3|x| + 2$

3-2 미분계수의 기하학적 의미

곡선 $y = f(x)$ 위의 두 점 $P(a,\ f(a))$, $Q(a+h,\ f(a+h))$ 를 지나는 직선 PQ 의 기울기는

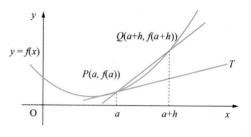

$$\frac{f(a+h)-f(a)}{h}$$

이고, 이는 x 가 a 에서 $a+h$ 까지 변할 때 함수 $y = f(x)$ 의 평균변화율이다.

여기서 $h \to 0$ 이면 점 Q 는 곡선 $y = f(x)$ 위를 움직이면서 점 P 에 한없이 가까워지고, 이 때 직선 PQ 는 점 P 를 지나는 일정한 직선 PT 에 한없이 가까워지게 된다면, 이 직선 PT 을 점 P 에서 곡선 $y = f(x)$ 의 **접선**이라고 한다. 따라서 $y = f(x)$ 가 $x = a$ 에서 미분가능하면 점 P 에서 접선의 기울기는 다음과 같다.

$$\text{점 } P \text{ 에서 접선의 기울기} = \lim_{h \to 0}(\text{직선 } PQ \text{ 의 기울기})$$

$$= \lim_{h \to 0}\frac{f(a+h)-f(a)}{h}$$

$$= f'(a)$$

즉, $f'(a)$ 는 점 $P(a,\ f(a))$ 에서 곡선 $y = f(x)$ 에 대한 접선의 기울기이다.

예제 3.4

곡선 $f(x) = 2x - 3x^2$ 위의 점 $(1,\ -1)$ 에서 접선의 기울기를 구하여라.

풀이
$$f'(1) = \lim_{h \to 0}\frac{f(1+h)-f(1)}{h}$$

$$= \lim_{h \to 0}\frac{\{2(1+h)-3(1+h)^2\}-(-1)}{h}$$

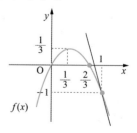

$$= \lim_{h \to 0} \frac{-4h - 3h^2}{h} = \lim_{h \to 0}(-4 - 3h)$$

$$= -4$$

∴ 구하고자 하는 접선의 기울기는 -4이다.

곡선 $y = f(x)$ 위의 점 $P(a,\ f(a))$에서 접선의 기울기가 $f'(a)$이므로 이 점에서 접선의 방정식은

$$y - f(a) = f'(a)(x - a)$$

이다. 한편, 점 $P(a,\ f(a))$를 지나면서 이 점에서의 접선과 수직인 직선을 그 점에서의 **법선**이라 하는데 $f'(a) \neq 0$이면 법선의 기울기는 $-\dfrac{1}{f'(a)}$이다. 따라서 점 $P(a,\ f(a))$에서 법선의 방정식은

$$y - f(a) = -\frac{1}{f'(a)}(x - a)$$

이다.

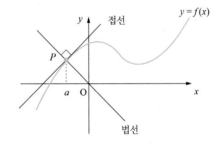

[예제 3.5]

곡선 $f(x) = -x^2 + 1$ 위의 점 $(1,\ 0)$에서 접선과 법선의 방정식을 구하여라.

풀이 ▶
$$f'(1) = \lim_{h \to 0} \frac{f(1+h) - f(1)}{h} = \lim_{h \to 0} \frac{\left[-(1+h)^2 + 1 \right] - 0}{h}$$

$$= \lim_{h \to 0} \frac{-2h - h^2}{h}$$

$$= \lim_{h \to 0}(-2 - h) = -2$$

따라서 접선의 방정식은 $y = -2(x-1)$ 이고,

법선의 방정식은 $y = -\dfrac{1}{-2}(x-1) = \dfrac{1}{2}(x-1)$ 이다.

연습문제

1. 곡선 $y = x^2$ 위의 점 $(2, 4)$에서 접선의 방정식을 구하여라.

2. 다음 각 곡선 위의 주어진 점에서 접선의 방정식과 법선의 방정식을 구하여라.

   1) $f(x) = x^3$, $(1, 1)$ 2) $f(x) = \sqrt{x}$, $(4, 2)$

3-3 도함수의 계산

함수 $f(x)$의 도함수를 구할 때마다 일일이 $f'(x) = \lim\limits_{h \to 0} \dfrac{f(x+h) - f(x)}{h}$ 을 계산하기란 때에 따라 번거로울 수 있다. 따라서 표준형의 함수에 대한 도함수 및 규칙들을 만들어 놓고 이를 이용하면 도함수의 계산이 편리하다.

정리 3.2 미분법의 공식(1)

   1) $f(x) = c$ (c는 상수)이면 $f'(x) = 0$

   2) $f(x) = x^n$ (n은 양의 정수)이면 $f'(x) = nx^{n-1}$

증명

   1) $f'(x) = \lim\limits_{h \to 0} \dfrac{f(x+h) - f(x)}{h} = \lim\limits_{h \to 0} \dfrac{c - c}{h} = \lim\limits_{h \to 0} 0 = 0$

2) n이 양의 정수이면

$$a^n - b^n = (a-b)(a^{n-1} + a^{n-2}b + a^{n-3}b^2 + \cdots + b^{n-1})$$

라는 사실을 이용한다.

$$
\begin{aligned}
f'(x) &= \lim_{h \to 0} \frac{f(x+h) - f(x)}{h} \\
&= \lim_{h \to 0} \frac{(x+h)^n - x^n}{h} \\
&= \lim_{h \to 0} \frac{h\{(x+h)^{n-1} + (x+h)^{n-2}x + \cdots + x^{n-1}\}}{h} \\
&= \lim_{h \to 0} \{(x+h)^{n-1} + (x+h)^{n-2}x + \cdots + x^{n-1}\} \\
&= nx^{n-1}
\end{aligned}
$$

Q.E.D.

위의 정리 3.2의 2)에서 n이 임의의 실수라도 성립함을 보일 수 있다.

예제 3.6

1) 함수 $f(x) = 10$의 도함수는 $f'(x) = 0$

2) 함수 $f(x) = x^5$의 도함수는 $f'(x) = 5x^4$

정리 3.3

아래에서 $f(x)$와 $g(x)$는 x에서 미분가능하다고 한다.

1) $(kf(x))' = kf'(x)$ (k는 상수)

2) $(f(x) + g(x))' = f'(x) + g'(x)$

3) [곱의 미분법] $(f(x)g(x))' = f'(x)g(x) + f(x)g'(x)$

4) [몫의 미분법] $\left(\dfrac{f(x)}{g(x)}\right)' = \dfrac{f'(x)g(x) - f(x)g'(x)}{(g(x))^2}$ (단, $g(x) \neq 0$)

증명

1) $(kf(x))' = \lim\limits_{h \to 0} \dfrac{kf(x+h) - kf(x)}{h} = k\lim\limits_{h \to 0}\dfrac{f(x+h) - f(x)}{h} = kf'(x)$

2) $(f(x) + g(x))' = \lim\limits_{h \to 0}\dfrac{(f(x+h) + g(x+h)) - (f(x) + g(x))}{h}$

$\qquad\qquad\quad = \lim\limits_{h \to 0}\dfrac{(f(x+h) - f(x)) + (g(x+h) - g(x))}{h}$

$\qquad\qquad\quad = \lim\limits_{h \to 0}\dfrac{f(x+h) - f(x)}{h} + \lim\limits_{h \to 0}\dfrac{g(x+h) - g(x)}{h}$

$\qquad\qquad\quad = f'(x) + g'(x)$

3) $(f(x)g(x))' = \lim\limits_{h \to 0}\dfrac{f(x+h)g(x+h) - f(x)g(x)}{h}$

위의 우변의 분자에 $f(x)g(x+h)$ 를 빼고 더하면

$(f(x)g(x))' = \lim\limits_{h \to 0}\dfrac{f(x+h)g(x+h) - f(x)g(x+h) + f(x)g(x+h) - f(x)g(x)}{h}$

$\qquad\qquad\quad = \lim\limits_{h \to 0}\dfrac{(f(x+h) - f(x))}{h} \cdot g(x+h) + \lim\limits_{h \to 0}f(x) \cdot \dfrac{g(x+h) - g(x)}{h}$

$\qquad\qquad\quad = \left[\lim\limits_{h \to 0}\dfrac{f(x+h) - f(x)}{h}\right]\left[\lim\limits_{h \to 0}g(x+h)\right] + f(x)\left[\lim\limits_{h \to 0}\dfrac{g(x+h) - g(x)}{h}\right]$

$\qquad\qquad\quad = f'(x)g(x) + f(x)g'(x)$

위에서 $g(x)$ 가 x 에서 미분가능하므로 x 에서 연속이다.

따라서 $\lim_{h \to 0} g(x+h) = g(x)$ 임을 이용하였다.

4) $g(x)\dfrac{1}{g(x)} = 1$ 이므로 $\left(g(x) \cdot \dfrac{1}{g(x)}\right)' = (1)' = 0$ 이다. 따라서 위의 3)의 곱의

미분법으로부터

$$\left(g(x) \cdot \frac{1}{g(x)}\right)' = g'(x) \cdot \frac{1}{g(x)} + g(x) \cdot \left(\frac{1}{g(x)}\right)' = 0 \text{ 이므로}$$

$$\left(\frac{1}{g(x)}\right)' = -\frac{g'(x)}{(g(x))^2} \quad \cdots\cdots\cdots\cdots\cdots\cdots\cdots\cdots\cdots\cdots\cdots\cdots\cdots\cdots ①$$

곱의 미분법과 ①을 이용하면 다음 몫의 미분법을 얻는다.

$$\left(\frac{f(x)}{g(x)}\right)' = \left(f(x)\frac{1}{g(x)}\right)' = f'(x)\frac{1}{g(x)} + f(x)\left(\frac{1}{g(x)}\right)'$$

$$= f'(x)\frac{1}{g(x)} - f(x)\left(\frac{g'(x)}{(g(x))^2}\right)$$

$$= \frac{f'(x)g(x) - f(x)g'(x)}{(g(x))^2}$$

Q.E.D.

위의 정리 3.3의 1)과 2)는 다음의 것을 모두 포함하고 있다.

$$(-g(x))' = (-1 \cdot g(x))' = -1 \cdot g'(x) = -g'(x)$$

$$(f(x) - g(x))' = (f(x) + (-g(x))' = f'(x) + (-g(x))' = f'(x) - g'(x)$$

또, 임의의 상수 $a, \ b, \ c$ 에 대하여

$$(af(x) + bg(x))' = (af(x) + bg(x))' = (af(x))' + (bg(x))'$$

$$= af'(x) + bg'(x)$$

$$(af(x)+bg(x)+ch(x))' = [\{af(x)+bg(x)\}+ch(x)]'$$

$$= \{af(x)+bg(x)\}'+(ch(x))'$$

$$= af'(x)+bg'(x)+ch'(x)$$

일반적으로 임의의 상수 a_1, a_2, $\cdots$, a_n에 대하여 다음을 알 수 있다.

$$(a_1 f_1(x)+a_2 f_2(x)+\cdots a_n f_n(x))' = a_1 f_1'(x)+a_2 f_2'(x)+\cdots a_n f_n'(x)$$

한편, 위의 정리 3.3의 3)은 다음의 것을 모두 포함하고 있다.

$$(f(x)g(x)h(x))' = [\{f(x)g(x)\}h(x)]'$$

$$= \{f(x)g(x)\}'h(x)+\{f(x)g(x)\}h'(x)$$

$$= \{f'(x)g(x)+f(x)g'(x)\}h(x)+f(x)g(x)h'(x)$$

$$= f'(x)g(x)h(x)+f(x)g'(x)h(x)+f(x)g(x)h'(x)$$

일반적으로

$$(f_1(x)f_2(x)\cdots f_n(x))' = f_1'(x)f_2(x)\cdots f_n(x)+f_1(x)f_2'(x)\cdots$$

$$f_n(x)+\cdots+f_1(x)\cdots f_{n-1}(x)f_n'(x)$$

특히, 위에서 $f_1(x)=f_2(x)=\cdots=f_n(x)=f(x)$ 두면 다음 관계식을 얻을 수 있다.

$$((f(x))^n)' = n(f(x))^{n-1}f'(x)$$

예제 3.7

다음 함수의 도함수를 구하여라.

1) $y=3x^4+x^3-2x^2+1$

2) $y=(x^2+x-1)(x^3+4x^2+3)$

3) $y=\dfrac{1}{2x+1}$

4) $y=\dfrac{x}{x^2+1}$

풀이 1) $y' = 3(x^4)' + (x^3)' - 2(x^2)' + (1)' = 12x^3 + 3x^2 - 4x$

2) $y' = (x^2 + x - 1)'(x^3 + 4x^2 + 3) + (x^2 + x - 1)(x^3 + 4x^2 + 3)'$

$\quad = (2x + 1)(x^3 + 4x^2 + 3) + (x^2 + x - 1)(3x^2 + 8x)$

$\quad = 5x^4 + 20x^3 + 9x^2 - 2x + 3$

3) $y' = \left(\dfrac{1}{2x+1}\right)' = -\dfrac{(2x+1)'}{(2x+1)^2} = -\dfrac{2}{(2x+1)^2}$

4) $y' = \left(\dfrac{x}{x^2+1}\right)' = \dfrac{(x)'(x^2+1) - x(x^2+1)'}{(x^2+1)^2}$

$\quad = \dfrac{1 \cdot (x^2+1) - x \cdot 2x}{(x^2+1)^2} = \dfrac{-x^2+1}{(x^2+1)^2}$

정리 3.4 (합성함수의 미분법, 연쇄법칙)

$g(x)$는 x에서 미분가능하고, f는 $g(x)$에서 미분가능하다면 다음이 성립한다.

$$\frac{d}{dx}f(g(x)) = f'(g(x))g'(x)$$

증명

$g'(x) \neq 0$이라 가정하면 충분히 작은 h에 대하여 $|g(x+h) - g(x)| > 0$이다.

$$\frac{d}{dx}f(g(x)) = \lim_{h \to 0} \frac{f(g(x+h)) - f(g(x))}{h}$$

$$= \lim_{h \to 0} \frac{f(g(x+h)) - f(g(x))}{h} \cdot \frac{g(x+h) - g(x)}{g(x+h) - g(x)}$$

$$= \lim_{h \to 0} \frac{f(g(x+h)) - f(g(x))}{g(x+h) - g(x)} \cdot \lim_{h \to 0} \frac{g(x+h) - g(x)}{h}$$

$$= \lim_{h \to 0} \frac{f(g(x+h)) - f(g(x))}{g(x+h) - g(x)} \cdot g'(x)$$

여기서 $g(x+h)-g(x)=k$ 라 두면 x 에서 $g(x)$ 의 연속성 때문에(미분가능이면 연속이다.) $h \to 0$ 이면 $k \to 0$ 이다. 또, $g(x+h)=g(x)+k$ 이므로

$$\lim_{h \to 0}\frac{f(g(x+h))-f(g(x))}{g(x+h)-g(x)} = \lim_{k \to 0}\frac{f(g(x)+k)-f(g(x))}{k} = f'(g(x))$$

따라서

$$\frac{d}{dx}f(g(x)) = f'(g(x))g'(x)$$

Q.E.D.

$y=f(u)$, $u=g(x)$ 라 두면 $y=f(g(x))$ 이므로 위의 연쇄법칙을 다음과 같이 나타낼 수 있다.

$$\frac{dy}{dx} = \frac{dy}{du}\frac{du}{dx}$$

예제 3.8

함수 $y=(x^4+x-2)^7$ 의 도함수를 구하여라.

풀이 〈방법 1〉

$f(x)=x^7$, $g(x)=x^4+x-2$ 라 두면

$f'(x)=7x^6$, $g'(x)=4x^3+1$

한편, $y=f(g(x))$ 이므로

$y'=(f(g(x)))'=f'(g(x)) \cdot g'(x)$

$\quad = 7 \cdot (g(x))^6 \cdot (4x^3+1)$

$\quad = 7 \cdot (x^4+x-2)^6 \cdot (4x^3+1)$

〈방법 2〉

$u = x^4 + x - 2$ 라 두면 $y = u^7$ 이다. 따라서

$$\frac{dy}{dx} = \frac{dy}{du}\frac{du}{dx} = \frac{d}{du}(u^7)\frac{d}{dx}(x^4 + x - 2)$$

$$= 7u^6(4x^3 + 1)$$

$$= 7(x^4 + x - 2)^6(4x^3 + 1)$$

정리 3.5 (역함수의 미분법)

미분가능인 함수 $f(x)$의 역함수 $f^{-1}(x)$가 존재하고, x에서 $f'(f^{-1}(x)) \neq 0$이면

$$\frac{d}{dx}f^{-1}(x) = \frac{1}{f'(f^{-1}(x))}$$

증명

$$\frac{d}{dx}f^{-1}(x) = \lim_{h \to 0}\frac{f^{-1}(x+h) - f^{-1}(x)}{h}$$

여기서 $y = f^{-1}(x)$, $f^{-1}(x+h) - f^{-1}(x) = k$ 라 두면 $x = f(y)$, $f^{-1}(x+h) = y+k$

이다. 따라서 $f(y+k) = x+h$ 이므로 $h = f(y+k) - f(y)$ 이다.

또한, $f(x)$가 연속이므로($f(x)$가 미분가능), 그 역함수 $f^{-1}(x)$도 연속이다.

따라서 $h \to 0$ 이면 $k \to 0$ 이다.

따라서 $\frac{d}{dx}f^{-1}(x) = \lim_{h \to 0}\frac{f^{-1}(x+h) - f^{-1}(x)}{h}$

$$= \lim_{k \to 0}\frac{k}{f(y+k) - f(y)}$$

$$= \lim_{k \to 0} \frac{1}{\dfrac{f(y+k) - f(y)}{k}}$$

$$= \frac{1}{f'(y)}$$

$$= \frac{1}{f'(f^{-1}(x))}$$

Q.E.D.

위의 역함수의 미분법을 다음과 같이 생각할 수도 있다.

$y = f^{-1}(x)$ 라 두면 $x = f(y)$ 이다. $x = f(y)$ 의 양변을 x 에 관하여 미분을 하면

$$1 = f'(y) \frac{dy}{dx}$$

즉,

$$\frac{dy}{dx} = \frac{1}{f'(y)} = \frac{1}{\dfrac{dx}{dy}}$$

예제 3.9

$f(x) = x^3 - 5$ 의 역함수 $f^{-1}(x)$ 에 대하여 $\dfrac{d}{dx} f^{-1}(x)$ 를 구하여라.

풀이 ▶ $f'(x) = 3x^2$

$$\therefore (f^{-1}(x))' = \frac{1}{f'(f^{-1}(x))} = \frac{1}{3(f^{-1}(x))^2}$$

참고

위 예제 3.9에서

① $f(x)$의 역함수를 실제로 구하면

$$f^{-1}(x) = (x+5)^{\frac{1}{3}} \text{이다.}$$

$$\therefore (f^{-1}(x))' = \frac{1}{3}(x+5)^{-\frac{2}{3}}$$

$$= \frac{1}{3(x+5)^{\frac{2}{3}}}$$

② $$\frac{1}{3(x+5)^{\frac{2}{3}}} = \frac{1}{3\left[(x+5)^{\frac{1}{3}}\right]^2}$$

$$= \frac{1}{3(f^{-1}(x))^2}$$

이므로 예제 3.9의 결과와 ①의 결과가 같음을 알 수 있다.

③ 역함수의 도함수를 구할 때 ①과 같이 실제로 역함수를 구한 후 도함수를 구할 수 있지만 역함수 구하기가 어렵거나 구하지 못하는 경우에는 정리 3.5 역함수의 도함수 공식을 사용한다.

연습문제

1. 다음 함수의 도함수를 구하여라.

1) $f(x) = 2^4$

2) $f(x) = (\sin x - \cos x)^2 + (\sin x + \cos x)^2$

3) $f(x) = \sqrt{21}$

4) $f(x) = 10000^{10^{10}}$

5) $f(x) = x^7 + x^5 + 2x$

6) $f(x) = x\sqrt{x}$

7) $f(x) = \dfrac{1}{x^2 \sqrt[3]{x}}$ 8) $f(x) = \dfrac{\sqrt{x}}{x^3}$

9) $f(x) = \dfrac{x+1}{x^5}$ 10) $f(x) = x^2 + x^{-2} + \sin^2 x + \cos^2 x + 1$

2. 다음 함수의 도함수를 구하여라.

1) $y = (x^5 + 2x)^3$ 2) $y = (2x+1)^3 (x^2+1)^4$

3) $y = (3x^2 + 2x + 1)^{10}$ 4) $y = (x^2 + \sqrt{3}x + 1)(x^2 - \sqrt{3}x + 1)$

5) $y = \dfrac{1}{x^2 + 2x + 5}$ 6) $y = \dfrac{3x-1}{x^2+1}$

7) $y = \sqrt[3]{x^2 - 3x + 1}$ 8) $y = \dfrac{1}{\sqrt{x^2+1}}$

3. 다음 함수의 역함수의 도함수를 구하여라.

1) $f(x) = x^3 + 2x + 1$ 2) $f(x) = x^5 + 2x^3 + 3x + 1$

4. 1) $f(x) = x^3 - 2$ 일 때 $\dfrac{df^{-1}(x)}{dx}\Big|_{f(2)}$ 의 값을 구하여라.

2) $f(x) = x^3 + 3x - 1$ 일 때 $\dfrac{df^{-1}(x)}{dx}\Big|_{f(3)}$ 의 값을 구하여라.

3-4 매개변수로 나타내어진 함수의 미분법

두 변수 $x,\ y$ 가 다른 변수 t 에 대한 함수

$$\begin{cases} x = 2t - 1 & \cdots\cdots\cdots\cdots\cdots\cdots ① \\ y = 8t^2 & \cdots\cdots\cdots\cdots\cdots\cdots ② \end{cases}$$

로 주어진다면 ①에서 $t = \dfrac{x+1}{2}$ 이므로 이것을 ②에 대입하면 $y = 8(\dfrac{x+1}{2})^2 = 2(x+1)^2$ 이다. 즉, y는 x의 함수로 나타낼 수 있다.

이와 같이 x, y 사이의 함수관계가 변수 t를 매개로 한

$$x = f(t), \; y = g(t) \; \cdots\cdots\cdots\cdots\cdots\cdots\cdots\cdots\cdots\cdots\cdots\cdots\cdots\cdots\cdots \; ③$$

꼴로 주어질 때 t를 매개변수라 하고, ③을 매개변수로 나타내어진 함수라고 한다.

정리 3.6 (매개변수로 나타내어진 함수의 미분법)

$x = f(t), \; y = g(t)$가 미분가능하고, $\dfrac{dx}{dt} \neq 0$ 이면 $\dfrac{dy}{dx} = \dfrac{\dfrac{dy}{dt}}{\dfrac{dx}{dt}} = \dfrac{g'(t)}{f'(t)}$

증명

연쇄법칙에 의하여 $\dfrac{dy}{dt} = \dfrac{dy}{dx}\dfrac{dx}{dt}$ 이므로

$$\therefore \; \dfrac{dy}{dx} = \dfrac{\dfrac{dy}{dt}}{\dfrac{dx}{dt}} = \dfrac{g'(t)}{f'(t)}$$

Q.E.D.

예제 3.10

다음의 매개변수로 나타내어진 함수에서 $\dfrac{dy}{dx}$ 를 구하여라.

$$x = t^2, \; y = 2t^3 + t + 1$$

풀이 $\dfrac{dx}{dt} = 2t,\ \dfrac{dy}{dt} = 6t^2 + 1$ 이므로

$$\frac{dy}{dx} = \frac{\dfrac{dy}{dt}}{\dfrac{dx}{dt}} = \frac{6t^2 + 1}{2t} = 3t + \frac{1}{2t}\,(t \neq 0)$$

연 습 문 제

1. 다음 각 경우에 $\dfrac{dy}{dx}$를 구하여라.

   1) $x = 4t,\ y = 3t^4 + t + 1$

   2) $x = t + \dfrac{1}{t},\ y = t - \dfrac{1}{t}$

   3) $x = t^2 - 1,\ y = t^4$

   4) $x = t - 1,\ y = t^3$

   5) $x = \sqrt{t} - 1,\ y = t\sqrt{t+1}$

   6) $x = \dfrac{1}{2t+1},\ y = \sqrt{3t-1}$

2. 곡선 $x = t^2 - 2,\ y = t^3 - t$ 에 대하여 다음 대응점에서 접선의 기울기를 구하여라.

   1) $t = -1$

   2) $t = 1$

   3) $t = -2$

⬤3-5 음함수의 미분법

방정식 $y^2 = x$을 y에 관하여 풀면

$$y \geq 0 \text{일 때 } y = \sqrt{x}$$

$$y \leq 0 \text{일 때 } y = -\sqrt{x}$$

이고, 이것은 각각 구간 $[0, \infty)$을 정의역으로 하는 함수이다.

이와 같이 x의 함수 y가 방정식 $f(x, y) = 0$꼴로 주어질 때 y를 x의 **음함수**라고 한다.

음함수의 미분법

음함수 $f(x, y) = 0$가 주어져 있을 때 $\dfrac{dy}{dx}$를 구할 때는 다음의 두 가지 방법 중 하나를 이용한다.

〈방법 1〉 방정식 $f(x, y) = 0$을 y에 관해 푼 다음에 y를 x에 관하여 미분한다.

〈방법 2〉 y를 x의 함수로 보고, 방정식 $f(x, y) = 0$의 양변을 x에 관하여 미분한 다음 $\dfrac{dy}{dx}$를 구한다.

음함수 $f(x, y) = 0$에서 y에 대하여 풀기 어려운 경우가 많고 이 경우는 방법 2를 사용한다.

예제 3.11

음함수 $y^2 = x$에 대하여 $\dfrac{dy}{dx}$를 구하여라.

풀이 〈방법 1〉 주어진 음함수를 y에 관해 풀면 $y = \sqrt{x}$ 또는 $y = -\sqrt{x}$ 이다.

① $y = \sqrt{x}$인 경우 $\dfrac{dy}{dx} = \dfrac{1}{2\sqrt{x}}$

② $y = -\sqrt{x}$인 경우 $\dfrac{dy}{dx} = -\dfrac{1}{2\sqrt{x}}$

〈방법 2〉 y를 x의 함수로 보고, $y^2 = x$의 양변을 x에 관해서 미분하면

$$2y\frac{dy}{dx} = 1 \text{ 이므로 } \frac{dy}{dx} = \frac{1}{2y}$$

예제 3.12

$x^3 + y^3 - 3xy = 0$ 일 때 $\dfrac{dy}{dx}$ 를 구하여라.

풀이 $x^3 + y^3 - 3xy = 0$ 의 양변을 x 에 관하여 미분하면

$$3x^2 + 3y^2 \frac{dy}{dx} - 3(y + x\frac{dy}{dx}) = 0 \text{ 이다. 즉,}$$

$$3(y^2 - x)\frac{dy}{dx} = 3(y - x^2)$$

$$\therefore \frac{dy}{dx} = \frac{y - x^2}{y^2 - x} \ (y^2 - x \neq 0)$$

연습문제

1. 다음에서 $\dfrac{dy}{dx}$ 를 구하여라.

1) $x^2 + y^2 = 1$

2) $\sqrt{x} + \sqrt{y} = 1$

3) $y^3 + y = x^4$

4) $(x + y)^2 = 4y$

5) $x\sqrt{x} + y\sqrt{y} = 1$

6) $x^2y^3 + x^2y - xy^2 + 3 = 0$

2. 다음 각 곡선위의 주어진 점에서 접선의 방정식을 구하여라.

1) $x^2 - 4y^2 = 0, \ (2, \ 1)$

2) $x^2y^2 = 4x, \ (1, \ 2)$

3-6 삼각함수의 도함수

정리 3.7

$$\lim_{\theta \to 0} \frac{\sin \theta}{\theta} = 1 \,(\text{단, } \theta \text{의 단위는 라디안})$$

증명

① $0 < \theta < \dfrac{\pi}{2}$일 때

오른쪽 그림과 같이 좌표평면 위에 중심이 원점이고 반지름의 길이가 1인 원을 그린다. 원 위의 두 점 $A(1, 0)$와 B를 $\angle BOA = \theta$가 되도록 잡고, 점 A에서 접선이 선분 OB의 연장선과 만나는 점을 C라 하면 다음이 성립한다.

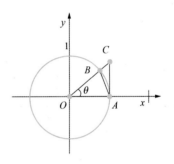

$$\Delta OBA \text{의 면적} < \text{부채꼴 } OAB \text{의 면적} < \Delta OAC \text{의 면적}$$

즉, $\dfrac{1}{2}\sin\theta < \dfrac{1}{2}\theta < \dfrac{1}{2}\tan\theta$

위 부등식의 각 변을 양수인 $\dfrac{1}{2}\sin\theta$로 나누면

$$1 < \frac{\theta}{\sin\theta} < \frac{\tan\theta}{\sin\theta} = \frac{1}{\cos\theta}$$

위 식의 역수를 취하면

$$\cos\theta < \frac{\sin\theta}{\theta} < 1$$

위 식의 각 변에 $\theta \to +0$인 극한을 취하면

$$1 = \lim_{\theta \to +0} \cos\theta \leq \lim_{\theta \to +0} \frac{\sin\theta}{\theta} \leq \lim_{\theta \to +0} 1 = 1 \text{ 이므로}$$

$$\lim_{\theta \to +0} \frac{\sin\theta}{\theta} = 1$$

② $-\dfrac{\pi}{2} < \theta < 0$일 때

$t = -\theta$라 두면 $\theta \to -0$일 때 $t \to +0$이므로 ①의 결과에 의하여

$$\lim_{\theta \to -0} \frac{\sin\theta}{\theta} = \lim_{t \to +0} \frac{\sin(-t)}{-t} = \lim_{t \to +0} \frac{\sin t}{t} = 1$$

①과 ②부터 다음을 얻는다.

$$\lim_{\theta \to 0} \frac{\sin\theta}{\theta} = 1$$

Q.E.D.

예제 3.13

다음 극한값을 구하여라.

1) $\displaystyle \lim_{\theta \to 0} \frac{\sin 2\theta}{\theta}$
2) $\displaystyle \lim_{\theta \to 0} \frac{\cos\theta - 1}{\theta}$

풀이 1) $2\theta = x$라 두면 $\theta \to 0$일 때 $x \to 0$이다. 따라서

$$\lim_{\theta \to 0} \frac{\sin 2\theta}{\theta} = \lim_{x \to 0} \frac{\sin x}{\dfrac{x}{2}} = \lim_{x \to 0} \frac{2\sin x}{x} = 2\lim_{x \to 0} \frac{\sin x}{x} = 2$$

2) $\displaystyle\lim_{\theta\to 0}\frac{\cos\theta-1}{\theta}=\lim_{\theta\to 0}\frac{\cos\theta-1}{\theta}\cdot\frac{\cos\theta+1}{\cos\theta+1}$

$$=\lim_{\theta\to 0}\frac{\cos^2\theta-1}{\theta(\cos\theta+1)}$$

$$=\lim_{\theta\to 0}\frac{\sin\theta}{\theta}\cdot\frac{-\sin\theta}{\cos\theta+1}$$

$$=1\cdot 0$$

$$=0$$

정리 3.8 (삼각함수의 도함수)

1) $(\sin x)'=\cos x$ \qquad 2) $(\cos x)'=-\sin x$

3) $(\tan x)'=\sec^2 x$ \qquad 4) $(\cot x)'=-\csc^2 x$

5) $(\sec x)'=\sec x\tan x$ \qquad 6) $(\csc x)'=-\csc x\cot x$

증명

1) $(\sin x)'=\displaystyle\lim_{h\to 0}\frac{\sin(x+h)-\sin x}{h}$

$$=\lim_{h\to 0}\frac{\sin x\cos h+\cos x\sin h-\sin x}{h}$$

$$=\lim_{h\to 0}(\frac{\sin x(\cos h-1)}{h}+\frac{\cos x\sin h}{h})$$

$$=\sin x\lim_{h\to 0}\frac{\cos h-1}{h}+\cos x\lim_{h\to 0}\frac{\sin h}{h}$$

$$=\sin x\cdot 0+\cos x\cdot 1$$

$$=\cos x$$

2) $(\cos x)' = \lim_{h \to 0} \dfrac{\cos(x+h) - \cos x}{h}$

$\qquad = \lim_{h \to 0} \dfrac{\cos x \cos h - \sin x \sin h - \cos x}{h}$

$\qquad = \lim_{h \to 0} (\dfrac{\cos x(\cos h - 1)}{h} - \dfrac{\sin x \sin h}{h})$

$\qquad = \cos x \lim_{h \to 0} \dfrac{\cos h - 1}{h} - \sin x \lim_{h \to 0} \dfrac{\sin h}{h}$

$\qquad = \cos x \cdot 0 - \sin x \cdot 1$

$\qquad = -\sin x$

3) $(\tan x)' = (\dfrac{\sin x}{\cos x})' = \dfrac{(\sin x)' \cos x - \sin x (\cos x)'}{\cos^2 x}$

$\qquad = \dfrac{\cos x \cdot \cos x - \sin x \cdot (-\sin x)}{\cos^2 x}$

$\qquad = \dfrac{\cos^2 x + \sin^2 x}{\cos^2 x}$

$\qquad = \dfrac{1}{\cos^2 x}$

$\qquad = \sec^2 x$

4) $(\cot x)' = (\dfrac{\cos x}{\sin x})' = \dfrac{(\cos x)' \sin x - \cos x (\sin x)'}{\sin^2 x}$

$\qquad = \dfrac{-(\sin^2 x + \cos^2 x)}{\sin^2 x}$

$\qquad = \dfrac{-1}{\sin^2 x}$

$\qquad = -\csc^2 x$

5) $(\sec x)' = (\dfrac{1}{\cos x})' = \dfrac{(1)' \cos x - 1(\cos x)'}{\cos^2 x}$

$$= \frac{\sin x}{\cos^2 x} = \frac{1}{\cos x}\frac{\sin x}{\cos x}$$

$$= \sec x \tan x$$

6) $(\csc x)' = (\frac{1}{\sin x})' = \frac{(1)'\sin x - 1(\sin x)'}{\sin^2 x}$

$$= \frac{-\cos x}{\sin^2 x} = -\frac{1}{\sin x}\frac{\cos x}{\sin x}$$

$$= -\csc x \cot x$$

Q.E.D.

예제 3.14

연쇄법칙을 이용하여 다음이 성립함을 증명하여라. (단, $f(x)$는 미분가능하다.)

$$(\sin f(x))' = f'(x)\cos f(x)$$

증명

$y = \sin u, \ u = f(x)$ 라 두면, $\dfrac{dy}{du} = \cos u, \ \dfrac{du}{dx} = f'(x)$ 이므로 연쇄법칙에 의하여

$$\frac{dy}{dx} = \frac{dy}{du}\frac{du}{dx} = \cos u \cdot f'(x) = f'(x)\cos f(x)$$

$$\therefore \ \frac{d}{dx}\sin f(x) = f'(x)\cos f(x)$$

예제 3.15

다음 각 함수에서 $\dfrac{dy}{dx}$ 를 구하여라.

1) $y = \sin(3x+1)$

2) $y = \cos x^\circ$

3) $x = \tan(\pi y + 1)$

4) $\sin x + \sin y = xy$

풀이 1) $\dfrac{dy}{dx} = \cos(3x+1)\dfrac{d}{dx}(3x+1) = 3\cos(3x+1)$

2) 삼각함수의 도함수 공식에서 각의 단위는 모두 라디안이다. 따라서 육십분법을 호도법으로 고친 후 도함수를 구한다.

$x° = x \times 1° = x \times \dfrac{\pi}{180} = \dfrac{\pi x}{180}$ 이므로

$$\dfrac{d}{dx}(\cos x°) = \dfrac{d}{dx}(\cos\dfrac{\pi x}{180})$$

$$= -\sin\dfrac{\pi x}{180} \cdot \dfrac{d}{dx}(\dfrac{\pi x}{180})$$

$$= -\dfrac{\pi}{180}\sin\dfrac{\pi x}{180} = -\dfrac{\pi}{180}\sin x°$$

3) $\dfrac{dx}{dy} = \sec^2(\pi y+1) \cdot \dfrac{d}{dy}(\pi y+1) = \pi\sec^2(\pi y+1)$

따라서

$$\dfrac{dy}{dx} = \dfrac{1}{\dfrac{dx}{dy}} = \dfrac{1}{\pi\sec^2(\pi y+1)} = \dfrac{1}{\pi}\cos^2(\pi y+1)$$

4) y를 x의 함수로 보고 양변을 x에 대하여 미분하면

$$\cos x + \cos y \cdot \dfrac{dy}{dx} = y + x\dfrac{dy}{dx}$$

이다. 따라서

$$\dfrac{dy}{dx} = \dfrac{\cos x - y}{x - \cos y} \quad (단, \ x - \cos y \neq 0)$$

1. 다음 극한값을 구하여라.

　1) $\displaystyle \lim_{x \to 0} \frac{\sin 3x}{\sin 2x}$

　2) $\displaystyle \lim_{x \to 0} \frac{\tan x}{x}$

　3) $\displaystyle \lim_{x \to 0} \frac{\tan x}{\tan 3x}$

　4) $\displaystyle \lim_{x \to 0} \frac{1 - \cos^2 2x}{x^2}$

2. 다음 함수의 도함수를 구하여라.

　1) $y = \sin^2 x$

　2) $y = x^2 \cos x$

　3) $y = \dfrac{\tan x}{x}$

　4) $y = x^2 \sec x - 4 \cot x$

　5) $y = 2 \tan x - \csc x$

　6) $y = 2 \sin x \cos x$

　7) $y = \sqrt{x} - \csc 2x$

　8) $y = \dfrac{\cos 2x - 1}{x^2}$

3. 다음 함수에서 $\dfrac{dy}{dx}$ 를 구하여라.

　1) $\begin{cases} x = \cos 2t \\ y = \sin 7t \end{cases}$

　2) $\begin{cases} x = t \cos 2t \\ y = t \sin t \end{cases}$

　3) $\begin{cases} x = t^2 - 1 \\ y = \sin 3t \end{cases}$

　4) $\begin{cases} x = \sin 6t + 3 \cos 2t \\ y = 3 \sin 2t + \cos 6t \end{cases}$

4. 다음 함수에서 $\dfrac{dy}{dx}$ 를 구하여라.

　1) $\sin y - y^2 = 8$

　2) $y - 3x^2 y = \cos x$

3-7 역삼각함수의 도함수

함수 $y = \sin x$ 는 일대일대응이 아니다. 따라서 이 함수의 역함수는 존재하지 않는다. 그러나 정의역을 $\left[-\dfrac{\pi}{2}, \dfrac{\pi}{2}\right]$ 로 공역을 $[-1, 1]$ 로 제한한 다음의 함수

$$f : \left[-\frac{\pi}{2}, \frac{\pi}{2}\right] \rightarrow [-1, 1], \ f(x) = \sin x$$

은 일대일대응이 되므로 역함수가 존재한다. 이 역함수를 역 sine함수라 하고 다음과 같이 표현한다.

$$y = \sin^{-1} x \ \text{ 또는 } \ y = \arcsin x$$

역 사인함수의 정의역은 $[-1, 1]$ 이고, 공역은 $\left[-\dfrac{\pi}{2}, \dfrac{\pi}{2}\right]$ 이다. 즉,

$$y = \sin^{-1} x \ (-1 \le x \le 1, \ -\frac{\pi}{2} \le y \le \frac{\pi}{2})$$

예제 3.16

다음을 구하여라.

1) $\sin^{-1} \dfrac{1}{2}$
2) $\sin^{-1}\left(-\dfrac{\sqrt{3}}{2}\right)$

풀이 1) $\sin^{-1} \dfrac{1}{2} = y$ 라 두면 $\sin y = \dfrac{1}{2}$ 이다. 따라서 $\sin y = \dfrac{1}{2}$ 되는 y를 구간 $\left[-\dfrac{\pi}{2}, \dfrac{\pi}{2}\right]$ 안에서 찾으면 된다. $\sin \dfrac{\pi}{6} = \dfrac{1}{2}$ 이므로 $y = \dfrac{\pi}{6}$ 이다.

$$\therefore \ \sin^{-1} \frac{1}{2} = \frac{\pi}{6}$$

2) $\sin^{-1}(-\dfrac{\sqrt{3}}{2}) = y$라 두면 $\sin y = -\dfrac{\sqrt{3}}{2}$이다.

따라서 $\sin y = -\dfrac{\sqrt{3}}{2}$되는 y를 구간 $\left[-\dfrac{\pi}{2}, \dfrac{\pi}{2}\right]$안에서 찾으면 된다.

$\sin(-\dfrac{\pi}{3}) = -\dfrac{\sqrt{3}}{2}$이므로 $y = -\dfrac{\pi}{3}$이다.

$\therefore \sin^{-1}(-\dfrac{\sqrt{3}}{2}) = -\dfrac{\pi}{3}$

함수 $y = \tan x$는 일대일대응이 아니다. 따라서 이 함수의 역함수는 존재하지 않는다. 그러나 정의역을 $\left(-\dfrac{\pi}{2}, \dfrac{\pi}{2}\right)$로 제한하고, 공역은 실수 전체의 집합 R로 하는 다음의 함수

$$f : \left(-\dfrac{\pi}{2}, \dfrac{\pi}{2}\right) \to R, \; f(x) = \tan x$$

은 일대일대응이 되므로 역함수가 존재한다. 이 역함수를 역 tangent함수라 하고 다음과 같이 표현한다.

$$y = \tan^{-1} x \;\; \text{또는} \;\; y = \text{arc} \tan x$$

역 탄젠트함수의 정의역은 R이고, 공역은 $\left(-\dfrac{\pi}{2}, \dfrac{\pi}{2}\right)$이다. 즉,

$$y = \tan^{-1} x \,(x \text{는 실수}, \; -\dfrac{\pi}{2} < y < \dfrac{\pi}{2})$$

다음을 구하여라.

1) $\tan^{-1} 1$ 2) $\tan^{-1}(-\sqrt{3})$

풀이   1) $\tan^{-1} 1 = y$ 라 두면 $\tan y = 1$ 이다. 따라서 $\tan y = 1$ 이 되는 y 를 구간

$\left(-\dfrac{\pi}{2},\ \dfrac{\pi}{2}\right)$ 안에서 찾으면 된다. $\tan\dfrac{\pi}{4} = 1$ 이므로 $y = \dfrac{\pi}{4}$ 이다.

$$\therefore\ \tan^{-1} 1 = \frac{\pi}{4}$$

2) $\tan^{-1}(-\sqrt{3}) = y$ 라 두면 $\tan y = -\sqrt{3}$ 이다. 따라서 $\tan y = -\sqrt{3}$ 되는 y 를 구

간 $\left(-\dfrac{\pi}{2},\ \dfrac{\pi}{2}\right)$ 안에서 찾으면 된다. $\tan(-\dfrac{\pi}{3}) = -\sqrt{3}$ 이므로 $y = -\dfrac{\pi}{3}$ 이다.

$$\therefore\ \tan^{-1}(-\sqrt{3}) = -\frac{\pi}{3}$$

다른 삼각함수도 정의역과 공역을 제한하여 역함수를 얻을 수 있는데 특별한 응급이 없으면 역삼각함수의 정의역과 공역은 다음으로 한다.

$$y = \cos^{-1} x \ (-1 \le x \le 1,\ 0 \le y \le \pi)$$

$$y = \cot^{-1} x \ (x는\ 실수,\ 0 < y < \pi)$$

$$y = \sec^{-1} x \ (|x| \ge 1,\ 0 \le y \le \pi(y \ne \frac{\pi}{2}))$$

$$y = \csc^{-1} x \ (|x| \ge 1,\ -\frac{\pi}{2} \le y \le \pi\frac{\pi}{2}(y \ne 0))$$

(역삼각함수의 도함수)

1) $(\sin^{-1} x)' = \dfrac{1}{\sqrt{1-x^2}} \ (-1 < x < 1)$

2) $(\cos^{-1} x)' = \dfrac{-1}{\sqrt{1-x^2}} \ (-1 < x < 1)$

3) $(\tan^{-1} x)' = \dfrac{1}{1+x^2}$

4) $(\sec^{-1} x)' = \dfrac{1}{|x|\sqrt{x^2-1}} \ (|x| > 1)$

증명

1) $y = \sin^{-1} x$ 라 두면 $x = \sin y \left(-\dfrac{\pi}{2} < y < \dfrac{\pi}{2}\right)$ 이다. 따라서

$$\frac{dx}{dy} = \cos y$$

여기서 $-\dfrac{\pi}{2} < y < \dfrac{\pi}{2}$ 이므로 $\cos y = \sqrt{1-\sin^2 y} = \sqrt{1-x^2}$

$$\therefore \ \frac{dy}{dx} = \frac{1}{\dfrac{dx}{dy}} = \frac{1}{\cos y} = \frac{1}{\sqrt{1-x^2}}$$

2) $y = \cos^{-1} x$ 라 두면 $x = \cos y \ (0 < y < \pi)$ 이다. 따라서

$$\frac{dx}{dy} = -\sin y$$

여기서 $0 < y < \pi$ 이므로 $\sin y = \sqrt{1-\cos^2 y} = \sqrt{1-x^2}$

$$\therefore \frac{dy}{dx} = \frac{1}{\dfrac{dx}{dy}} = \frac{1}{-\sin y} = -\frac{1}{\sqrt{1-x^2}}$$

3) $y = \tan^{-1} x$ 라 두면 $x = \tan y \, (-\dfrac{\pi}{2} < y < \dfrac{\pi}{2})$ 이다. 따라서

$$\frac{dx}{dy} = \sec^2 y = 1 + \tan^2 y = 1 + x^2$$

$$\therefore \frac{dy}{dx} = \frac{1}{\dfrac{dx}{dy}} = \frac{1}{1 + x^2}$$

4) $y = \sec^{-1} x$ 라 두면 $x = \sec y \, (0 < y < \pi (y \neq \dfrac{\pi}{2}))$ 이다. 따라서

$$\frac{dx}{dy} = \sec y \, \tan y$$

항등식 $1 + \tan^2 y = \sec^2 y$ 로부터 $\tan^2 y = \sec^2 y - 1 = x^2 - 1$ 이므로

$$\tan y = \begin{cases} \sqrt{x^2 - 1} & (0 < y < \dfrac{\pi}{2}) \\ -\sqrt{x^2 - 1} & (\dfrac{\pi}{2} < y < \pi) \end{cases}$$

한편, $\sec y \, \tan y > 0$ 이므로

$$\sec y \, \tan y = \begin{cases} x\sqrt{x^2 - 1} & (0 < y < \dfrac{\pi}{2}) \\ -x\sqrt{x^2 - 1} & (\dfrac{\pi}{2} < y < \pi) \end{cases}$$
$$= |x| \sqrt{x^2 - 1}$$

$$\therefore \frac{dy}{dx} = \frac{1}{\dfrac{dx}{dy}} = \frac{1}{\sec y \, \tan y} = \frac{1}{|x|\sqrt{x^2-1}}$$

Q.E.D.

예제 3.18

다음 함수의 도함수를 구하여라.

1) $y = \sin^{-1} 2x$　　　　　　　　　2) $y = \tan^{-1}(3x-1)$

풀이▶ 1) $u = 2x$ 라 두면 $y = \sin^{-1} u$ 이다. 연쇄법칙에 의하여

$$\frac{dy}{dx} = \frac{dy}{du}\frac{du}{dx} = \frac{1}{\sqrt{1-u^2}}\frac{d}{dx}(2x) = \frac{2}{\sqrt{1-4x^2}}$$

2) $u = 3x-1$ 라 두면 $y = \tan^{-1} u$ 이다. 연쇄법칙에 의하여

$$\frac{dy}{dx} = \frac{dy}{du}\frac{du}{dx} = \frac{1}{1+u^2}\frac{d}{dx}(3x-1) = \frac{3}{1+(3x-1)^2}$$

연습문제

1. 다음 값을 구하여라.

1) $\sin^{-1}(-\dfrac{1}{2})$　　　　　　　　2) $\cos^{-1}\dfrac{\sqrt{3}}{2}$

3) $\tan^{-1}(-\sqrt{3})$　　　　　　　　4) $\cot^{-1}(-1)$

5) $\sec^{-1}(-\sqrt{2})$　　　　　　　　6) $\csc^{-1} 2$

2. $\sin^{-1}\dfrac{5}{13}=\theta$ 일 때 $\cos\theta,\ \tan\theta,\ \cot\theta,\ \sec\theta,\ \csc\theta$ 를 구하여라.

3. 다음 함수의 도함수를 구하여라.

   1) $y=\sin^{-1}\dfrac{x}{a}\,(a>0)$ 2) $y=\sin^{-1}x^2$

   3) $y=\cos^{-1}\dfrac{1}{x}$ 4) $y=\tan^{-1}\sqrt{x+1}$

   5) $y=\sec^{-1}(3x+2)$ 6) $y=\sqrt{x^2+1}-\sec^{-1}(2x-1)$

4. 다음을 증명하여라.

   1) $\sin^{-1}x+\cos^{-1}x=\dfrac{\pi}{2}$ 2) $\tan^{-1}x+\cot^{-1}x=\dfrac{\pi}{2}$

   3) $\sec^{-1}x+\csc^{-1}x=\dfrac{\pi}{2}$

5. 정리 3.9와 연습문제 4의 2), 3)을 이용하여 $\dfrac{d}{dx}(\cot^{-1}x),\ \dfrac{d}{dx}(\csc^{-1}x)$ 를 구하여라.

3-8 지수함수와 로그함수의 도함수

원주율 $\pi=3.14159\cdots$ 와 같이 수학에서 중요하게 사용되는 수 e 에 대하여 알아보자.

수열 $a_n=(1+\dfrac{1}{n})^n$ 에서 n 이 증가하면, a_n 이 어떻게 될까?

$$a_1 = (1+\frac{1}{1})^1 = 2$$

$$a_2 = (1+\frac{1}{2})^2 = 2.25$$

$$a_3 = (1+\frac{1}{3})^3 = 2.37037\cdots$$

$$a_{10} = (1+\frac{1}{10})^{10} = 2.59374\cdots$$

$$a_{100} = (1+\frac{1}{100})^{100} = 2.70481\cdots$$

$$a_{1000} = (1+\frac{1}{1000})^{1000} = 2.71692\cdots$$

$$a_{10000} = (1+\frac{1}{10000})^{10000} = 2.71814\cdots$$

위에서 짐작할 수 있겠지만 n이 점점 커지면 $a_n = (1+\frac{1}{n})^n$은 어떤 한 수로 수렴함을 알 수 있는데 이 수를 e라 부른다.(수학자 Euler의 e를 딴 것이라는 설도 있다.) 또, e는 무리수이기도 하다. 즉,

$$\lim_{n\to\infty}(1+\frac{1}{n})^n = e \ (\fallingdotseq 2.718281828459045\cdots, \ 무리수)$$

[정리3.10]

1) $\displaystyle\lim_{x\to\pm\infty}(1+\frac{1}{x})^x = e$

2) $\displaystyle\lim_{x\to0}(1+x)^{\frac{1}{x}} = e$

[증명]

1) ① $x \to \infty$인 경우

$n \le x < n+1$을 만족하는 자연수 n을 선택하면

$1+\dfrac{1}{n+1}<1+\dfrac{1}{x}\le 1+\dfrac{1}{n}$ 이다. 따라서

$$(1+\dfrac{1}{n+1})^n<(1+\dfrac{1}{x})^x<(1+\dfrac{1}{n})^{n+1}$$

위 식의 각 변에 $x\to\infty$ ($n\to\infty$와 동치)를 취하면

$$\lim_{(n+1)\to\infty}(1+\dfrac{1}{n+1})^{n+1}(1+\dfrac{1}{n+1})^{-1}\le\lim_{x\to\infty}(1+\dfrac{1}{x})^x$$

$$\le\lim_{n\to\infty}(1+\dfrac{1}{n})^n(1+\dfrac{1}{n})$$

즉, $e\le\lim_{x\to\infty}(1+\dfrac{1}{x})^x\le e$ 이므로

$$\lim_{x\to\infty}(1+\dfrac{1}{x})^x=e$$

② $x\to-\infty$ 인 경우

$t=-x$ 라 두면 $t\to\infty$ 이다. 또,

$$(1+\dfrac{1}{x})^x=(1-\dfrac{1}{t})^{-t}=(\dfrac{t-1}{t})^{-t}=(\dfrac{t}{t-1})^t$$

$$=(1+\dfrac{1}{t-1})^t=(1+\dfrac{1}{t-1})^{t-1}(1+\dfrac{1}{t-1})$$

따라서

$$\lim_{x\to-\infty}(1+\dfrac{1}{x})^x=\lim_{t\to\infty}(1+\dfrac{1}{t-1})^{t-1}(1+\dfrac{1}{t-1})=e$$

①과 ②에 의하여

$$\lim_{x\to\pm\infty}(1+\dfrac{1}{x})^x=e$$

2) $\dfrac{1}{x} = t$ 라 두면 $x \to 0$ 이면 $t \to \pm\infty$ 이다. 따라서 1)에 의해

$$\lim_{x \to 0}(1+x)^{\frac{1}{x}} = \lim_{t \to \pm\infty}(1+\frac{1}{t})^t = e$$

Q.E.D.

수학이나 공학에서 로그를 쓸 때 e 를 밑으로 하는 로그 즉 자연로그를 많이 사용하게 되는데 그 이유는 미적분의 공식이 간단하게 되기 때문이다. $\log_e x$ 를 $\ln x$ 로 나타내기도 한다.

예제 3.19

다음 극한값을 구하여라.

1) $\displaystyle\lim_{x \to 0}\dfrac{\ln(1+x)}{x}$ 　　　　　　　　2) $\displaystyle\lim_{x \to 0}\dfrac{e^x - 1}{x}$

풀이 1) $\displaystyle\lim_{x \to 0}\dfrac{\ln(1+x)}{x} = \lim_{x \to 0}\dfrac{1}{x}\ln(1+x)$

$$= \lim_{x \to 0}\ln(1+x)^{\frac{1}{x}}$$
$$= \ln e$$
$$= 1$$

2) $e^x - 1 = h$ 라 두면 $x \to 0$ 일 때 $h \to 0$ 이고,

$e^x = 1 + h$ 로부터 $x = \ln(1+h)$ 이다. 1)의 결과를 이용하면

$$\lim_{x \to 0}\dfrac{e^x - 1}{x} = \lim_{h \to 0}\dfrac{h}{\ln(1+h)} = \lim_{h \to 0}\dfrac{1}{\dfrac{\ln(1+h)}{h}} = 1$$

(지수함수와 로그함수의 도함수)

1) $y = e^x$ 이면 $\dfrac{dy}{dx} = e^x$

2) $y = \ln x$ 이면 $\dfrac{dy}{dx} = \dfrac{1}{x}$

증명

1) 예제 3.19의 2)를 이용한다.

$$\frac{dy}{dx} = \lim_{h \to 0} \frac{e^{x+h} - e^x}{h}$$

$$= \lim_{h \to 0} \frac{e^x(e^h - 1)}{h}$$

$$= e^x \lim_{h \to 0} \frac{e^h - 1}{h}$$

$$= e^x$$

2) 예제 3.19의 1)를 이용한다.

$$\frac{dy}{dx} = \lim_{h \to 0} \frac{\ln(x+h) - \ln x}{h}$$

$$= \lim_{h \to 0} \frac{\ln(\dfrac{x+h}{x})}{h}$$

$$= \lim_{h \to 0} \frac{\ln(1 + \dfrac{h}{x})}{h}$$

여기서 $\dfrac{h}{x} = t$ 라 두면 $h \to 0$ 일 때 $t \to 0$ 이다. 따라서

$$\frac{dy}{dx} = \lim_{h \to 0} \frac{\ln(1 + \frac{h}{x})}{h} = \lim_{t \to 0} \frac{\ln(1+t)}{xt}$$

$$= \frac{1}{x} \lim_{t \to 0} \frac{\ln(1+t)}{t}$$

$$= \frac{1}{x}$$

Q.E.D.

예제 3.20

$f(x)$가 미분가능한 함수 일 때 다음이 성립함을 보여라.

1) $(e^{f(x)})' = e^{f(x)} f'(x)$ 2) $(a^x)' = a^x \ln a \ (a > 0)$

3) $(a^{f(x)})' = a^{f(x)} f'(x) \ln a \ (a > 0)$ 4) $(\ln f(x))' = \dfrac{f'(x)}{f(x)}$

5) $(\log_a x)' = \dfrac{1}{x} \log_a e \ (a \neq 1, \ a > 0)$

6) $(\log_a f(x))' = \dfrac{f'(x)}{f(x)} \log_a e \ (a \neq 1, \ a > 0)$

증명

1) $y = e^u$, $u = f(x)$라 두면 $\dfrac{dy}{du} = e^u$, $\dfrac{du}{dx} = f'(x)$ 이므로 연쇄법칙에 의하여

$$\frac{dy}{dx} = \frac{dy}{du} \frac{du}{dx} = e^u f'(x) = e^{f(x)} f'(x)$$

2) $a = e^{\ln a}$ 이므로 $a^x = (e^{\ln a})^x = e^{x \ln a}$ 이다. 따라서

$$(a^x)' = (e^{x \ln a})' = e^{x \ln a} (x \ln a)' = e^{x \ln a} \ln a = a^x \ln a$$

3) $y = a^u$, $u = f(x)$라 두면 $\dfrac{dy}{du} = a^u \ln a$, $\dfrac{du}{dx} = f'(x)$ 이므로 연쇄법칙에 의하여

$$\frac{dy}{dx} = \frac{dy}{du}\frac{du}{dx} = (a^u \ln a)f'(x) = a^{f(x)}f'(x)\ln a$$

4) $y = \ln u$, $u = f(x)$라 두면 $\dfrac{dy}{du} = \dfrac{1}{u}$, $\dfrac{du}{dx} = f'(x)$ 이므로 연쇄법칙에 의하여

$$\frac{dy}{dx} = \frac{dy}{du}\frac{du}{dx} = \frac{1}{u}f'(x) = \frac{f'(x)}{f(x)}$$

5) $\log_a x = \dfrac{\ln x}{\ln a} = \ln x \log_a e$ 이므로

$$(\log_a x)' = (\ln x \log_a e)' = (\ln x)' \log_a e = \frac{1}{x}\log_a e$$

6) $y = \log_a u$, $u = f(x)$라 두면 $\dfrac{dy}{du} = \dfrac{1}{u}\log_a e$, $\dfrac{du}{dx} = f'(x)$ 이므로 연쇄법칙에 의하여

$$\frac{dy}{dx} = \frac{dy}{du}\frac{du}{dx} = (\frac{1}{u}\log_a e)\,f'(x) = \frac{f'(x)}{f(x)}\log_a e$$

예제 3.21

다음이 성립함을 보여라.

1) $(\ln|x|)' = \dfrac{1}{x}$

2) $(\ln|f(x)|)' = \dfrac{f'(x)}{f(x)}$ (단, $f(x)$는 미분가능한 함수)

풀이 1) ① $x > 0$ 인 경우

$$(\ln|x|)' = (\ln x)' = \frac{1}{x}$$

② $x < 0$ 인 경우

$$(\ln|x|)' = (\ln(-x))' = \frac{(-x)'}{-x} = \frac{-1}{-x} = \frac{1}{x}$$

2) $y = \ln|u|$, $u = f(x)$ 라 두면 $\dfrac{dy}{du} = \dfrac{1}{u}$, $\dfrac{du}{dx} = f'(x)$ 이므로 연쇄법칙에 의하여

$$\frac{dy}{dx} = \frac{dy}{du}\frac{du}{dx} = \frac{1}{u}f'(x) = \frac{f'(x)}{f(x)}$$

주어진 함수의 양변에 로그를 취한 후 이를 미분함으로서 주어진 함수의 도함수를 구할 수 있는데 이와 같이 도함수를 구하는 방법을 **로그미분법**이라고 한다.

[예제 3.22]

n 이 임의의 실수일 때도 $(x^n)' = nx^{n-1}$ 임을 보여라.

[증명]

$y = x^n$ 이라 두고 양변의 절댓값에 자연로그를 취하면

$$\ln|y| = \ln|x^n| = n\ln|x|$$

위 식의 양변을 x 에 관하여 미분하면

$\dfrac{y'}{y} = n\dfrac{1}{x}$ 이므로

$$y' = n\frac{1}{x}y = n\frac{1}{x}x^n = nx^{n-1}$$

다음 함수의 도함수를 구하여라.

1) $y = x^x \ (x > 0)$

2) $y = \dfrac{\sqrt{(x-1)^3}\sqrt{x-3}}{(x-2)^2}$

풀이 1) 주어진 식의 양변에 자연로그를 취하면

$$\ln y = \ln x^x = x \ln x$$

위 식의 양변을 x에 관하여 미분하면

$$\frac{y'}{y} = \ln x + 1 \text{ 이므로}$$

$$y' = (\ln x + 1)y = (\ln x + 1)x^x$$

2) 식의 양변에 자연로그를 취하면

$$\ln y = \frac{3}{2}\ln(x-1) + \frac{1}{2}\ln(x-3) - 2\ln(x-2)$$

위 식의 양변을 x에 관하여 미분하면

$$\frac{y'}{y} = \frac{3}{2}\frac{1}{x-1} + \frac{1}{2}\frac{1}{x-3} - 2\frac{1}{x-2}$$

$$\therefore \ y' = \left(\frac{3}{2}\frac{1}{x-1} + \frac{1}{2}\frac{1}{x-3} - 2\frac{1}{x-2}\right)y$$

$$= \frac{-(x-4)}{(x-1)(x-2)(x-3)}\frac{\sqrt{(x-1)^3}\cdot\sqrt{x-3}}{(x-2)^2}$$

$$= -\frac{\sqrt{x-1}(x-4)}{\sqrt{x-3}(x-2)^3}$$

1. 다음 극한값을 구하여라.

   1) $\lim\limits_{x \to \infty}(1+\dfrac{2}{x})^x$

   2) $\lim\limits_{x \to 0}(1+x)^{\frac{1}{2x}}$

2. 다음 함수의 도함수를 구하여라.

   1) $y = e^{10x}$

   2) $y = xe^{\sqrt[3]{x}}$

   3) $y = e^{\sin^2 x + \cos^2 x}$

   4) $y = e^{ax}(\sin bx + \cos bx)$

   5) $y = \dfrac{e^x + e^{-x}}{2}$

   6) $y = e^{\tan x + 2}$

   7) $y = e^{\sin^{-1} 2x}$

   8) $y = \dfrac{e^{3x}}{e^{3x} + 2}$

   9) $y = 3^{\sqrt{2x-1}}$

   10) $y = 10^{\cos \sqrt{x}}$

3. 다음 함수의 도함수를 구하여라.

   1) $y = \ln(x^2 - 2x + 5)$

   2) $y = \ln(\sin 3x + 2)$

   3) $y = \ln|2x+1|$

   4) $y = \ln(\tan^2 x + 3)$

   5) $y = \ln(x-2)^3$

   6) $y = \ln|\sec x + \tan x|$

   7) $y = \ln(x + \sqrt{x^2 + 1})$

   8) $y = \ln|\csc x - \cot x|$

   9) $y = \log_5(6x - 1)$

   10) $y = \sqrt{\log_3(x-2)}$

4. 로그미분법을 이용하여 다음 함수의 도함수를 구하여라.

   1) $y = (x+1)^x$

   2) $y = x^{\sin x}$

   3) $y = x^{x^x}$

   4) $y = (2x-1)^{x+1}$

3-9 고계도함수

함수 $y = f(x)$가 미분가능하면 그 도함수 $y' = f'(x)$도 x의 함수이다. 이 때, $y' = f'(x)$가 다시 미분가능하면 $y' = f'(x)$의 도함수를 생각할 수 있다. $y' = f'(x)$의 도함수를 $y = f(x)$의 제 2계도함수라고 하고, 기호로

$$y'', \quad f''(x), \quad \frac{d^2 y}{dx^2}, \quad \frac{d^2}{dx^2} f(x)$$

와 같이 나타낸다. 일반적으로 함수 $y = f(x)$가 미분가능하고, 그의 도함수 $f'(x)$, $f''(x), \cdots, f^{(n-1)}(x)$가 미분가능할 때 제$(n-1)$ 계도함수의 도함수를 제 n 계도함수라 하고, 기호로

$$y^{(n)}, \quad f^{(n)}(x), \quad \frac{d^n y}{dx^n}, \quad \frac{d^n f(x)}{dx^n}, \quad \frac{d^n}{dx^n} f(x)$$

로 나타낸다.

또, $x = a$에서 $y = f(x)$의 제 n 계도함수의 값 $f^{(n)}(a)$를 $x = a$에서 제 n 계미분계수라고 한다.

예제 3.24

$y = 2x^3 + 3x - 1$이면

$y' = 6x^2 + 3, \quad y'' = 12x, \quad y''' = 12, \quad y^{(4)} = 0$

예제 3.25

$x^2 + y^2 = a^2$에서 $\dfrac{dy}{dx}, \dfrac{d^2 y}{dx^2}$를 구하여라.

풀이 y 를 x 의 함수로 보고 양변을 x 로 미분하면

$$2x + 2y\frac{dy}{dx} = 0$$

따라서

$$\frac{dy}{dx} = -\frac{x}{y} \; (단, \; y \neq 0)$$

위의 식을 x 에 관하여 미분하고, $\dfrac{dy}{dx} = -\dfrac{x}{y}$, $x^2 + y^2 = a^2$ 을 이용하면

$$\frac{d^2 y}{dx^2} = -\frac{\dfrac{dx}{dx}y - x\dfrac{dy}{dx}}{y^2} = -\frac{y - x(-\dfrac{x}{y})}{y^2} = -\frac{x^2 + y^2}{y^3} = -\frac{a^2}{y^3}$$

예제 3.26

다음 함수의 제 n 계도함수를 구하여라.

1) $y = e^x$ 2) $y = x^n$ (n 은 자연수)

풀이 1) $(e^x)' = e^x$ 이므로 $y^{(n)} = e^x$

2) $y' = nx^{n-1}$

$$y'' = n(n-1)x^{n-2}$$
$$y''' = n(n-1)(n-2)x^{n-3}$$
$$\vdots$$
$$y^{(n)} = n(n-1)\cdots(n-(n-1))x^{n-n} = n(n-1)\cdots 1 = n!$$

1. 다음 함수의 제 2계도함수를 구하여라.

   1) $y = x^5 - e^x$ 2) $y = 2^x$

   3) $y = \ln x$ 4) $y = x^2 \ln x$

2. 다음 함수의 제 n 계도함수를 구하여라.

   1) $y = \sin x$ 2) $y = \cos x$

3. $f(x),\ g(x)$ 가 제 2계도함수를 가질 때 $(f(x)g(x))''$ 를 구하여라.

4. $f(x) = |x|$ 의 제 2계도함수를 구하여라.

5. $f(x) = a_n x^n + a_{n-1} x^{n-1} + \cdots a_1 x + a_0$ 일 때 $\dfrac{d^n}{dx^n} f(x),\ \dfrac{d^{n+1}}{dx^{n+1}} f(x)$ 를 구하여라. (단, $a_n, a_{n-1}, \cdots, a_0$ 는 상수)

6. $y = e^{3x+1}$ 일 때 $\dfrac{d^n y}{dx^n}$ 를 구하여라.

7. 다음 함수에서 $\dfrac{d^2 y}{dx^2}$ 을 구하여라.

   1) $\begin{cases} x = t^2 - 1 \\ y = \sin t \end{cases}$ 2) $xy + y^3 = 1$

Fundamental of Elementary Mathematics

제4장 도함수의 응용

제4장 도함수의 응용

4-1 평균값의 정리

미분적분학을 공부하다가 보면 "평균값의 정리에 의하여"란 구절을 자주 접하게 된다. 그렇게 중요하거나 화려한 정리는 아니지만 매우 중요한 정리를 낳게 하는 산파역할을 하는 정리이다. 먼저 프랑스 수학자 Michel Rolle(1652~1719)이 발견한 Rolle의 정리를 알아보자.

정리 4.1 (Rolle의 정리)

함수 $f(x)$가 닫힌구간 $[a, b]$에서 연속이고, 열린구간 (a, b)에서 미분가능이라고 하자.

$f(a) = f(b)$이면 $f'(c) = 0$을 만족하는 c가 열린구간 (a, b) 안에 적어도 하나 존재한다.

증명

1) $f(x)$가 상수함수라면 $f'(x) = 0$이므로 Rolle의 정리가 성립한다.

2) $f(x)$가 상수함수가 아니라면 열린구간 (a, b) 안에 적당한 한 점 ξ가 존재하여 $f(\xi) \neq f(a)$이다. 따라서 $f(\xi) > f(a)$이거나 $f(\xi) < f(a)$이다.

   ① $f(\xi) > f(a)$인 경우

   최대최소의 정리로부터 $f(x)$는 $f(a)$보다 큰 최댓값을 갖는다.

   $x = c$에서 최댓값을 갖는다면 충분히 작은 양수 h에 대하여

$$\frac{f(c+h)-f(c)}{h} \leq 0, \ \frac{f(c-h)-f(c)}{-h} \geq 0$$

위 부등식의 양변에 극한을 취하면

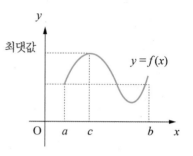

$$f'_+(c) = \lim_{h \to +0} \frac{f(c+h)-f(c)}{h} \leq 0$$

$$f'_-(c) = \lim_{h \to +0} \frac{f(c-h)-f(c)}{-h} \geq 0$$

한편, $f(x)$는 $x = c$에서 미분가능하므로 $f'(c) = f'_+(c) = f'_-(c)$ 이다.

따라서

$$f'(c) = 0$$

② $f(\xi) < f(a)$인 경우

최대최소의 정리로부터 $f(x)$는 $f(a)$보다 작은 최솟값을 갖는다. 나머지는 ①과 비슷한 방법으로 전개할 수 있으므로 연습문제로 남긴다.

Q.E.D.

Rolle의 정리의 기하학적인 의미는 곡선 $y = f(x)$의 접선 중에서 x축에 평행한 접선이 적어도 하나 이상 있다는 것이다.

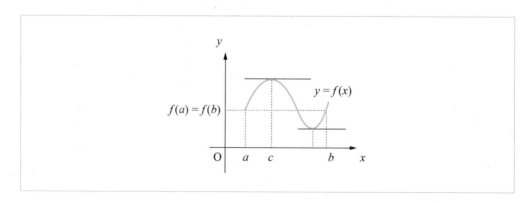

Rolle의 정리는 닫힌구간 $[a, b]$ 에서 연속성과 열린구간 (a, b) 에서 미분가능성이 왜 필요한지 다음 예제를 보자.

예제 4.1

1) 함수 $f(x) = \begin{cases} x \ (0 < x < 1) \\ 0 \ (x \le 0, \ x \ge 1) \end{cases}$ 은 $f(0) = f(1)$ 이며,

$f(1) = 0 \ne \lim\limits_{x \to 1-0} f(x) = 1$ 이므로 $f(x)$ 는

닫힌구간 $[0, 1]$ 에서 연속이 아니다.

한편, 열린구간 $(0, 1)$ 에서 미분가능하고

$f'(x) = 1 \ (0 < x < 1)$ 이다.

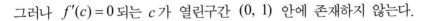

그러나 $f'(c) = 0$ 되는 c 가 열린구간 $(0, 1)$ 안에 존재하지 않는다.

2) $f(x) = |x|$ 는 $f(-1) = f(1)$ 이고, 닫힌구간 $[-1, 1]$ 에서 연속이다. 그러나 $x = 0$ 에서 미분불가능이므로 열린구간 $(-1, 1)$ 에서 미분가능이 아니다. 한편,

$f'(x) = \begin{cases} -1 \ (-1 < x < 0) \\ 1 \ (0 < x < 1) \end{cases}$ 이므로

$f'(c) = 0$ 되는 c 가 열린구간 $(-1, 1)$ 안에 존재하지 않는다.

예제 4.2

구간 $[-3, 3]$ 에서 함수 $f(x) = \dfrac{1}{3}x^3 - 3x$ 에 대하여 Rolle의 정리의 c 를 구하여라.

풀이 $f(x) = \dfrac{1}{3}x^3 - 3x$ 는 다항식이고 다항식은 모든 x 에 대하여 연속이고 미분가능하므로 구간 $[-3, 3]$ 에서 연속이고, 구간 $(-3, 3)$ 에서 미분가능이다. 또한 $f(-3) = f(3) = 0$ 이므로 Rolle의 정리의 가정은 모두 만족한다.

$f'(x) = x^2 - 3$ 이므로 $f'(c) = c^2 - 3 = 0$

$$\therefore c = \pm\sqrt{3}$$

Rolle의 정리에서 조건 $f(a) = f(b)$ 을 제거하면 좀 더 일반화된 다음의 평균값의 정리를 얻는다.

정리 4.2 (평균값의 정리)

함수 $f(x)$ 가 닫힌구간 $[a, b]$ 에서 연속이고, 열린구간 (a, b) 에서 미분가능이면 $\dfrac{f(b) - f(a)}{b - a} = f'(c)$ 을 만족하는 c 가 열린구간 (a, b) 안에 적어도 하나 존재한다.

증명

$$F(x) = f(x) - f(a) - \frac{f(b) - f(a)}{b - a}(x - a)$$

라 두면 $F(x)$ 는 닫힌구간 $[a, b]$ 에서 연속이고, 열린구간 (a, b) 에서 미분가능이며 $F(a) = F(b) = 0$ 이다. 따라서 Rolle의 정리로부터 $F'(c) = 0$ 되는 c 가 열린구간 (a, b) 안에 적어도 하나 존재한다. 한편,

$$F'(x) = f'(x) - \frac{f(b) - f(a)}{b - a}$$ 이므로

$$F'(c) = f'(c) - \frac{f(b) - f(a)}{b - a} = 0$$

$$\therefore \frac{f(b) - f(a)}{b - a} = f'(c)$$

Q.E.D.

평균값정리에서 $f(a)=f(b)$인 경우는 Rolle의 정리가 된다. 즉, Rolle의 정리는 평균값 정리의 특수한 경우이다. 또 평균값 정리의 기하학적인 의미는 열린구간 $(a,\ b)$에서 곡선 $y=f(x)$의 접선 중에서 두 점 $(a,\ f(a))$, $(b,\ f(b))$을 잇는 직선과 평행한 접선이 적어도 하나 이상 있다는 것이다.

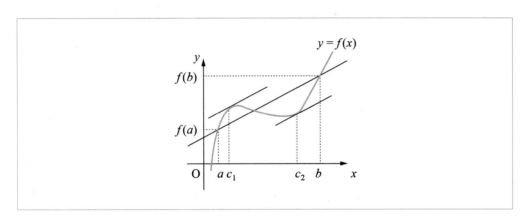

예제 4.3

닫힌구간 $[0,\ 1]$에서 함수 $f(x)=x^2+2x-1$에 대하여 평균값의 정리의 c를 구하여라.

풀이 $f(x)=x^2+2x-1$는 닫힌구간 $[0,\ 1]$에서 연속이고, 열린구간 $(0,\ 1)$에서 미분가능이다.

$f(0)=-1$, $f(1)=2$ 이므로 평균값 정리에 의하여

$$f'(c)=\frac{f(1)-f(0)}{1-0}=3$$

되는 c가 열린구간 $(0,\ 1)$안에 적어도 하나 존재한다. 한편,

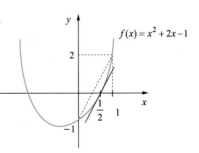

$f'(x)=2x+2$이므로 $f'(c)=2c+2=3$

$$\therefore\ c=\frac{1}{2}$$

상수함수의 도함수는 0이다. 그 역도 성립한다. 즉, 도함수가 0인 함수는 상수함수이다. 이를 평균값의 정리를 이용하여 증명할 수 있다.

정리 4.3

함수 $f(x)$가 열린구간 (a, b)에서 미분가능하고, 열린구간 (a, b) 안의 모든 x에 대하여 $f'(x) = 0$이면 $f(x)$는 열린구간 (a, b)에서 상수이다.

증명

열린구간 (a, b)안의 임의의 두 점 $x_1, x_2 (x_1 < x_2)$에 대하여 $f(x_1) = f(x_2)$임을 보이면 된다.

함수 $f(x)$는 닫힌구간 $[x_1, x_2]$에서 연속이고, 열린구간 (x_1, x_2)에서 미분가능이므로 평균값정리에 의하여

$$\frac{f(x_2) - f(x_1)}{x_2 - x_1} = f'(c) \ (x_1 < c < x_2)$$

이다. 그러나 가정에 의하여 $f'(c) = 0$이므로

$$f(x_1) = f(x_2)$$

Q.E.D.

정리 4.4

함수 $f(x)$와 $g(x)$가 열린구간 (a, b)에서 미분가능하고, 열린구간 (a, b)안의 모든 x에 대하여 $f'(x) = g'(x)$이면 열린구간 (a, b)에서 $f(x) = g(x) + c$ (c는 상수)이다.

$h(x) = f(x) - g(x)$ 라 두면 $h(x)$ 는 열린구간 (a, b) 에서 미분가능하고, $h'(x) = f'(x) - g'(x) = 0$ 이다. 따라서 정리 4.3에 의하여 $h(x) = c$ (c 는 상수)이다. 즉,

$$f(x) = g(x) + c$$

Q.E.D.

정리 4.5 (Taylor의 정리)

함수 $f(x)$ 에 대하여 $f'(x), f''(x), \cdots, f^{(n-1)}(x)$ 가 닫힌구간 $[a, b]$ 에서 연속이고, $f^{(n-1)}(x)$ 가 열린구간 (a, b) 에서 미분가능이면

$$f(b) = f(a) + \frac{f'(a)}{1!}(b-a) + \frac{f''(a)}{2!}(b-a)^2 + \cdots$$

$$+ \frac{f^{(n-1)}(a)}{(n-1)!}(b-a)^{n-1} + \frac{f^n(c)}{n!}(b-a)^n$$

을 만족하는 c 가 열린구간 (a, b) 안에 적어도 하나 존재한다.

증명

$$F(x) = f(b) - f(x) - \frac{f'(x)}{1!}(b-x) - \frac{f''(x)}{2!}(b-x)^2 - \cdots$$

$$- \frac{f^{(n-1)}(x)}{(n-1)!}(b-x)^{n-1} - A(b-x)^n$$

라 둔다. 단, 위 식에서 상수 A 는 $F(a) = 0$ 이 되게 하는 실수이다. $F(x)$ 는 닫힌구간 $[a, b]$ 에서 연속이고, 열린구간 (a, b) 에서 미분가능이며 $F(a) = F(b) = 0$ 이다.

따라서 Rolle의 정리로부터 $F'(c) = 0$ 되는 c 가 열린구간 (a, b) 안에 적어도 하나 존재한다.

한편, $F'(x) = -\dfrac{f^{(n)}(x)}{(n-1)!}(b-x)^{n-1} + An(b-x)^{n-1}$ 이므로 $F'(c) = 0$ 에서 $A = \dfrac{f^{(n)}(c)}{n!}$

이다. $A = \dfrac{f^{(n)}(c)}{n!}$ 를 $F(a) = 0$ 에 대입하고 정리하면

$$f(b) = f(a) + \frac{f'(a)}{1!}(b-a) + \frac{f''(a)}{2!}(b-a)^2 + \cdots$$

$$+ \frac{f^{(n-1)}(a)}{(n-1)!}(b-a)^{n-1} + \frac{f^{(n)}(c)}{n!}(b-a)^n$$

Q.E.D.

$n = 1$ 에 대한 Taylor의 정리는 평균값의 정리가 된다.

연습문제

1. 닫힌구간 $[0, 1]$ 에서 함수 $f(x) = x^3 - 3x^2 + 2x + 21$ 에 대하여 Rolle의 정리의 c 를 구하여라.

2. Rolle의 정리를 이용하여 다음을 증명하여라.

   $f(x)$ 가 닫힌구간 $[a, b]$ 에서 연속이고, 열린구간 (a, b) 에서 미분가능하다. 만약 방정식 $f(x) = 0$ 이 열린구간 (a, b) 에서 서로 다른 두 실근을 갖는다면 방정식 $f'(x) = 0$ 은 열린구간 (a, b) 안에서 적어도 하나의 실근을 가진다.

3. 위의 2번을 이용하여 방정식 $x^3 + 4x + 1 = 0$ 은 오직 하나의 실근을 가짐을 보여라.

4. 닫힌구간 $[0, 1]$에서 함수 $f(x) = \sqrt[3]{x^2}$에 대하여 평균값의 정리의 c를 구하여라.

5. 평균값의 정리를 이용하여 다음을 증명하여라.
$$|\sin x| \leq |x| \quad (x \text{ 는 임의의 실수})$$

6. 평균값의 정리를 이용하여 다음 부등식을 증명하여라.

1) $x > 0$일 때 $0 < \ln \dfrac{e^x - 1}{x} < x$

2) $|\cos b - \cos a| \leq |b - a|$

4-2 함수의 증가와 감소, 오목 볼록

어떤 구간 I에서 정의된 함수 $y = f(x)$가 구간 I에 속하는 임의의 두 수 x_1, x_2에 대하여 $x_1 < x_2$일 때 $f(x_1) < f(x_2)$이면 $f(x)$는 구간 I에서 증가한다고 하고, 함수 $f(x)$를 구간 I에서 증가함수라 한다.

또, $x_1 < x_2$일 때 $f(x_1) > f(x_2)$이면 함수 $f(x)$는 구간 I에서 감소한다고 하고, 함수 $f(x)$를 구간 I에서 감소함수라 한다.

정리 4.5

함수 $f(x)$가 열린구간 (a, b)에서 미분가능이고, 그 구간 안의 모든 점 x에 대하여

1) $f'(x) > 0$이면 $f(x)$는 열린구간 (a, b)에서 증가함수이다.

2) $f'(x) < 0$이면 $f(x)$는 열린구간 (a, b)에서 감소함수이다.

$a < x_1 < x_2 < b$인 두 점 x_1, x_2를 잡고, 구간 $[x_1, x_2]$에서 평균값의 정리를 적용하면

$$\frac{f(x_2) - f(x_1)}{x_2 - x_1} = f'(c) \ (x_1 < c < x_2) \ \cdots\cdots\cdots\cdots\cdots\cdots ①$$

1) 가정에 의하여 $f'(c) > 0$이고, $x_2 - x_1 > 0$이므로 위의 ①로부터

$f(x_2) - f(x_1) > 0$ 이다.

$$\therefore \ f(x_1) < f(x_2)$$

2) $f'(c) < 0$, $x_2 - x_1 > 0$이므로 위의 ①로부터 $f(x_2) - f(x_1) < 0$ 이다.

$$\therefore \ f(x_1) > f(x_2)$$

Q.E.D.

위 정리의 역은 성립하지 않는다. 이를테면 $f(x) = x^3$은 모든 구간에서 증가함수이지만 $f'(0) = 0$ 이다.

예제 4.5

함수 $f(x) = x^3 - 3x^2 - 9x + 7$ 의 증가, 감소를 조사하여라.

풀이 $f'(x) = 3x^2 - 6x - 9 = 3(x+1)(x-3)$이므로 함수의 증가, 감소를 표로 나타내면 다음과 같다.

x	$\cdots$	-1	$\cdots$	3	$\cdots$
$f'(x)$	$+$	0	$-$	0	$+$
$f(x)$	$\nearrow$	12	$\searrow$	-20	$\nearrow$

따라서 주어진 함수는 구간 $-1 < x < 3$에서 감소하고, 구간 $x < -1$ 또는 $x > 3$에서 증가한다.

곡선 $y = f(x)$ 위의 점 P에서 접선과 곡선의 위치에 따라 위로 볼록(아래로 오목), 아래로 볼록(위로 오목), 변곡점을 정의한다.

점 P에서 접선이

① 점 P 근방에서 $y = f(x)$ 보다 아래쪽에 있으면 이 곡선은 점 P에서 **아래로 볼록** 또는 **위로 오목**이라 한다.

② 점 P 근방에서 $y = f(x)$ 보다 위쪽에 있으면 이 곡선은 점 P에서 **위로 볼록** 또는 **아래로 오목**이라 한다.

③ 점 P 근방에서 한쪽은 곡선 $y = f(x)$ 보다 위쪽, 다른 쪽은 곡선 $y = f(x)$ 보다 아래쪽에 있을 때 점 P를 이 곡선의 **변곡점**이라 한다.

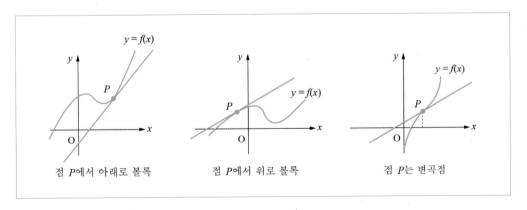

점 P에서 아래로 볼록   점 P에서 위로 볼록   점 P는 변곡점

정리 4.6

함수 $y = f(x)$가 $x = a$의 근방에서 연속인 제2계도함수 $f''(x)$를 가질 때

1) $f''(a) > 0$이면 곡선 $y = f(x)$는 $x = a$에서 아래로 볼록

2) $f''(a) < 0$이면 곡선 $y = f(x)$는 $x = a$에서 위로 볼록

1) 곡선 $y = f(x)$ 위의 점 $P(a, f(a))$에 충분히 가까운 점 $Q(a+h, f(a+h))$ 를 잡고 점 P에서 곡선의 접선 및 x축에 평행하게 그은 직선이 점 Q에서 x축에 내린 수선과 만나는 점을 차례로 T, R이라 하면

$$\overline{RQ} = f(a+h) - f(a)$$

$$\overline{RT} = f'(a)h$$

따라서

$$\overline{TQ} = \overline{RQ} - \overline{RT}$$

$$= f(a+h) - f(a) - f'(a)h \quad \cdots\cdots\cdots ①$$

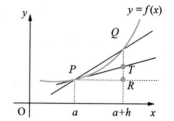

한편, Taylor의 정리로부터

$$f(a+h) = f(a) + f'(a)h + \frac{f''(c)}{2!}h^2 \quad \cdots ②$$

(단, c는 a와 $a+h$ 사이의 적당한 실수)

위의 ①, ②로부터

$$\overline{TQ} = \frac{f''(c)}{2!}h^2$$

$f''(a) > 0$이고 $x = a$의 근방에서 $f''(x)$은 연속이므로 충분히 작은 $|h|$에 대하여 $f''(c) > 0$이다. 따라서

$$\overline{TQ} = \frac{f''(c)}{2!}h^2 > 0$$

즉, 점 P근방에서 곡선 $y = f(x)$는 접선 PT의 위쪽에 있으므로 아래로 볼록하다.

2) 같은 방법으로 $f''(a) < 0$ 이면 $\overline{TQ} < 0$ 이 되어 점 P 근방에서 곡선 $y = f(x)$ 는 접선 PT 의 아래쪽에 있으므로 위로 볼록하다.

Q.E.D.

예제 4.6

함수 $f(x) = x^3 - x^2$ 의 오목, 볼록을 조사하여라.

풀이 ▶ $f'(x) = 3x^2 - 2x$

$$f''(x) = 6x - 2 = 6(x - \frac{1}{3})$$

이므로 함수의 오목, 볼록을 표로 나타내면 다음과 같다.

x	$\cdots$	$\frac{1}{3}$	$\cdots$
$f''(x)$	$-$	0	$+$
$f(x)$	$\cap$	12	$\cup$

따라서 $x < \frac{1}{3}$ 일 때 위로 볼록, $x > \frac{1}{3}$ 일 때 아래로 볼록이다.

위의 정리 4.6으로부터 $f''(a) = 0$ 이면 $(a, f(a))$ 은 변곡점이 될 수 있는 후보점이다. 또, $f''(x)$ 가 존재하지 않는 점도 변곡점이 될 수 있는 후보점이다. 따라서 변곡점이 될 수 있는 후보점의 좌우에서 $f''(x)$ 의 부호가 변하면 변곡점이고, 부호가 변하지 않으면 변곡점이 아니다.

정리 4.7 (함수 $y = f(x)$ 의 변곡점을 찾는 방법)

1) $f''(x) = 0$ 이거나 $f''(x)$ 가 존재하지 않는 점을 찾는다.

2) 1에서 구한 점의 좌우에서 $f''(x)$의 부호가 변하면 변곡점이고, 부호가 변하지 않으면 변곡점이 아니다.

Q.E.D.

예제 4.7

함수 $f(x) = 9x^{\frac{1}{3}} + 2$의 변곡점을 구하여라.

풀이 $f'(x) = 3x^{-\frac{2}{3}}$

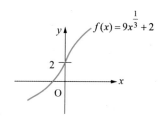

$$f''(x) = -2x^{-\frac{5}{3}}$$

이므로 $f''(0)$은 존재하지 않고, $f''(x) = 0$되는 점은 없다.

따라서 $f''(x)$의 부호를 표로 나타내면 다음과 같다.

x	$\cdots$	0	$\cdots$
$f''(x)$	+	정의안됨	−
$f(x)$	$\cup$	2	$\cap$

따라서 점 (0, 2)은 변곡점이다.

연습문제

1. 다음 함수의 증가, 감소를 조사하여라.

　1) $f(x) = 2x^3 - 3x^2 - 12x + 7$　　　　2) $f(x) = \dfrac{x^3}{4} - 3x$

2. 다음 함수의 오목, 볼록을 조사하여라.

　1) $f(x) = x^3 - 3x^2 + 2$　　　　2) $f(x) = \dfrac{x}{1+x^2}$

3. 다음 함수의 변곡점을 구하여라.

1) $f(x) = \dfrac{1}{6}x^3 - 2x$

2) $f(x) = 2\sqrt[3]{x} + 1$

3) $f(x) = e^{-\frac{1}{2}x^2}$

4) $f(x) = x + \sin x$

4. $a > 0,\ b > 0,\ a \neq b,\ 0 < x < 1$일 때 다음 부등식이 성립함을 증명하여라.

$$a^x b^{1-x} \leq ax + b(1-x)$$

4-3 함수의 극값

함수 $f(x)$가 $x = a$ 근방에서 정의되고 충분히 작은 모든 양수 h에 대하여 $f(a \pm h) < f(a)$이면 $f(x)$는 $x = a$에서 **극대**가 된다고 하고, $f(a)$를 **극댓값**이라고 한다.

또, $f(a \pm h) > f(a)$이면 $f(x)$는 $x = a$에서 **극소**가 된다고 하고, $f(a)$를 **극솟값**이라고 한다. 극댓값과 극솟값을 통틀어 **극값**이라고 한다.

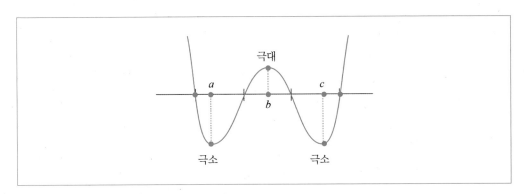

함수 $f(x)$가 $x=a$에서 미분가능하고 그 점에서 극값을 가지면 $f'(a)=0$이다.

증명

$f(x)$가 $x=a$에서 극대가 된다고 하면 충분히 작은 양수 h에 대하여

$$\frac{f(a+h)-f(a)}{h} < 0, \ \frac{f(a-h)-f(a)}{-h} > 0$$

이다. 여기서 극한을 취하고, 함수 $f(x)$가 $x=a$에서 미분가능성을 이용하면

$$\lim_{h \to +0} \frac{f(a+h)-f(a)}{h} = f'(a) \leq 0, \ \lim_{h \to +0} \frac{f(a-h)-f(a)}{-h} = f'(a) \geq 0$$

$$\therefore \ f'(a) = 0$$

같은 방법으로 $f(x)$가 $x=a$에서 극소인 경우도 $f'(a)=0$이다.

Q.E.D.

정리 4.9

함수 $f(x)$가 $x=a$근방에서 미분가능하고, $f'(a)=0$이라 하자. $x=a$좌우에서 $f'(x)$의 부호가

1) $+$에서 $-$로 바뀌면 $f(x)$는 $x=a$에서 극댓값을 갖는다.

2) $-$에서 $+$로 바뀌면 $f(x)$는 $x=a$에서 극솟값을 갖는다.

3) 부호가 변하지 않으면 $f(x)$는 $x=a$에서 극값을 갖지 않는다.

증명

1) 가정에 의하여 아주 작은 양수 h가 존재하여 구간 $(a-h,\,a)$에서 $f'(x)>0$, 구간 $(a,\,a+h)$에서 $f'(x)<0$이 된다. 구간 $(a-h,\,a)$에서 $f'(x)>0$이므로, $f(x)$는 구간 $(a-h,\,a)$에서 증가함수이다.

한편, 구간 $(a,\,a+h)$에서 $f'(x)<0$이므로 $f(x)$는 구간 $(a,\,a+h)$에서 감소함수이다.

$\therefore$ 구간 $(a-h,\,a+h)$의 a 아닌 모든 x에 대하여 $f(x)<f(a)$

$\therefore$ $f(a)$는 극대값이다.

2)와 3)의 증명도 1)과 유사하다.

Q.E.D.

함수 $f(x)$의 미분가능한 점 중에서 $f'(x)\neq0$인 점에서는 정리 4.8에 의하여 극값이 일어날 수 없고, $f'(x)=0$인 점에서만 극값이 일어날 수 있다. 또, 미분불가능인 점에서도 극값이 일어날 수 있다. 함수 $f(x)$에 대하여 $f'(x)=0$이 되거나 $f'(x)$가 존재하지 않는 점을 **임계점**이라고 하는데 함수의 극값은 임계점에서만 일어날 수 있다. 따라서 함수 $f(x)$의 극값을 구하려면 먼저 임계점을 구하고 이 점 좌우에서 $f'(x)$의 부호를 조사한다.

예제 4.8

함수 $f(x)=x^3+3x^2-9x-11$의 **극값을 구하여라.**

풀이 다항함수는 모든 점에서 미분가능하므로 주어진 함수의 임계점은 $f'(x)=0$인 점 뿐이다.

$$f'(x)=3x^2+6x-9=3(x-1)(x+3)$$
$$f'(x)=0 \text{에서 } x=-3 \text{ 또는 } x=1$$

따라서 함수 $f(x)$의 증가, 감소를 표로 나타내면 다음과 같다.

x	$\cdots$	-3	$\cdots$	1	$\cdots$
$f'(x)$	$+$	0	$-$	0	$+$
$f(x)$	$\nearrow$	16	$\searrow$	-16	$\nearrow$

위 표로부터 함수 $f(x)$는

$$x = -3 \text{ 에서 극대이고, 극댓값은 } f(-3) = 16$$

$$x = 1 \text{ 에서 극소이고, 극솟값은 } f(1) = -16$$

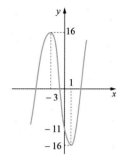

예제 4.9

함수 $f(x) = |x(x-2)|$의 극값을 구하여라.

풀이 1) $x < 0,\ x > 2$ 일 때

$$f(x) = x(x-2) \text{ 이므로 } f'(x) = 2(x-1)$$

$f'(x) = 0$ 에서 $x = 1$ 이고, 이는 구간 $x < 0,\ x > 2$ 에 들어가지 않는다.

즉, $x < 0,\ x > 2$ 에서는 $f(x)$의 임계점이 없다.

2) $0 < x < 2$ 일 때

$$f(x) = -x(x-2) \text{ 이므로 } f'(x) = -2(x-1)$$

$f'(x) = 0$ 에서 $x = 1$ 이고, 이는 구간 $0 < x < 2$ 에 들어간다.

즉, $0 < x < 2$ 에서는 $f(x)$의 임계점은 $x = 1$ 이다.

3) $x = 0,\ 2$ 일 때

$$f_-(0) = -2 \neq f_+(0) = 2$$

$$f_-(2) = -2 \neq f_+(2) = 2$$

이므로 $x = 0,\ 2$에서 미분불가능이다. 즉, $x = 0,\ 2$은 임계점이다. 따라서 함수 $f(x)$의 증가, 감소를 표로 나타내면 다음과 같다.

x	$\cdots$	0	$\cdots$	1	$\cdots$	2	$\cdots$
$f'(x)$	$-$	정의안됨	$+$	0	$-$	정의안됨	$+$
$f(x)$	$\searrow$	0	$\nearrow$	1	$\searrow$	0	$\nearrow$

위 표로부터 함수 $f(x)$는

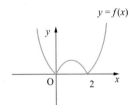

$x = 0$에서 극소이고, 극솟값은 $f(0) = 0$

$x = 1$에서 극대이고, 극댓값은 $f(1) = 1$

$x = 2$에서 극소이고, 극솟값은 $f(2) = 0$

고계도함수를 이용하여 극값을 판정할 수도 있다.

정리4.10

함수 $f(x)$가 $x = a$의 근방에서 연속인 제 n계도함수 $f^{(n)}(x)$ (n은 짝수)을 가지고 $f'(a) = f''(a) = \cdots = f^{(n-1)}(a) = 0,\ f^{(n)}(a) \ne 0$이라 하자.

1) $f^{(n)}(a) < 0$이면 $f(a)$는 극댓값

2) $f^{(n)}(a) > 0$이면 $f(a)$는 극솟값

증명

Taylor의 정리와 가정에 의하여

$$f(a+h) - f(a) = \frac{f^{(n)}(c)}{n!} h^n \quad \cdots\cdots\cdots\cdots\cdots\cdots\cdots ①$$

(단, c는 a와 $a+h$사이의 적당한 실수)

$f^{(n)}(x)$ 가 $x = a$ 근방에서 연속이므로 충분히 작은 $|h|$ 에 대하여 $f^{(n)}(a)$ 와 $f^{(n)}(c)$ 은 같은 부호이고, n 이 짝수이므로 $h^n > 0$ 이다.

1) $f^{(n)}(a) < 0$ 이면 $f^{(n)}(c) < 0$ 이므로 ①에서

$$f(a+h) < f(a)$$

즉, $f(a)$ 는 극댓값이다.

2) $f^{(n)}(a) > 0$ 이면 $f^{(n)}(c) > 0$ 이므로 ①에서

$$f(a+h) > f(a)$$

즉, $f(a)$ 는 극솟값이다.

Q.E.D.

예제 4.10

함수 $f(x) = \cos 2x - 4\cos x$ 의 극값을 구하여라.

풀이 주어진 함수의 임계점은 $f'(x) = 0$ 인 점뿐이다.

$$\begin{aligned} f'(x) &= -2\sin 2x + 4\sin x \\ &= -4\sin x \cos x + 4\sin x = -4\sin x(\cos x - 1) \end{aligned}$$

$f'(x) = 0$ 에서 $\sin x = 0$ 또는 $\cos x = 1$

즉, 임계점은 $x = 2n\pi,\ 2n\pi + \pi$ (n 은 정수)

$$f''(x) = -4\cos 2x + 4\cos x$$
$$f'''(x) = 8\sin 2x - 4\sin x$$
$$f^{(4)}(x) = 16\cos 2x - 4\cos x$$

1) $x = 2n\pi + \pi$ 에서 $f''(2n\pi + \pi) = -8 < 0$ 이다.

따라서 $x = 2n\pi + \pi$ 에서 극대이고, 극댓값은 $f(2n\pi + \pi) = 5$

2) $x = 2n\pi$ 에서 $f''(2n\pi) = f'''(2n\pi) = 0,\ f^{(4)}(2n\pi) = 12 > 0$ 이다.

따라서, $x = 2n\pi$ 에서 극소이고, 극솟값은 $f(2n\pi) = -3$

고계도함수를 이용하여 변곡점을 구할 수도 있다.

[정리 4.11]

함수 $f(x)$ 가 $x = a$ 의 근방에서 연속인 제 n 계도함수 $f^{(n)}(x)$ (n 은 홀수)을 가지고 $f''(a) = f'''(a) = \cdots = f^{(n-1)}(a) = 0,\ f^{(n)}(a) \neq 0$ 이면 $(a,\ f(a))$ 는 곡선 $y = f(x)$ 의 변곡점이다.

[증명]

$f''(a) = f'''(a) = \cdots = f^{(n-1)}(a) = 0$ 이므로 Taylor의 정리에 의하여

$$f(a+h) - f(a) - f'(a)h = \frac{f^{(n)}(c)}{n!}h^n$$

(단, c 는 a 와 $a+h$ 사이의 적당한 실수)

즉, 오른쪽 그림에서

$$\overline{TQ} = \frac{f^{(n)}(c)}{n!}h^n$$

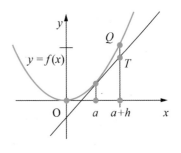

$f^{(n)}(x)$ 가 $x = a$ 근방에서 연속이고 $f^{(n)}(a) \neq 0$ 이므로 충분히 작은 $|h|$ 에 대하여 $f^{(h)}(c) \neq 0$ 이다.

따라서, n 이 홀수이므로 h 의 양, 음에 따라 $\overline{TQ}$ 의 부호도 변한다.

즉, $(a,\ f(a))$는 곡선 $y = f(x)$의 변곡점이다.

Q.E.D.

예제 4.11

함수 $f(x) = x - \sin x$의 변곡점을 구하여라.

풀이 $\quad f'(x) = 1 - \cos x,\ f''(x) = \sin x$

$\qquad f''(x) = 0$에서 $x = n\pi\ (n$은 정수$)$

$\qquad$한편, $f'''(x) = \cos x$이고, $f'''(n\pi) = \cos n\pi \neq 0$이므로 구하는 변곡점은 $(n\pi,\ n\pi)$

함수 $f(x)$가 구간 $[a,\ b]$에 속하는 모든 x에 대하여 $f(x) \leq f(\alpha)$되는 α가 구간 $[a,\ b]$에 속하면 함수 $f(x)$는 $x = \alpha$에서 **최대**가 된다고 하고, $f(\alpha)$를 구간 $[a,\ b]$에서의 **최댓값**이라 한다. 또, $f(x) \geq f(\beta)$되는 β가 구간 $[a,\ b]$에 속하면 함수 $f(x)$는 $x = \beta$에서 **최소**가 된다고 하고, $f(\beta)$를 구간 $[a,\ b]$에서의 **최솟값**이라 한다.

구간 $[a,\ b]$에서 함수 $f(x)$의 최댓값은 극댓값과 $f(a),\ f(b)$ 중에서 가장 큰 값이고, 최솟값은 극솟값과 $f(a),\ f(b)$ 중에서 가장 작은 값이다.

예제 4.12

구간 $\left[\dfrac{2}{3},\ 3\right]$에서 함수 $f(x) = 2x^3 - 9x^2 + 12x - 2$의 최댓값과 최솟값을 구하여라.

풀이 $\quad f'(x) = 6x^2 - 18x + 12 = 6(x-1)(x-2)$

$\qquad f'(x) = 0$에서 $x = 1$ 또는 2

$\qquad$한편, $f''(x) = 12x - 18$이므로 $f''(1) = -6 < 0,\ f''(2) = 6 > 0$

따라서

$$x = 1 \text{ 에서 극댓값 } f(1) = 3, \ x = 2 \text{ 에서 극솟값 } f(2) = 2 \ \cdots\cdots\cdots ①$$

$$\text{또한 } f\left(\frac{2}{3}\right) = \frac{70}{27}, \ f(3) = 7 \ \cdots\cdots\cdots\cdots\cdots\cdots\cdots\cdots\cdots ②$$

①, ②로부터 구하고자 하는 최댓값은 7, 최솟값은 2

연습문제

1. 다음 함수의 극값을 구하여라.

  1) $f(x) = \dfrac{1}{3}x^3 - x^2 - 3x + 4$

  2) $f(x) = \left| (2x-1)(x-4) \right|$

  3) $f(x) = \sqrt[3]{x^5} - 3\sqrt[3]{x^2}$

  4) $f(x) = \cos x\,(\sin x + 1)$ (단, $0 \le x \le 2\pi$)

  5) $f(x) = e^x + e^{-x} + 2\cos x$

  6) $f(x) = e^x \sin x$ (단, $0 \le x \le 2\pi$)

2. 다음 함수의 변곡점을 구하여라.

  1) $f(x) = x^5 - 5x^4 + 10x^3 - 10x^2 + 5x - 1$

  2) $f(x) = x^2 - \dfrac{1}{x}$

4-4 부정형의 극한값

앞에서 극한값 $\lim\limits_{x \to 0} \dfrac{\sin x}{x}$ 의 값을 구하기 위하여 교묘한 기하학적인 방법을 사용

하였다. 그러나 여기서 $\lim\limits_{x \to 0} \sin x = 0$, $\lim\limits_{x \to 0} x = 0$ 임을 알 수 있다. 또,

$$\lim_{x \to \infty} \frac{2x+1}{x-2} = \lim_{x \to \infty} \frac{\dfrac{2x+1}{x}}{\dfrac{x-2}{x}} = \lim_{x \to \infty} \frac{2+\dfrac{1}{x}}{1-\dfrac{2}{x}} = 2$$

위에서 $\lim\limits_{x \to \infty}(2x+1) = \infty$, $\lim\limits_{x \to \infty}(x-2) = \infty$ 임을 알 수 있다.

이와 같이 $\lim\limits_{x \to a} \dfrac{f(x)}{g(x)}$ 에서 $\lim\limits_{x \to a} f(x) = \lim\limits_{x \to a} g(x) = 0$ 또는 $\lim\limits_{x \to a} f(x) = \lim\limits_{x \to a} g(x) = \infty$

(또는 $-\infty$)일 때 극한 $\lim\limits_{x \to a} \dfrac{f(x)}{g(x)}$ 을 각각 $\dfrac{0}{0}$ 또는 $\dfrac{\infty}{\infty}$ 꼴의 **부정형**이라 한다.

도함수를 이용하여 부정형의 극한값을 구할 수 있다.

정리 4.12 (L'Hospital의 정리)

$f(x)$ 와 $g(x)$ 가 a 를 포함하는 어떤 구간에서 미분가능이고, 이 구간의 모든 x 에 대하여 $g'(x) \neq 0$ 라 하자 (a 는 제외될 수도 있다.).

극한 $\lim\limits_{x \to a} \dfrac{f(x)}{g(x)}$ 가 $\dfrac{0}{0}$ 또는 $\dfrac{\infty}{\infty}$ 꼴의 부정형이고, $\lim\limits_{x \to a} \dfrac{f'(x)}{g'(x)} = L$ (또는 $\pm\infty$)이면

$$\lim_{x \to a} \frac{f(x)}{g(x)} = \lim_{x \to a} \frac{f'(x)}{g'(x)}$$

이다.

일반적인 증명은 이 책의 수준을 넘어서므로 여기서는 $f(x)$, $g(x)$, $f'(x)$, $g'(x)$ 가 a를 포함한 어떤 구간에서 모두 연속이고 $g'(a) \neq 0$인 경우만 증명해 보자.

$x \to a$일 때 $f(x) \to 0$, $g(x) \to 0$이라 가정하자.

미분계수의 정의를 다음과 같이 표현할 수도 있다.

$$f'(a) = \lim_{x \to a} \frac{f(x) - f(a)}{x - a}$$

따라서 연속성으로부터

$$\lim_{x \to a} \frac{f'(x)}{g'(x)} = \frac{f'(a)}{g'(a)} = \frac{\displaystyle\lim_{x \to a} \frac{f(x) - f(a)}{x - a}}{\displaystyle\lim_{x \to a} \frac{g(x) - g(a)}{x - a}} = \lim_{x \to a} \frac{\dfrac{f(x) - f(a)}{x - a}}{\dfrac{g(x) - g(a)}{x - a}}$$

$$= \lim_{x \to a} \frac{f(x) - f(a)}{g(x) - g(a)}$$

$f(x)$와 $g(x)$가 $x = a$에서 연속이므로

$$f(a) = \lim_{x \to a} f(x) = 0, \quad g(a) = \lim_{x \to a} g(x) = 0$$

이다. 따라서

$$\therefore \lim_{x \to a} \frac{f'(x)}{g'(x)} = \lim_{x \to a} \frac{f(x) - f(a)}{g(x) - g(a)} = \lim_{x \to a} \frac{f(x)}{g(x)}$$

Q.E.D.

위의 정리에서 $\displaystyle\lim_{x \to a} \frac{f(x)}{g(x)}$을 $\displaystyle\lim_{x \to a+0} \frac{f(x)}{g(x)}$, $\displaystyle\lim_{x \to a-0} \frac{f(x)}{g(x)}$, $\displaystyle\lim_{x \to \infty} \frac{f(x)}{g(x)}$, $\displaystyle\lim_{x \to -\infty} \frac{f(x)}{g(x)}$로 바꾸어도 성립한다.

$\displaystyle\lim_{x\to 0}\frac{\tan x}{x}$ 의 극한값을 구하여라.

풀이 $\dfrac{0}{0}$꼴의 부정형이며, 두 함수 $f(x)=\tan x,\ g(x)=x$는 $x=0$ 근방에서 미분가

능이고, $g'(x)=(x)'=1\neq 0$이다. 따라서 L'Hospital의 정리의 가정을 만족한다.

$$\lim_{x\to 0}\frac{\tan x}{x}=\lim_{x\to 0}\frac{(\tan x)'}{(x)'}=\lim_{x\to 0}\frac{\sec^2 x}{1}=\frac{1}{1}=1$$

어떤 극한값을 구하기 위해서는 L'Hospital의 정리를 반복사용할 수도 있다.

$\displaystyle\lim_{x\to 0}\frac{1-\cos x}{x^2}$ 의 극한값을 구하여라.

풀이 $\dfrac{0}{0}$꼴의 부정형이며, 두 함수 $f(x)=1-\cos x,\ g(x)=x^2$는 $x=0$ 근방에서

미분가능이고, $g'(x)=2x$는 $x\neq 0$이면 $g'(x)\neq 0$이다. 따라서 L'Hospital의
정리의 가정을 만족한다.

$$\lim_{x\to 0}\frac{1-\cos x}{x^2}=\lim_{x\to 0}\frac{(1-\cos x)'}{(x^2)'}=\lim_{x\to 0}\frac{\sin x}{2x}$$

위의 극한은 다시 $\dfrac{0}{0}$꼴의 부정형이며, L'Hospital의 정리의 가정을 만족한다.

$$\therefore\ \lim_{x\to 0}\frac{1-\cos x}{x^2}=\lim_{x\to 0}\frac{\sin x}{2x}=\lim_{x\to 0}\frac{\cos x}{2}=\frac{1}{2}$$

> **예제 4.15**

$\displaystyle \lim_{x \to \infty} \frac{e^x}{x}$ 의 극한값을 구하여라.

풀이 $\dfrac{\infty}{\infty}$꼴의 부정형이며, L'Hospital의 정리의 가정을 만족한다.

$$\lim_{x \to \infty} \frac{e^x}{x} = \lim_{x \to \infty} \frac{(e^x)'}{(x)'} = \lim_{x \to \infty} \frac{e^x}{1} = \infty$$

$\dfrac{0}{0}$, $\dfrac{\infty}{\infty}$꼴의 부정형이외에 $\infty - \infty$, $0 \cdot \infty$, 0^0, 1^∞, ∞^0의 5가지의 부정형이 더 있다.

이 경우에는 L'Hospital의 정리를 적용할 수 있게끔 적당히 고친다.

> **예제 4.16**

다음 극한값을 구하여라.

1) $\displaystyle \lim_{x \to \infty}(x - \ln x)$　　　　　　　　2) $\displaystyle \lim_{x \to \infty} x^{\frac{1}{x}}$

풀이 1) $y = x - \ln x$ 라 두면 $e^y = e^{x - \ln x} = \dfrac{e^x}{x}$

$$\lim_{x \to \infty} e^y = \lim_{x \to \infty} \frac{e^x}{x} = \lim_{x \to \infty} \frac{e^x}{1} = \infty$$

$e^y \to \infty$이기 위해서는 $y \to \infty$이어야 하므로

$$\lim_{x \to \infty}(x - \ln x) = \infty$$

2) $y = x^{\frac{1}{x}}$ 라 두면 $\ln y = \ln x^{\frac{1}{x}} = \dfrac{\ln x}{x}$

$$\lim_{x \to \infty} \ln y = \lim_{x \to \infty} \frac{\ln x}{x} = \lim_{x \to \infty} \frac{\frac{1}{x}}{1} = \lim_{x \to \infty} \frac{1}{x} = 0$$

$\ln y \to 0$ 이기 위해서는 $y \to 1$ 이어야 하므로

$$\lim_{x \to \infty} x^{\frac{1}{x}} = 1$$

 연습문제

1. 다음 극한값을 구하여라.

1) $\displaystyle\lim_{x \to 0} \frac{x^2 - 3x}{5x^2 - 6x}$

2) $\displaystyle\lim_{x \to 0} \frac{x - \sin x}{x^3}$

3) $\displaystyle\lim_{x \to 0} \frac{x - a}{x^n - a^n}$ (단, $a \neq 0$)

4) $\displaystyle\lim_{x \to \infty} \frac{x^n}{e^x}$ (단, n 은 자연수)

5) $\displaystyle\lim_{x \to -0} \frac{e^{-\frac{1}{x}}}{x}$

6) $\displaystyle\lim_{x \to 0} \frac{\sin 8x}{\sin 5x}$

2. 다음 극한값을 구하여라.

1) $\displaystyle\lim_{x \to 1} \left(\frac{1}{x-1} - \frac{1}{\ln x} \right)$

2) $\displaystyle\lim_{x \to +0} x^x$

3) $\displaystyle\lim_{x \to 0} x^{\ln x}$

4) $\displaystyle\lim_{x \to 0} (1 - \sin x)^{\frac{1}{x}}$

5) $\displaystyle\lim_{x \to +0} (\cot x)^{\sin x}$

6) $\displaystyle\lim_{x \to +0} (1 + x)^{\ln x}$

Fundamental of Elementary Mathematics

제5장 부정적분

제5장 부정적분

제3장에서는 어떤 함수의 도함수를 구하는 방법을 다루었다. 이 장에서는 그 역과정인 주어진 함수를 도함수로 가지는 함수를 구하는 방법을 다루어 보자.

5-1 부정적분의 정의

함수 $F(x)$의 도함수가 $f(x)$ 일 때, 즉

$$F'(x) = f(x)$$

일 때 $F(x)$를 $f(x)$의 한 **부정적분**이라 하고, 기호로

$$\int f(x)dx$$

로 나타낸다. 이때 $f(x)$를 **피적분함수**라 하고, dx는 적분변수가 x임을 나타낸다.

> **참고**
>
> 기호 $\int f(x)dx$를 "적분 $f(x)dx$" 또는 "integral $f(x)dx$"라고 읽는다.

예제 5.1

$(x^2)' = 2x$ 이므로 x^2은 $2x$의 한 부정적분이다.

또, $(x^2+1)' = 2x$ 이므로 x^2+1도 $2x$의 한 부정적분이다.

임의의 상수 C에 대하여 $(x^2 + C)' = 2x$이므로 $x^2 + C$도 $2x$의 한 부정적분이다.

일반적으로 $F(x)$가 $f(x)$의 한 부정적분일 때 임의의 상수 C에 대하여

$$(F(x) + C)' = F'(x) + 0 = f(x)$$

이므로 $F(x) + C$도 $f(x)$의 한 부정적분이다. 그럼 $F(x) + C$를 제외한 $f(x)$의 다른 부정적분이 있을까? 그렇지 않다는 것을 다음 정리로부터 알 수 있다.

[정리 5.1]

$F(x)$와 $G(x)$가 $f(x)$의 두 부정적분이라면 적당한 상수 C가 존재하여

$$G(x) = F(x) + C$$

[증명]

$F'(x) = f(x),\ G'(x) = f(x)$이므로

$$(G(x) - F(x))' = G'(x) - F'(x) = f(x) - f(x) = 0$$

따라서 정리 4.3에 의하여 적당한 상수 C가 존재하여

$$G(x) - F(x) = C$$
$$\therefore\ G(x) = F(x) + C$$

Q.E.D.

따라서 $F(x)$가 $f(x)$의 한 부정적분이면 임의의 부정적분은 $F(x) + C$ (C는 상수)로 나타낼 수 있다. 곧,

$$\int f(x)dx = F(x) + C \ (C \text{는 상수})$$

가 되고, 이때 C를 적분상수라고 한다.

$$F'(x) = f(x) \Leftrightarrow \int f(x)dx = F(x) + C \ (C는\ 상수)$$

예제 5.2

다음 부정적분을 구하여라.

1) $\int 1 dx$　　　　　　　　　　　　　2) $\int 3x^2 dx$

풀이 1) $(x)' = 1$ 이므로 $\int 1 dx = x + C$

　　　　($\int 1 dx$를 간단히 $\int dx$로 나타낸다.)

　　　2) $(x^3)' = 3x^2$ 이므로 $\int 3x^2 dx = x^3 + C$

정리 5.2

　　$f(x)$와 $g(x)$가 부정적분을 가질 때

$$\int (af(x) + bg(x))dx = a\int f(x)dx + b\int g(x)dx \ (단,\ a,\ b는\ 상수)$$

증명

$\dfrac{d}{dx}\int f(x)dx = f(x),\ \dfrac{d}{dx}\int g(x)dx = g(x)$ 이므로

$$\frac{d}{dx}(a\int f(x)dx + b\int g(x)dx) = af(x) + bg(x)$$

$$\therefore\ \int (af(x) + bg(x))dx = a\int f(x)dx + b\int g(x)dx$$

Q.E.D.

예제 5.3

다음 부정적분을 구하여라.

1) $\int (2x-3)dx + \int 3dx$ 　　　　　　2) $\int \sin^2 xdx + \int \cos^2 xdx$

풀이 1) $\int (2x-3)dx + \int 3dx = \int (2x-3+3)dx = \int 2xdx = x^2 + C$

2) $\int \sin^2 x\,dx + \int \cos^2 x\,dx = \int (\sin^2 x + \cos^2 x)dx = \int dx = x + C$

다음 기본함수의 부정적분 공식1은 미분공식으로부터 쉽게 알 수 있다.

정리 5.3 (부정적분 공식1)

1) $\int kdx = kx + C$ (k는 상수)

2) $\int x^n dx = \dfrac{1}{n+1}x^{n+1} + C$ (단, $n \neq -1$인 상수)

3) $\int \dfrac{1}{x}dx = \log|x| + C$

4) $\int e^x dx = e^x + C$

5) $\int a^x dx = \dfrac{a^x}{\ln a} + C$ (단, $a \neq 1$인 양수)

6) $\int \sin x\,dx = -\cos x + C$

7) $\int \cos x\,dx = \sin x + C$

8) $\int \sec^2 x\,dx = \tan x + C$

9) $\int \csc^2 x\,dx = -\cot x + C$

10) $\displaystyle\int \sec x \tan x \, dx = \sec x + C$

11) $\displaystyle\int \csc x \cot x \, dx = -\csc x + C$

예제 5.4

다음 부정적분을 구하여라.

1) $\displaystyle\int (6x^2 - 4x + 3) dx$ 2) $\displaystyle\int (5\cos x + \frac{1}{\sqrt{x}}) dx$

3) $\displaystyle\int (3e^x + 7\sec^2 x) dx$ 4) $\displaystyle\int (3^x - 2\sin x) dx$

풀이 1) $\displaystyle\int (6x^2 - 4x + 3) dx = 6\int x^2 dx - 4\int x \, dx + 3\int dx$

$$= 6(\frac{1}{3}x^3 + C_1) - 4(\frac{1}{2}x^2 + C_2) + 3(x + C_3)$$

$$= 2x^3 - 2x^2 + 3x + (6C_1 - 4C_2 + 3C_3)$$

$$= 2x^3 - 2x^2 + 3x + C$$

참고

C_1, C_2, C_3는 임의의 상수이므로 $6C_1 - 4C_2 + 3C_3$도 임의의 상수이다.

따라서 $6C_1 - 4C_2 + 3C_3$를 새로운 상수 C로 나타내어도 좋다. 이와 같이 적분상수 여러 개가 일차결합으로 나타날 때 하나의 상수 C로 정리하여 쓸 수 있다.

2) $\displaystyle\int (5\cos x + \frac{1}{\sqrt{x}}) dx = 5\int \cos x \, dx + \int x^{-\frac{1}{2}} dx$

$$= 5\sin x + \frac{1}{-\frac{1}{2}+1} x^{-\frac{1}{2}+1} + C$$

$$= 5\sin x + 2\sqrt{x} + C$$

3) $\int (3e^x + 7\sec^2 x)dx = 3\int e^x dx + 7\int \sec^2 x\, dx$

$$= 3e^x + 7\tan x + C$$

4) $\int (3^x - 2\sin x)dx = \int 3^x dx - 2\int \sin x\, dx$

$$= \frac{3^x}{\ln 3} + 2\cos x + C$$

연 습 문 제 ─────────────

1. 다음 부정적분을 구하여라.

1) $\int 0\, dx$

2) $\int (x - 3^{20})\, dx$

3) $\int (6t - 7)\, dt$

4) $\int (x^{99} + x^{89} - \ln 5)\, dx$

5) $\int \dfrac{2x^3 + 9}{x^4}\, dx$

6) $\int \dfrac{t^2 - 1}{t - 1}\, dt$

7) $\int (x\sqrt{x} + \sqrt[3]{x^4})\, dx$

8) $\int \cos t(\tan t + \sec t)\, dt$

9) $\int (\tan^2 \theta + 1)\, d\theta$

10) $\int \tan^2 x\, dx$

2. 다음 부정적분을 구하여라.

1) $\int \left(\dfrac{1}{x^2} - 1\right)dx$

2) $\int (\sqrt{x^3} + 4)\, dx$

3) $\int 3\csc x \cot x\, dx$

4) $\int 2\csc^2 x\, dx$

5) $\int (2e^x - 4x)\, dx$

6) $\int 6\sec^2 x\, dx$

7) $\displaystyle\int \frac{x+2x^{\frac{4}{3}}}{x^{\frac{5}{3}}}\,dx$

8) $\displaystyle\int \frac{(x+1)^2}{x}\,dx$

9) $\displaystyle\int (7^t - \cot^2 t)\,dt$

10) $\displaystyle\int \frac{3^t - 2^{t+1}}{2^t}\,dt$

5-2 치환적분법

부정적분 문제를 해결하는 데 있어서 변수를 다른 변수로 바꾸어 해석함으로써 문제를 쉽게 해결하는 경우가 종종 있다. 이와 같이 적분변수를 바꾸어서 부정적분을 구하는 것을 **치환적분법**이라 하는데, 치환적분은 미분법의 연쇄법칙에 대응한다.

[정리 5.4] (치환적분법)

$F'(x) = f(x)$ 이고 $x = g(t)$ 가 미분가능이면 다음이 성립한다.

$$\int f(x)\,dx = \int f(g(t))\,g'(t)\,dt$$

[증명]

$F'(x) = f(x)$ 이므로 연쇄법칙에 의해 $(F(g(t)))' = f(g(t))\,g'(t)$ 이다.

따라서,

$$\int f(g(t))\,g'(t)\,dt = F(g(t)) + C = F(x) + C \quad \cdots\cdots\cdots\cdots\cdots\cdots ①$$

한편,

$$\int f(x)\,dx = F(x) + C \quad \cdots\cdots\cdots\cdots\cdots\cdots\cdots\cdots\cdots\cdots ②$$

①과 ②에 의해

$$\int f(x)\,dx = \int f(g(t))\,g'(t)\,dt$$

Q.E.D.

위 정리의 결과는 다음과 같이 표현될 수 있다.

$$\int f(x)\,dx = \int f(g(t))\,g'(t)\,dt = \int f(x)\,g'(t)\,dt$$

위 등식의 맨 왼쪽과 맨 오른쪽을 살펴보면 다음을 알 수 있다.

$$dx = g'(t)\,dt = \frac{dx}{dt}\,dt$$

참고

치환적분을 하는 순서

① 먼저 치환하고자 하는 변수와 원래 변수사이의 관계식을 찾는다. ($x = g(t)$ 등)

② $dx = \dfrac{dx}{dt}\,dt$ 를 계산한다.

③ 주어진 피적분함수에 x 대신 $g(t)$를 넣고, dx가 대신에 $\dfrac{dx}{dt}\cdot dt$ 를 대입한다.

④ 부정적분을 구한 후 원래 변수로 환원시킨다.

예제 5.5

다음 부정적분을 구하여라.

1) $\displaystyle\int (x^3 + 7)^{99}\,x^2\,dx$

2) $\displaystyle\int x\cos x^2\,dx$

풀이 1) $x^3 + 7 = t$ 라 두면 $3x^2\,dx = dt$ 이다. 즉, $x^2\,dx = \dfrac{1}{3}\,dt$ 이므로

$$\int (x^3 + 7)^{99} x^2 \, dx = \int t^{99} \cdot \frac{1}{3} dt$$

$$= \frac{1}{3} \int t^{99} dt$$

$$= \frac{1}{300} t^{100} + C$$

$$= \frac{1}{300} (x^3 + 7)^{100} + C$$

2) $x^2 = t$ 라 두면 $2x \, dx = dt$ 이다. 즉, $x \, dx = \frac{1}{2} dt$ 이므로

$$\int x \cos x^2 dx = \int \cos(x^2) \cdot x dx$$

$$= \int \cos t \cdot \frac{1}{2} dt$$

$$= \frac{1}{2} \int \cos t \, dt$$

$$= \frac{1}{2} \sin t + C$$

$$= \frac{1}{2} \sin x^2 + C$$

정리 5.5

1) $\int f(x)dx = F(x) + C$ 이면

$$\int f(ax+b)dx = \frac{1}{a} F(ax+b) + C \ (\text{단}, \ a \neq 0)$$

2) $\int (f(x))^n f'(x)dx = \frac{1}{n+1}(f(x))^{n+1} + C \ (\text{단}, \ n \neq -1)$

3) $\int \frac{f'(x)}{f(x)} dx = \ln |f(x)| + C$

1) $ax+b=t$ 라 두면 $dx=\dfrac{1}{a}dt$ 이므로

$$\int f(ax+b)dx = \frac{1}{a}\int f(t)\,dt$$

$$= \frac{1}{a}F(t)+C$$

$$= \frac{1}{a}F(ax+b)+C$$

2) $f(x)=t$ 라 두면 $f'(x)dx=dt$ 이므로

$$\int (f(x))^n f'(x)dx = \int t^n\,dt$$

$$= \frac{1}{n+1}t^{n+1}+C$$

$$= \frac{1}{n+1}(f(x))^{n+1}+C$$

3) $f(x)=t$ 라 두면 $f'(x)dx=dt$ 이므로

$$\int \frac{f'(x)}{f(x)}dx = \int \frac{1}{t}dt$$

$$= \ln|t|+C$$

$$= \ln|f(x)|+C$$

Q.E.D.

다음 부정적분을 구하여라.

1) $\displaystyle\int e^{5x+3}dx$　　　　　　2) $\displaystyle\int \frac{2x}{\sqrt[3]{x^2+1}}dx$

3) $\displaystyle\int \cot x\,dx$　　　　　　4) $\displaystyle\int \sec x\,dx$

풀이 1) $\displaystyle\int e^x dx = e^x + C$ 이므로 위 정리 5.5의 1)에 의해

$$\int e^{5x+3}dx = \frac{1}{5}e^{5x+3} + C$$

2) 위 정리 5.5의 2)를 이용한다.

$$\int \frac{2x}{\sqrt[3]{x^2+1}}dx = \int (x^2+1)^{-\frac{1}{3}}(x^2+1)'dx$$

$$= \frac{1}{-\frac{1}{3}+1}(x^2+1)^{-\frac{1}{3}+1} + C$$

$$= \frac{3}{2}(x^2+1)^{\frac{2}{3}} + C$$

$$= \frac{3}{2}\sqrt[3]{(x^2+1)^2} + C$$

3) 위 정리 5.5의 3)을 이용한다.

$$\int \cot x\,dx = \int \frac{\cos x}{\sin x}dx$$

$$= \int \frac{(\sin x)'}{\sin x}dx$$

$$= \ln|\sin x| + C$$

4) 위 정리 5.5의 3)을 이용한다.

$$\int \sec x\, dx = \int \sec x\, \frac{\sec x + \tan x}{\sec x + \tan x}\, dx$$

$$= \int \frac{(\sec x + \tan x)'}{\sec x + \tan x}\, dx$$

$$= \ln\left|\sec x + \tan x\right| + C$$

1. 다음 부정적분을 구하여라.

1) $\displaystyle\int \sqrt{3x-5}\, dx$
    2) $\displaystyle\int x(2x^2+3)^3\, dx$

3) $\displaystyle\int \frac{2}{3x+1}\, dx$
    4) $\displaystyle\int \frac{\cos x}{\sin x + 2}\, dx$

5) $\displaystyle\int e^{-2x+7}\, dx$
    6) $\displaystyle\int x e^{x^2}\, dx$

7) $\displaystyle\int 7^{2x+5}\, dx$
    8) $\displaystyle\int x\, 10^{-x^2+2}\, dx$

9) $\displaystyle\int x \sin x^2\, dx$
    10) $\displaystyle\int x^3 \sec^2 x^4\, dx$

2. 다음 부정적분을 구하여라.

1) $\displaystyle\int \frac{5}{x(\ln x + 2)^3}\, dx$
    2) $\displaystyle\int \frac{\cos \sqrt{x}}{\sqrt{x}}\, dx$

3) $\displaystyle\int \frac{x^2}{\sqrt[3]{x+1}}\, dx$
    4) $\displaystyle\int \frac{e^x - e^{-x}}{e^x + e^{-x}}\, dx$

5) $\displaystyle\int \frac{\sin x}{\cos^3 x}\, dx$
    6) $\displaystyle\int \tan x\, dx$

7) $\int \csc x\, dx$ (Hint 피적분함수에 $\dfrac{\csc x - \cot x}{\csc x - \cot x}$ 을 곱한다.)

3. 다음 부정적분을 구하여라. (단, $a > 0$)

1) $\int \dfrac{1}{\sqrt{a^2 - x^2}}\, dx$ (Hint $x = a\sin\theta\,(-\dfrac{\pi}{2} < \theta < \dfrac{\pi}{2})$로 치환한다.)

2) $\int \dfrac{1}{x^2 + a^2}\, dx$ (Hint $x = a\tan\theta\,(-\dfrac{\pi}{2} < \theta < \dfrac{\pi}{2})$로 치환한다.)

4. $\sqrt{x^2 + A} = t - x$로 치환하여 다음 부정적분을 구하여라.

$$\int \frac{1}{\sqrt{x^2 + A}}\, dx \,(\text{단,}\ A \neq 0)$$

5. $\tan\dfrac{x}{2} = t$로 치환하여 다음 부정적분을 구하여라.

1) $\int \dfrac{1}{1 + \sin x + \cos x}\, dx$ 　　　　　　　2) $\int \dfrac{1}{1 - \cos x}\, dx$

5-3 부분적분법

지금까지 배운 방법으로 $\int x\cos x\, dx$와 같은 부정적분을 구하는 데 어려움이 따른다. 이와 같은 어려움을 해결하기 위해 부분적분법이란 것을 알아보자.

정리 5.6 (부분적분법)

$$\int f'(x)g(x)\,dx = f(x)g(x) - \int f(x)g'(x)\,dx$$

부정적분의 정의에 의하여 $\int F'(x)dx = F(x)$ 이다.

따라서,

$$\int (f(x)g(x))'dx = f(x)g(x) \quad \cdots\cdots\cdots\cdots\cdots\cdots\cdots ①$$

한편,

$$\int (f(x)g(x))' = \int (f'(x)g(x) + f(x)g'(x))dx$$

$$= \int f'(x)g(x)dx + \int f(x)g'(x)dx \quad \cdots\cdots\cdots ②$$

① = ②이므로

$$\int f'(x)g(x)dx = f(x)g(x) - \int f(x)g'(x)dx$$

Q.E.D.

위의 정리에서 $f(x)$와 $g(x)$의 위치를 바꾸어 쓰면 $\int g(x)f'(x)dx = g(x)f(x) - \int g'(x)f(x)dx$로 쓸 수 있으며, $f(x) = x$ 일 때는, $\int g(x)dx = xg(x) - \int xg'(x)dx$ 가 된다.

예제 5.7

다음 부정적분을 구하여라.

1) $\int x \sin x \, dx$
2) $\int x \ln x \, dx$

3) $\int x e^x \, dx$
4) $\int e^x \cos 2x \, dx$

풀이 1) $\displaystyle\int x\sin x\,dx = \int x(-\cos x)'\,dx$

$$= x(-\cos x) - \int (x)'(-\cos x)\,dx$$

$$= -x\cos x + \int \cos x\,dx$$

$$= -x\cos x + \sin x + C$$

2) $\displaystyle\int x\ln x\,dx = \int (\frac{1}{2}x^2)'\ln x\,dx$

$$= \frac{1}{2}x^2\ln x - \int \frac{1}{2}x^2(\ln x)'\,dx$$

$$= \frac{1}{2}x^2\ln x - \int \frac{1}{2}x^2 \cdot \frac{1}{x}\,dx$$

$$= \frac{1}{2}x^2\ln x - \frac{1}{2}\int x\,dx$$

$$= \frac{1}{2}x^2\ln x - \frac{1}{4}x^2 + C$$

$$= \frac{1}{2}x^2(\ln x - \frac{1}{2}) + C$$

3) $\displaystyle\int xe^x\,dx = \int x(e^x)'\,dx$

$$= x(e^x) - \int (x)'(e^x)\,dx$$

$$= xe^x - \int e^x\,dx$$

$$= xe^x - e^x + C$$

$$= (x-1)e^x + C$$

4) 부분적분법을 두 번 사용하면 자기 자신으로 돌아온다.

$$\int e^x\cos 2x\,dx = \int (e^x)'\cos 2x\,dx$$

$$= e^x\cos 2x - \int e^x(\cos 2x)'\,dx$$

$$= e^x\cos 2x + 2\int e^x\sin 2x\,dx$$

$$= e^x\cos 2x + 2\int (e^x)'\sin 2x\,dx$$

$$= e^x \cos 2x + 2\left[e^x \sin 2x - \int e^x (\sin 2x)' dx \right]$$

$$= e^x (\cos 2x + 2\sin 2x) - 4\int e^x \cos 2x\, dx$$

따라서, $5\int e^x \cos 2x\, dx = e^x (\cos 2x + 2\sin 2x)$ 이다.

$$\therefore \int e^x \cos 2x\, dx = \frac{1}{5} e^x (\cos 2x + 2\sin 2x) + C$$

1. 다음 부정적분을 구하여라.

1) $\int x e^{3x} dx$

2) $\int (2x+1)e^x dx$

3) $\int (x^2 + x - 2)e^{2x} dx$

4) $\int x \cos x\, dx$

5) $\int (5x+1)\sin x\, dx$

6) $\int (x^2 + 2x - 3)\cos x\, dx$

7) $\int \ln x\, dx$

8) $\int (3x-5)\ln x\, dx$

9) $\int (12x^5 - 8x^3 + 1)\ln x\, dx$

10) $\int e^x \sin x\, dx$

11) $\int e^{3x} \sin x\, dx$

12) $\int e^{2x} \cos 3x\, dx$

2. 다음 부정적분을 구하여라.

1) $\int \sin^{-1} x\, dx$

2) $\int \tan^{-1} x\, dx$

3) $\int x \tan^{-1} x\, dx$ (Hint $(\frac{x^2+1}{2})' = x$)

3. 다음 부정적분을 구하여라.

  1) $\displaystyle\int x\sec^2 x\,dx$

  2) $\displaystyle\int (\ln x)^3\,dx$

4. $P(x)$가 x의 n차 다항식일 때, 부분적분법에 의하여 다음이 성립함을 보여라.

$$\int P(x)e^{ax}\,dx=\frac{e^{ax}}{a}\left[P(x)-\frac{P'(x)}{a}+\frac{P''(x)}{a^2}-\cdots+(-1)^n\frac{P^{(n)}(x)}{a^n}\right]\ (\text{단},\ a\neq 0)$$

5. 위의 4번을 이용하여 다음 부정적분을 구하여라.

  1) $\displaystyle\int (x^3-x+1)e^{2x}\,dx$

  2) $\displaystyle\int (x^4-2x^3+x^2+1)e^{-2x}\,dx$

Fundamental of Elementary Mathematics

제6장 정적분

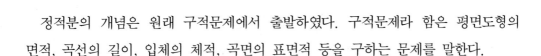

제6장 정적분

정적분의 개념은 원래 구적문제에서 출발하였다. 구적문제라 함은 평면도형의 면적, 곡선의 길이, 입체의 체적, 곡면의 표면적 등을 구하는 문제를 말한다.

6-1 정적분의 정의

구간 $[a,\ b]$에 속하는 유한집합 $P = \{x_0,\ x_1,\ \cdots,\ x_n\}$가

$$a = x_0 < x_1 < \cdots < x_n = b$$

를 만족하면 P를 구간 $[a,\ b]$의 **분할**이라고 한다. 분할 P는 n개의 구간

$$[x_0,\ x_1],\ [x_1,\ x_2],\ \cdots,\ [x_{n-1},\ x_n]$$

을 정의하는데, 이 때 $[x_{k-1},\ x_k]$를 k번째 소구간이라고 한다. k번째 소구간의 길이를

$$\Delta x_k = x_k - x_{k-1}\,(k = 1,\ 2,\ \cdots,\ n)$$

라 두고, 각 소간의 길이 중에서 가장 긴 것을 $\|P\|$라 둔다. 즉,

$$\|P\| = \max\{\Delta x_1,\ \Delta x_2,\ \cdots,\ \Delta x_n\}$$

$P = \{0,\ 0.1,\ 0.4,\ 0.5,\ 0.7,\ 1\}$ 은 구간 $[0,\ 1]$ 의 한 분할이다.

$[0,\ 0.1],\ [0.1,\ 0.4],\ [0.4,\ 0.5],\ [0.5,\ 0.7],\ [0.7,\ 1]$ 는 5개의 소구간이고, 각 소간의 길이는 $\Delta x_1 = 0.1\ \Delta x_2 = 0.3,\ \Delta x_3 = 0.1,\ \Delta x_4 = 0.2,\ \Delta x_5 = 0.3$ 이다. 가장 긴 소구간의 길이는 0.3 이므로 $\|P\| = 0.3$ 이다.

함수 $f(x)$ 는 구간 $[a,\ b]$ 에서 정의된 유계(bounded)함수라 하고, $P = \{x_0,\ x_1,\ \cdots,\ x_n\}$ 는 구간 $[a,\ b]$ 의 한 분할이라고 하자.

k 번째 소구간 $[x_{k-1},\ x_k]$ 에 속하는 임의의 한 점 c_k 를 선택하여

$$\sum_{k=1}^{n} f(c_k)\Delta x_k \quad\text{ ……………………………………………… ①}$$

를 생각하자. 여기서 $\|P\| \to 0$ 인 모든 분할 P 에 대하여 ①의 극한값이 존재하고, 값이 같다면 함수 $f(x)$ 는 구간 $[a,\ b]$ 에서 **적분가능**이라 하며, 이 극한값을 구간 $[a,\ b]$ 에서 $f(x)$ 의 **정적분**이라 하고, 기호로

$$\int_a^b f(x)dx$$

와 같이 나타낸다.

$$\therefore \int_a^b f(x)dx = \lim_{\|P\| \to 0} \sum_{k=1}^{n} f(c_k)\Delta x_k$$

$\int_a^b f(x)dx$ 에서 a 를 아래끝 또는 하한, b 를 위끝 또는 상한이라고 한다.

그럼 어떤 함수들이 적분가능일까? 다음의 함수들은 모두 정적분 가능하다고 알려져 있다.

구간 $[a, b]$에서 정의된 함수 $f(x)$가

　1) 연속함수이거나,

　2) 유계이면서 증가(감소)인 함수이거나,

　3) 유한계의 점을 제외하고 연속인 함수는

모두 구간 $[a, b]$에서 적분가능하다.

예제 6.2

다음 함수는 [0, 1]에서 적분 가능한가?

　1) $f(x) = \begin{cases} 1 \ (x = 유리수) \\ 0 \ (x = 무리수) \end{cases}$　　　　2) $f(x) = x^2 + x - 1$

풀이 1) $P = \{x_0, x_1, \cdots, x_n\}$는 구간 [0, 1]의 한 분할이라고 하면, 각 소구간 $[x_{k-1}, x_k]$안에 c_k를 다음과 같이 선택한다.

　① $c_k = $유리수로 선택할 경우

$$\lim_{\|P\| \to 0} \sum_{k=1}^{n} f(c_k) \Delta x_k = \lim_{\|P\| \to 0} \sum_{k=1}^{n} 1 \cdot \Delta x_k = \lim_{\|P\| \to 0} 1 = 1$$

　② $c_k = $무리수로 선택할 경우

$$\lim_{\|P\| \to 0} \sum_{k=1}^{n} f(c_k) \Delta x_k = \lim_{\|P\| \to 0} \sum_{k=1}^{n} 0 \cdot \Delta x_k = \lim_{\|P\| \to 0} 0 = 0$$

　①, ②의 값이 다르므로 $f(x)$는 구간 [0, 1]에서 적분불가능이다.

　2) $f(x) = x^2 + x - 1$는 구간 [0, 1]에서 연속함수이므로 구간 [0, 1]에서 적분가능이다.

우리는 앞으로 적분가능인 함수를 주로 다룬다.

함수 $f(x)$는 구간 $[a, b]$에서 적분가능인 경우는 $\|P\| \to 0$을 만족하는 구간 $[a, b]$의 어떤 분할에 대하여서도 그 값이 같으므로 실제적인 계산에 있어서는

① 구간 $[a, b]$를 등분(等分)하고,

② c_k의 값으로 $[x_{k-1}, x_k]$의 양 끝점인 x_{k-1} 또는 x_k으로 선택해서 계산하는 것이 편리하다. 구간 $[a, b]$를 n등분하는 경우

$$\Delta x_k = \frac{b-a}{n}$$

$$\|P\| = \frac{b-a}{n}$$

$$x_k = a + \frac{k(b-a)}{n}$$

이고, $\|P\| \to 0$과 $n \to \infty$는 동치이다. 따라서 등분하는 경우에 정적분의 정의는 다음과 같이 쓸 수 있다.

정적분의 정의

① $c_k = x_k$로 선택하는 경우

$$\int_a^b f(x)dx = \lim_{n\to\infty} \sum_{k=1}^{n} f(a + \frac{k(b-a)}{n})\frac{b-a}{n}$$

② $c_k = x_{k-1}$로 선택하는 경우

$$\int_a^b f(x)dx = \lim_{n\to\infty} \sum_{k=1}^{n} f(a + \frac{(k-1)(b-a)}{n})\frac{b-a}{n}$$

$$= \lim_{n\to\infty} \sum_{k=0}^{n-1} f(a + \frac{k(b-a)}{n})\frac{b-a}{n}$$

$[a,\ b]$에서 적분가능한 함수 $f(x)$가 $f(x) \geq 0$이면 $\int_a^b f(x)dx$는 곡선 $y = f(x)$, x축, 직선 $x = a$ 및 직선 $x = b$로 둘러싸인 도형의 면적을 나타낸다.

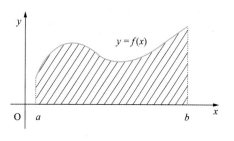

예제 6.3

정적분의 정의를 이용하여 다음 정적분을 구하여라.

1) $\displaystyle\int_1^5 3\,dx$
2) $\displaystyle\int_0^1 x\,dx$

풀이 1) 정적분의 정의와 비교하면 $a = 1,\ b = 5,\ f(x) = 3$이다. 따라서

$$\int_1^5 3\,dx = \lim_{n\to\infty}\sum_{k=1}^{n} f\left(1 + \frac{k(5-1)}{n}\right)\frac{5-1}{n}$$
$$= \lim_{n\to\infty}\sum_{k=1}^{n} 3 \cdot \frac{4}{n}$$
$$= \lim_{n\to\infty}\frac{12}{n}\cdot n$$
$$= 12$$

2) 정적분의 정의와 비교하면 $a = 0,\ b = 1,\ f(x) = x$이다. 따라서

$$\int_0^1 x\,dx = \lim_{n\to\infty}\sum_{k=1}^{n} f\left(0 + \frac{k(1-0)}{n}\right)\frac{1-0}{n}$$
$$= \lim_{n\to\infty}\sum_{k=1}^{n} f\left(\frac{k}{n}\right)\frac{1}{n}$$
$$= \lim_{n\to\infty}\sum_{k=1}^{n} \frac{k}{n}\cdot\frac{1}{n}$$
$$= \lim_{n\to\infty}\frac{1}{n^2}\sum_{k=1}^{n} k$$

$$= \lim_{n \to \infty} \frac{1}{n^2} \frac{n(n+1)}{2}$$

$$= \lim_{n \to \infty} \frac{1}{2}(1+\frac{1}{n})$$

$$= \frac{1}{2}$$

도형의 면적을 이용하여 정적분을 구할 수도 있다.

예제 6.4

도형의 면적을 이용하여 다음 정적분의 값을 구하여 보아라.

1) $\int_{1}^{5} 3\,dx$ 2) $\int_{0}^{1} x\,dx$

 직선 $y=3$, x축, $x=1$ 및 $x=5$로 둘러싸인 도형의 면적이고, 그 면적은 12이다.

$$\therefore \int_{1}^{5} 3\,dx = 12$$

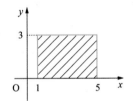

2) 직선 $y=x$, x축, $x=0$ 및 $x=1$로 둘러싸인 도형의 면적이고, 그 면적은 $\frac{1}{2}$이다.

$$\therefore \int_{0}^{1} x\,dx = \frac{1}{2}$$

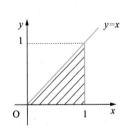

1. 정적분의 정의를 이용하여 다음 정적분을 구하여라.

   1) $\displaystyle\int_0^2 5\,dx$ 2) $\displaystyle\int_{-3}^1 2\,dx$

   3) $\displaystyle\int_0^1 x^2\,dx$ (Hint $\displaystyle\sum_{k=1}^n k^2 = \frac{n(n+1)(2n+1)}{6}$)

   4) $\displaystyle\int_0^1 x^3\,dx$ (Hint $\displaystyle\sum_{k=1}^n k^3 = (\frac{n(n+1)}{2})^2$)

2. 도형의 면적을 이용하여 다음 정적분을 구하여라.

   1) $\displaystyle\int_{-1}^2 10\,dx$ 2) $\displaystyle\int_1^3 (\sin^2 x + \cos^2 x)\,dx$

   3) $\displaystyle\int_2^5 (2x+1)\,dx$ 4) $\displaystyle\int_{-3}^1 (-3x+4)\,dx$

   5) $\displaystyle\int_{-1}^1 |x|\,dx$ 6) $\displaystyle\int_0^4 |2x-3|\,dx$

   7) $\displaystyle\int_1^2 [x]\,dx$ ([ ]는 Gauss 기호, 즉 $[x]$는 x를 넘지 않는 최대의 정수)

3. 곡선 $y = \sqrt{a^2 - x^2}\ (a > 0)$은 중심이 원점이고 반지름이 a인 원의 일부로서 x축 위에 있는 것을 나타낸다. 이를 이용하여 다음 정적분을 구하여라.

   1) $\displaystyle\int_0^a \sqrt{a^2 - x^2}\ (a > 0)$ 2) $\displaystyle\int_{-2}^2 \sqrt{4 - x^2}\,dx$

   3) $\displaystyle\int_{-4}^0 \sqrt{16 - x^2}\,dx$ 4) $\displaystyle\int_{-3}^0 \sqrt{9 - x^2}\,dx$

6-2 정적분의 성질

정적분을 잘 계산하려면 정적분의 성질을 잘 알아야 한다.

정리 6.2 (정적분의 성질)

함수 $f(x)$, $g(x)$가 구간 $[a, b]$에서 적분가능이라고 한다.

1) $\int_a^a f(x)\,dx = 0$ (정의이다.)

2) $\int_a^b f(x)\,dx = -\int_b^a f(x)\,dx$ (정의이다.)

3) $\int_a^b (\alpha f(x) + \beta g(x))\,dx = \alpha \int_a^b f(x)\,dx + \beta \int_a^b g(x)\,dx$

   (단, α, β는 상수)

4) $\int_a^b f(x)\,dx = \int_a^c f(x)\,dx + \int_c^b f(x)\,dx$

   (단, $f(x)$가 $[a, c]$, $[c, b]$에서 적분가능이다.)

5) 구간 $[a, b]$에서 $f(x) \leq g(x)$라면

$$\int_a^b f(x)\,dx \leq \int_a^b g(x)\,dx$$

증명

아래 증명은 6.1절의 기호를 따른다.

1) 길이 0인 구간위에서의 정적분은 0이 되길 원한다.

   따라서 $f(a)$가 정의되면, $\int_a^a f(x)\,dx = 0$ 으로 정의한다.

2) 아래끝이 위끝보다 크다면 정적분의 정의에서 Δx_k에 해당하는 값은 모두 음수로 간주할 수 있다. 따라서 $\int_b^a f(x)\,dx = -\int_a^b f(x)\,dx$ 으로 정의한다.

3) $\|P\| \to 0$를 만족하는 구간 $[a, b]$의 분할 $P = \{x_0, x_1, \cdots, x_n\}$에 대하여

$$\int_a^b (\alpha f(x) + \beta g(x))dx = \lim_{\|P\| \to 0} \sum_{k=1}^{n} (\alpha f(c_k) + \beta g(c_k))\Delta x_k$$

$$= \lim_{\|P\| \to 0} (\alpha \sum_{k=1}^{n} f(c_k)\Delta x_k + \beta \sum_{k=1}^{n} g(c_k)\Delta x_k)$$

$$= \alpha \lim_{\|P\| \to 0} \sum_{k=1}^{n} f(c_k)\Delta x_k + \beta \lim_{\|P\| \to 0} \sum_{k=1}^{n} g(c_k)\Delta x_k$$

$$= \alpha \int_a^b f(x)dx + \beta \int_a^b g(x)dx$$

4) 아래 그림은 구간 $[a, b]$에서 $f(x) \geq 0$일 때 정리가 성립함을 보여준다.

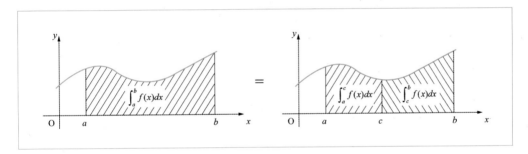

① $a < c < b$인 경우

$\|P\| \to 0$를 만족하는 구간 $[a, b]$의 분할 $P = \{x_0, x_1, \cdots, x_n\}$ 중에서

$x_l = c(0 < l < n)$가 되도록 잡으면

$$\int_a^b f(x)dx = \lim_{\|P\| \to 0} \sum_{k=1}^{n} f(c_k)\Delta x_k$$

$$= \lim_{\|P\| \to 0} (\sum_{k=1}^{l} f(c_k)\Delta x_k + \sum_{k=l+1}^{n} f(c_k)\Delta x_k)$$

$$= \lim_{\|P\| \to 0} \sum_{k=1}^{l} f(c_k)\Delta x_k + \lim_{\|P\| \to 0} \sum_{k=l+1}^{n} f(c_k)\Delta x_k$$

$$= \int_a^c f(x)dx + \int_c^b f(x)dx$$

② $a < b < c$ 인 경우

①의 결과에 의하여 $\int_a^c f(x)dx = \int_a^b f(x)dx + \int_b^c f(x)dx$ 이다.

따라서 위식의 우변의 두 번째 항을 좌변으로 이항하고, 정적분의 성질 2)를 이용하면

$$\int_a^b f(x)dx = \int_a^c f(x)dx - \int_b^c f(x)dx$$
$$= \int_a^c f(x)dx + \int_c^b f(x)dx$$

③ $c < a < b$ 인 경우

위의 ②와 같은 방법으로 증명된다.

5) ① $f(x) \geq 0$ 인 경우

$f(x) \geq 0$ 이므로 $f(c_k) \geq 0$ 이다. 또, $\Delta x_k > 0$ 이므로

$$\sum_{k=1}^{n} f(c_k)\Delta x_k \geq 0$$

$$\therefore \int_a^b f(x)dx = \lim_{\|P\| \to 0} \sum_{k=1}^{n} f(c_k)\Delta x_k \geq 0$$

② $f(x) \leq g(x)$ 이면 $g(x) - f(x) \geq 0$ 이다.

따라서 ①의 결과에 의하여 $\int_a^b (g(x) - f(x))dx \geq 0$

한편, 위의 3)에 의하여

$$\int_a^b (g(x) - f(x))dx = \int_a^b g(x)dx - \int_a^b f(x)dx \geq 0$$

$$\therefore \int_a^b f(x)dx \leq \int_a^b g(x)dx$$

Q.E.D.

다음 정적분의 값을 구하여라.

1) $\displaystyle\int_1^1 \sin x\, dx$
   2) $\displaystyle\int_e^e \ln x\, dx$

풀이 위의 정리 6.2의 정적분의 성질 1)로부터

1) $\displaystyle\int_1^1 \sin dx = 0$
   2) $\displaystyle\int_e^e \ln x\, dx = 0$

예제 6.6

$\displaystyle\int_a^c f(x)dx = 2$, $\displaystyle\int_c^b f(x)dx = 3$, $\displaystyle\int_a^c g(x)dx = 4$ 일 때 다음 값을 구하라.

1) $\displaystyle\int_a^b 2f(x)\, dx$
   2) $\displaystyle\int_b^a f(x)\, dx$

3) $\displaystyle\int_a^c (-2f(x) + 7g(x))\, dx$

풀이 $\displaystyle\int_a^b f(x)dx = \int_a^c f(x)dx + \int_c^b f(x)dx = 2 + 3 = 5$

1) $\displaystyle\int_a^b 2f(x)dx = 2\int_a^b f(x)dx = 2 \times 5 = 10$

2) $\displaystyle\int_b^a f(x)dx = -\int_a^b f(x)dx = -5$

3) $\displaystyle\int_a^c (-2f(x) + 7g(x))dx = (-2)\int_a^c f(x)dx + 7\int_a^c g(x)dx$

$$= (-2) \times 2 + 7 \times 4 = 24$$

오른쪽 그림은 어떤 산의 단면이라고 하자. 그럼 이 단면의 높이의 평균은 어떻게 생각할 수 있을까?

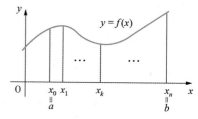

먼저 구간 $[a, b]$의 한 등분 $P = \{x_0, x_1, \cdots, x_n\}$을 생각하고, 각 $x_k (k = 1, 2, \cdots, n)$에서 산의 높이 $f(x_k)$들의 평균은 이 단면의 평균 f_{ave}의 한 근삿값일 것이다. 즉,

$$f_{ave} \approx \frac{1}{n}(f(x_1) + f(x_2) + \cdots f(x_n))$$

$$= \frac{1}{n}\sum_{k=1}^{n} f(x_k)$$

$$= \frac{1}{b-a}\sum_{k=1}^{n} f(x_k)\frac{b-a}{n}$$

$$= \frac{1}{b-a}\sum_{k=1}^{n} f(x_k)\Delta x_k$$

위에서 $n \to \infty$의 극한값을 취하면 산의 단면의 높이의 평균이 된다. 곧,

$$f_{ave} = \lim_{n\to\infty}\frac{1}{b-a}\sum_{k=1}^{n} f(x_k)\Delta x_k = \frac{1}{b-a}\int_a^b f(x)dx$$

구간 $[a, b]$에서 함수 $f(x)$의 **평균**을 다음과 같이 정의한다.

구간 $[a, b]$에서 함수 $f(x)$의 평균

$$\frac{1}{b-a}\int_a^b f(x)dx$$

정리 6.3 (적분에 관한 평균값의 정리)

함수 $f(x)$가 구간 $[a, b]$에서 연속이면 다음을 만족하는 $c(a < c < b)$가 존재한다.

$$\frac{1}{b-a}\int_a^b f(x)dx = f(c)$$

증명

달힌구간에서 연속인 함수는 최댓값과 최솟값을 가지므로, $f(x)$는 닫힌구간 $[a, b]$에서 최댓값 M, 최솟값 m을 갖는다. 즉, 구간 $[a, b]$에서

$$m \le f(x) \le M$$

정리 6.2의 정적분의 성질 5)에 의하여

$$\int_a^b m\, dx \le \int_a^b f(x)dx \le \int_a^b M\, dx$$

이므로

$$m(b-a) \le \int_a^b f(x)\, dx \le M(b-a)$$

이다. 즉,

$$m \le \frac{1}{b-a}\int_a^b f(x)\, dx \le M$$

따라서 중간값의 정리에 의하여

$$\frac{1}{b-a}\int_a^b f(x)\, dx = f(c)$$

되는 c가 열린구간 (a, b)안에 적어도 하나 존재한다.

Q.E.D.

예제 6.7

1) 구간 $[-1, 2]$에서 함수 $f(x) = |x|$의 평균을 구하여라.

2) $\int_{-1}^{2}|x|\,dx$에 대하여 적분에 관한 평균값의 정리의 c를 구하여라.

풀이 1) $\int_{-1}^{2}|x|\,dx$은 오른쪽 그림의 빗금친 부분의 면적

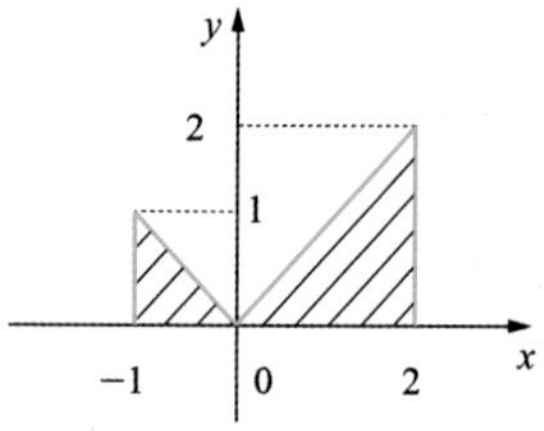

이므로

$$\int_{-1}^{2}|x|\,dx = \frac{5}{2}$$

따라서 구하고자하는 평균은

$$\frac{1}{2-(-1)}\int_{-1}^{2}|x|\,dx = \frac{1}{3}\cdot\frac{5}{2} = \frac{5}{6}$$

2) $f(c) = \dfrac{1}{2-(-1)}\displaystyle\int_{-1}^{2}|x|\,dx$ 에서

$$|c| = \frac{5}{6} \qquad \therefore\ c = \pm\frac{5}{6}$$

연습문제

1. 다음 정적분의 값을 구하여라.

   1) $\displaystyle\int_{\pi}^{\pi}(x^5 + \cos x + 2)\,dx$

   2) $\displaystyle\int_{-1}^{-1} e^x\,dx$

   3) $\displaystyle\int_{1}^{3} e^{x^2}\,dx + \int_{3}^{1} e^{x^2}\,dx$

   4) $\displaystyle\int_{e}^{e^2} \ln x^2\,dx + \int_{e^2}^{e} \ln x^2\,dx$

2. $\displaystyle\int_{a}^{c} f(x)\,dx = -3,\ \int_{c}^{b} f(x)\,dx = 5,\ \int_{a}^{c} g(x)\,dx = 2,\ \int_{c}^{b} g(x)\,dx = 6$일 때 다음 값을 구하라.

1) $\displaystyle\int_b^a f(x)dx$ 2) $\displaystyle\int_b^a g(x)dx$

3) $\displaystyle\int_a^b (13f(x)-6g(x))dx$

3. 다음 물음에 답하여라.

   1) 구간 $[0,\ 3]$ 에서 함수 $f(x)=|2x-1|$ 의 평균을 구하여라.

   2) $\displaystyle\int_0^3 |2x-1|dx$ 에 대하여 적분에 관한 평균값의 정리의 c 를 구하여라.

4. 함수 $f(x)$ 가 구간 $[a,\ b]$ 에서 연속이고, $\displaystyle\int_a^b f(x)dx=0$ 이면 $f(x)=0$ 되는 x 가 구간 $(a,\ b)$ 안에 적어도 하나 있음을 보여라.

5. 다음 함수에 대하여 구간 $[0,\ 2]$ 에서 적분에 관한 평균값의 정리의 c 를 구할 수 있는가? 없다면 왜 그런지 이유를 설명하여라.

$$f(x)=\begin{cases} 0\ (0\le x<1) \\ 1\ (1\le x\le 2) \end{cases}$$

6-3 미분적분학의 기본정리

정적분과 미분, 정적분과 부정적분과의 관계를 살펴보자.

정적분의 정의에서 알 수 있듯이 정적분 $\displaystyle\int_a^b f(x)dx$ 의 값은 아래끝 a, 위끝 b 와 함수 f 에 의하여 결정되지 변수 x 와의 관계가 없다. 예를 들어

$\displaystyle\int_0^1 xdx=\frac{1}{2},\ \int_0^1 tdx=\frac{1}{2},\ \int_0^1 \theta d\theta=\frac{1}{2}$ 는 모두 적분변수에 관계없이 같은 값을 가진

다. 이런 의미에서 정적분의 적분변수를 더미변수(dummy variable)라고도 한다.

(미분적분학의 기본정리1)

함수 $y = f(x)$가 구간 $[a, b]$에서 연속이면,

$$\frac{d}{dx}\int_a^x f(t)dt = f(x) \quad (a \le x \le b)$$

증명

$F(x) = \int_a^x f(t)dt$ 라 두면 정적분의 성질과 적분에 관한 평균값의 정리로부터

$$F(x+h) - F(x) = \int_a^{x+h} f(t)dt - \int_a^x f(t)dt$$

$$= \int_x^{x+h} f(t)dt$$

$$= f(c)h \,(\text{단, } c \text{는 } x \text{와 } x+h \text{ 사이의 실수})$$

즉,

$$\frac{F(a+h) - F(x)}{h} = f(c)$$

위 식의 양변에 $h \to 0$으로 하는 극한을 취하면, $c \to x$이고 $f(x)$가 연속이므로

$$\lim_{h \to 0}\frac{F(x+h) - F(x)}{h} = \lim_{h \to 0} f(c) = f(x)$$

$$\therefore F'(x) = \frac{d}{dx}\int_a^x f(t)dt = f(x)$$

Q.E.D.

위 정리는 연속인 함수의 부정적분은 항상 존재한다는 것을 나타낸다.

예제 6.8

다음 함수의 도함수를 구하여라.

1) $F(x) = \int_{-1}^{x} (t^2 - 2t + 3)dt$
2) $G(x) = \int_{\pi}^{x} \sin(2t - 5)dt$

풀이 1) $f(t) = t^2 - 2t + 3$ 은 연속함수이므로

$$F'(x) = x^2 - 2x + 3$$

2) $g(t) = \sin(2t - 5)$ 는 연속함수이므로

$$G'(x) = \sin(2x - 5)$$

한편, 연속인 함수 $f(x)$ 와 미분가능인 함수 $g(x)$ 에 대하여

$$F(u) = \int_{a}^{u} f(t)dt, \ u = g(x)$$

라 두면 연쇄법칙에 의하여

$$\frac{dF(u)}{dx} = \frac{dF(u)}{du}\frac{du}{dx} = f(u)g'(x) = f(g(x))g'(x)$$

즉,

$$\frac{d}{dx}\int_{a}^{g(x)} f(t)dt = f(g(x))g'(x)$$

예제 6.9

다음 함수의 도함수를 구하여라.

1) $F(x) = \int_{0}^{2x+\frac{\pi}{2}} \sin(2t + 3)dt$
2) $G(x) = \int_{2x-1}^{x^2} te^{t+1}dt$

풀이 1) $f(x) = \sin(2x+3)$ 은 연속이고, $g(x) = 2x + \dfrac{\pi}{2}$ 는 미분가능이므로

$$F'(x) = (2x + \frac{\pi}{2})' \sin(4x + \pi + 3) = 2\sin(4x + \pi + 3)$$

2) 정적분의 성질로부터

$$G(x) = \int_{2x-1}^{x^2} te^{t+1} dt = \int_{2x-1}^{0} te^{t+1} dt + \int_{0}^{x^2} te^{t+1} dt$$

$$= \int_{0}^{x^2} te^{t+1} dt - \int_{0}^{2x-1} te^{t+1} dt$$

한편, $f(x) = xe^{x+1}$ 은 연속이고, $x^2,\, 2x-1$ 은 각각 미분가능이므로

$$G'(x) = x^2 e^{x^2+1}(x^2)' - (2x-1)e^{2x}(2x-1)'$$

$$= 2x^3 e^{x^2+1} - 2(2x-1)e^{2x}$$

지금까지 정적분을 계산할 때 직접정의를 이용하거나 도형의 면적을 이용하여 구할 수 있었고, 이 방법을 쓸 수 있는 경우는 아주 제한적이다. 그러나 다행스럽게도 다음의 정리덕택에 부정적분을 알면 정적분의 값을 쉽게 계산할 수 있다.

정리 6.5 (미분적분학의 기본정리2)

구간 $[a,\, b]$ 에서 연속인 함수 $f(x)$ 의 한 부정적분을 $F(x)$ 라면

$$\int_{a}^{b} f(x)dx = \left[F(x) \right]_{a}^{b} = F(b) - F(a)$$

증명

가정에 의하여 $\dfrac{d}{dx}F(x) = f(x)$ 이고, $\dfrac{d}{dx}\displaystyle\int_{a}^{x} f(t)dt = f(x)$ 이므로

$$\frac{d}{dx}\left(\int_a^x f(t)dt - F(x)\right) = \frac{d}{dx}\int_a^x f(t)dt - \frac{d}{dx}F(x) = f(x) - f(x) = 0$$

이다. 따라서

$$\int_a^x f(t)dt - F(x) = C \ (C는 \ 상수)$$

위 식에 $x = a$를 대입하면 $C = -F(a)$ 이므로

$$\int_a^x f(t)dt = F(x) - F(a)$$

여기서 $x = b$를 대입하고, 적분변수 t를 x로 바꾸어 나타내면

$$\int_a^b f(x)dx = F(b) - F(a)$$

Q.E.D.

예제 6.10

다음 정적분의 값을 구하여라.

1) $\displaystyle\int_0^1 (3x^2 + 2x + 1)dx$ 2) $\displaystyle\int_0^\pi \sin x\, dx$

3) $\displaystyle\int_{-3}^{-1} \frac{1}{x}dx$ 4) $\displaystyle\int_0^2 e^x\, dx$

풀이   1) $\displaystyle\int_0^1 (3x^2 + 2x + 1)\,dx = \left[x^3 + x^2 + x\right]_0^1 = 3$

2) $\displaystyle\int_0^\pi \sin x\, dx = [-\cos x]_0^\pi = -\cos\pi - (-\cos 0) = 2$

3) $\displaystyle\int_{-3}^{-1} \frac{1}{x}dx = [\ln|x|]_{-3}^{-1} = \ln 1 - \ln 3 = -\ln 3$

4) $\displaystyle\int_0^2 e^x dx = [e^x]_0^2 = e^2 - 1$

1. 다음 함수의 도함수를 구하여라.

   1) $F(x) = \int_1^x (t^3 - 2t)dt$ 2) $F(x) = \int_{-2x}^0 e^t\, dt$

   3) $F(x) = \int_0^{x^2} \cos(t - \frac{\pi}{3})dt$ 4) $F(x) = \int_{x-1}^{3x-2} \sqrt{t^2 + 1}\, dt$

2. 다음 정적분의 값을 구하여라.

   1) $\int_{-1}^1 (x^4 + x^3)dt$ 2) $\int_0^1 \sqrt[3]{x}\, dx$

   3) $\int_1^4 \frac{(x+1)^2}{x}\, dx$ 4) $\int_0^{\frac{\pi}{2}} \cos x\, dx$

   5) $\int_1^{\log_{10} 8} 10^x\, dx$ 6) $\int_0^{\frac{\pi}{4}} \sec^2 x\, dx$

   7) $\int_{\frac{\pi}{6}}^{\frac{\pi}{3}} \sec x \tan x\, dx$ 8) $\int_0^{\frac{\pi}{3}} \tan^2 x\, dx$

   9) $\int_{-4}^{-2} \frac{1}{x}\, dx$ 10) $\int_{-\frac{\pi}{2}}^{\frac{\pi}{2}} (8x^3 + \cos x)\, dx$

   11) $\int_0^{\frac{\pi}{2}} \frac{1 + \cos 2x}{2}\, dx$ 12) $\int_4^9 \frac{1 - \sqrt{x}}{\sqrt{x}}\, dx$

6-4 정적분의 계산

정리 6.6 (치환적분법)

   함수 $f(x)$가 구간 $[a, b]$에서 연속이고, 함수 $x = g(t)$는 $g(c) = a$, $g(d) = b$ 이면서 구간 $[c, d]$ 또는 $[d, c]$에서 연속인 도함수를 갖고, $a \le g(t) \le b$ 이면

$$\int_a^b f(x)dx = \int_c^d f(g(t))g'(t)\,dt$$

$f(x)$ 의 하나의 부정적분을 $F(x)$ 라면 즉, $(F(x))' = f(x)$ 이면

$$\int_a^b f(x)dx = F(b) - F(a) \quad \cdots\cdots\cdots\cdots\cdots\cdots\cdots\cdots\cdots ①$$

한편, 연쇄법칙에 의하여

$$\frac{d}{dt}F(g(t)) = f(g(t))g'(t)$$

이다. 따라서 미분적분학의 기본정리2에 의하여

$$\int_c^d f(g(t))g'(t)\,dt = \left[F(g(t)) \right]_c^d$$

$$= F(g(d)) - F(g(c))$$

$$= F(b) - F(a) \quad \cdots\cdots\cdots\cdots\cdots\cdots\cdots ②$$

①$=$②이므로 $\displaystyle\int_a^b f(x)dx = \int_c^d f(g(t))g'(t)\,dt$

Q.E.D.

예제 6.11

다음 정적분의 값을 구하여라.

1) $\displaystyle\int_0^1 (x+2)\sqrt{1-x}\,dx$ 　　　　　　 2) $\displaystyle\int_0^{\sqrt{2}} x e^{-\frac{x^2}{2}}\,dx$

풀이 1) $1-x=t$ 라 두면 $x=1-t$ 이므로, $dx=-dt$ 이다.

　　　　한편, $x=0$ 일 때 $t=1$, $x=1$ 일 때 $t=0$ 이므로

$$\int_0^1 (x+2)\sqrt{1-x}\,dx = \int_1^0 (3-t)\sqrt{t}\,(-dt)$$

$$= \int_0^1 (3t^{\frac{1}{2}} - t^{\frac{3}{2}})\,dt$$

$$= \left[3 \cdot \frac{2}{3}t^{\frac{3}{2}} - \frac{2}{5}t^{\frac{5}{2}} \right]_0^1$$

$$= 2 - \frac{2}{5}$$

$$= \frac{8}{5}$$

2) $-\dfrac{x^2}{2} = t$ 라 두면 $dt = -x\,dx$ 이므로, $x\,dt = -dt$ 이다.

한편, $x = 0$ 일 때 $t = 0$, $x = \sqrt{2}$ 일 때 $t = -1$ 이므로

$$\int_0^{\sqrt{2}} xe^{-\frac{x^2}{2}}\,dx = \int_0^{-1} e^t(-dt)$$

$$= \int_{-1}^0 e^t\,dt$$

$$= \left[e^t \right]_{-1}^0 = 1 - e^{-1}$$

[예제 6.12]

함수 $f(x)$ 가 구간 $[-a,\,a]$ 에서 적분 가능일 때 다음을 증명하여라.

1) $f(x)$ 가 우함수, 즉 $f(-x) = f(x)$ 이면 $\displaystyle\int_{-a}^a f(x)dx = 2\int_0^a f(x)dx$

2) $f(x)$ 가 기함수, 즉 $f(-x) = -f(x)$ 이면 $\displaystyle\int_{-a}^a f(x)dx = 0$

[증명]

$x = -t$ 라 두면 $dx = -dt$ 이다.

또, $x = -a$이면 $t = a$, $x = 0$이면 $t = 0$이므로

$$\int_{-a}^{0} f(x)dx = \int_{a}^{0} f(-t)(-dt) = \int_{0}^{a} f(-t)dt = \int_{0}^{a} f(-x)dx$$

따라서

$$\int_{-a}^{a} f(x)dx = \int_{-a}^{0} f(x)dx + \int_{0}^{a} f(x)dx$$

$$= \int_{0}^{a} f(-x)dx + \int_{0}^{a} f(x)dx$$

$$= \int_{0}^{a} (f(-x) + f(x))\,dx \quad \cdots\cdots\cdots\cdots\cdots\cdots\cdots ①$$

1) $f(-x) = f(x)$이면 ①로부터

$$\int_{-a}^{a} f(x)dx = 2\int_{0}^{a} f(x)dx$$

2) $f(-x) = -f(x)$이면 ①로부터

$$\int_{-a}^{a} f(x)dx = 0$$

[예제 6.13]

다음 정적분의 값을 구하여라.

1) $\displaystyle\int_{-2}^{2} (8x^7 - x^5 + 5x^3 + 3x^2 - x)dx$

2) $\displaystyle\int_{-\frac{\pi}{2}}^{\frac{\pi}{2}} (\sin^3 x + \cos x)dx$

풀이 1) $x^n = \begin{cases} \text{우함수 } (n\text{이 짝수}) \\ \text{기함수 } (n\text{이 홀수}) \end{cases}$ 이므로

$$\int_{-2}^{2} (8x^7 - x^5 + 5x^3 + 3x^2 - x)dx = 2\int_{0}^{2} 3x^2 dx = 2\left[x^3\right]_0^2 = 16$$

2) $\sin^3 x$ 은 기함수, $\cos x$ 는 우함수이므로

$$\int_{-\frac{\pi}{2}}^{\frac{\pi}{2}} (\sin^3 x + \cos x)dx = 2\int_{0}^{\frac{\pi}{2}} \cos x\, dx = 2\left[\sin x\right]_0^{\frac{\pi}{2}} = 2$$

정리 6.7 (부분적분법)

구간 $[a, b]$ 에서 $f(x)$ 와 $g(x)$ 가 미분가능하고, $f'(x)$ 와 $g'(x)$ 가 적분가능이면

$$\int_{a}^{b} f'(x)g(x)dx = \left[f(x)g(x)\right]_a^b - \int_{a}^{b} f(x)g'(x)\,dx$$

증명

미분적분학의 기본정리2에 의하여

$$\int_{a}^{b} (f(x)g(x))'dx = \left[f(x)g(x)\right]_a^b \quad \cdots\cdots\cdots\cdots\cdots\cdots\cdots\cdots\cdots\cdots\cdots ①$$

한편, 곱의 미분법과 정적분의 성질로부터

$$\int_{a}^{b} (f(x)g(x))'dx = \int_{a}^{b} (f'(x)g(x) + f(x)g'(x))\,dx$$

$$= \int_{a}^{b} f'(x)g(x)\,dx + \int_{a}^{b} f(x)g'(x)\,dx \quad \cdots\cdots\cdots ②$$

① = ②이므로 $\displaystyle\int_{a}^{b} f'(x)g(x)dx = \left[f(x)g(x)\right]_a^b - \int_{a}^{b} f(x)g'(x)\,dx$

Q.E.D.

[예제 6.14]

다음 정적분의 값을 구하여라.

1) $\displaystyle\int_0^{\frac{\pi}{2}} (x+1)\cos x\,dx$

2) $\displaystyle\int_1^{e^2} \ln x\,dx$

풀이 1) $\displaystyle\int_0^{\frac{\pi}{2}} (x+1)\cos x\,dx = \int_0^{\frac{\pi}{2}} (x+1)(\sin x)'\,dx$

$$= \left[(x+1)\sin x\right]_0^{\frac{\pi}{2}} - \int_0^{\frac{\pi}{2}} (x+1)'\sin x\,dx$$

$$= \frac{\pi}{2}+1 - \int_0^{\frac{\pi}{2}} \sin x\,dx$$

$$= \frac{\pi}{2}+1 + [\cos x]_0^{\frac{\pi}{2}}$$

$$= \frac{\pi}{2}$$

2) $\displaystyle\int_1^{e^2} \ln x\,dx = \int_1^{e^2} (x)'\ln x\,dx$

$$= [x\ln x]_1^{e^2} - \int_1^{e^2} x(\ln x)'\,dx$$

$$= e^2\ln e^2 - \int_1^{e^2} dx$$

$$= 2e^2 - [x]_1^{e^2}$$

$$= e^2+1$$

1. 다음 정적분의 값을 구하여라.

1) $\displaystyle\int_0^1 x(x^2+1)^4\, dx$

2) $\displaystyle\int_0^{\sqrt{\pi}} x\cos x^2\, dx$

3) $\displaystyle\int_{-1}^0 \frac{x}{x^2+1}\, dx$

4) $\displaystyle\int_0^2 x^2 e^{x^3+1}\, dx$

5) $\displaystyle\int_1^e \frac{\ln x}{x}\, dx$

6) $\displaystyle\int_1^e \frac{(\ln x+1)\ln x}{x}\, dx$

7) $\displaystyle\int_0^{\frac{\pi^2}{4}} \frac{\sin\sqrt{x}}{\sqrt{x}}\, dx$

8) $\displaystyle\int_0^{\frac{\pi}{2}} e^{\sin x+1}\cos x\, dx$

2. 다음 정적분의 값을 구하여라.

1) $\displaystyle\int_0^1 x e^x\, dx$

2) $\displaystyle\int_0^1 x^2 e^x\, dx$

3) $\displaystyle\int_1^e (\ln x)^2\, dx$

4) $\displaystyle\int_0^1 \ln(x+1)\, dx$

5) $\displaystyle\int_0^{\frac{\pi}{2}} x\sin x\, dx$

6) $\displaystyle\int_0^{\pi} (x^2+1)\sin x\, dx$

7) $\displaystyle\int_0^{\pi} e^x\cos x\, dx$

8) $\displaystyle\int_0^{\frac{\pi}{2}} e^x\sin 2x\, dx$

9) $\displaystyle\int_0^1 \sin^{-1}x\, dx$

10) $\displaystyle\int_0^1 \tan^{-1}x\, dx$

3. $I_n = \displaystyle\int_0^{\frac{\pi}{2}} \sin^n x\, dx$ 라 둘 때 다음을 구하여라.

1) I_0

2) I_1

3) $I_n = \dfrac{n-1}{n}I_{n-2}\,(n\ge 2)$ 임을 보여라. (Hint $\sin^n x = (-\cos x)'\cdot\sin^{n-1}x$)

6-5 **이상적분**

    지금까지의 정적분은 아래끝, 위끝이 모두 유한한 값이고, 피적분함수는 적분구간에서 유계임을 가정하였다. 그러나 적분구간이 유한이 아닌 경우 및 피적분함수가 적분구간내의 유한개의 점에서 유계가 아닌 경우까지 정적분의 의미를 확장해 보자. 이런 경우의 정적분을 **이상적분**(Improper integral)이라고 한다.

1) 적분구간이 유한이 아닌 경우

    정적분의 정의 $\displaystyle\int_a^b f(x)dx = \lim_{n\to\infty}\sum_{k=1}^n f\left(a+\frac{k(b-a)}{n}\right)\frac{b-a}{n}$ 에서 $b=\infty$ 이거나 $a=-\infty$

이라면 $\dfrac{b-a}{n}=\infty$ 가 되어 정적분의 정의는 의미가 없어진다. 따라서 정적분의 아래끝, 위끝의 한쪽 또는 양쪽이 모두 유한이 아닌 경우 그 구간에서의 정적분의 정의는 다음과 같이 정의한다.

$$\int_a^\infty f(x)dx = \lim_{b\to\infty}\int_a^b f(x)dx$$

$$\int_{-\infty}^b f(x)dx = \lim_{a\to-\infty}\int_a^b f(x)dx$$

$$\int_{-\infty}^\infty f(x)dx = \lim_{\substack{b\to\infty\\a\to-\infty}}\int_a^b f(x)dx$$

    위의 우변의 극한값들이 존재하면 좌변의 이상적분을 **수렴**한다고 하고, 극한값이 존재하지 않으면 이상적분은 **발산**한다고 한다.

다음 이상적분의 값을 구하여라.

1) $\int_1^\infty \dfrac{1}{x^2}dx$

2) $\int_{-\infty}^\infty \dfrac{1}{x^2+1}dx$

풀이 1) $\int_1^\infty \dfrac{1}{x^2}dx = \lim_{b\to\infty}\int_1^b \dfrac{1}{x^2}dx$

$$= \lim_{b\to\infty}\left[-\dfrac{1}{x}\right]_1^b$$

$$= \lim_{b\to\infty}(1-\dfrac{1}{b})$$

$$= 1$$

2) $\int_{-\infty}^\infty \dfrac{1}{x^2+1}dx = \lim_{\substack{b\to\infty \\ a\to-\infty}}\int_a^b \dfrac{1}{x^2+1}dx$

$$= \lim_{\substack{b\to\infty \\ a\to-\infty}}\left[\tan^{-1}x\right]_a^b$$

$$= \lim_{b\to\infty}\tan^{-1}b - \lim_{a\to-\infty}\tan^{-1}a$$

$$= \dfrac{\pi}{2} - (-\dfrac{\pi}{2})$$

$$= \pi$$

2) 피적분함수가 유계가 아닌 경우

$\lim_{x\to c(c\pm 0)}|f(x)| = \infty$ 일 때 함수 $f(x)$ 는 $x = c$ 에서 유계가 아니라고 한다. 구간 $[a, b]$ 안의 어떤 점 $x = c$ 에서 함수 $f(x)$ 가 유계가 아니라면 정적분의 정의에서 c_k 를 유계가 아닌 점으로 선택한다면 정적분의 정의는 의미가 없어진다. 따라서 피적분함수가 유계가 아닌 경우는 다음과 같이 정의한다.

① $f(x)$가 $x = a$에서만 유계가 아닌 경우

$$\int_a^b f(x)dx = \lim_{\varepsilon \to +0} \int_{a+\varepsilon}^b f(x)dx$$

② $f(x)$가 $x = b$에서만 유계가 아닌 경우

$$\int_a^b f(x)dx = \lim_{\varepsilon \to +0} \int_a^{b-\varepsilon} f(x)dx$$

③ $f(x)$가 $x = c\,(a < c < b)$에서만 유계가 아닌 경우

$$\int_a^b f(x)dx = \lim_{\varepsilon_1 \to +0} \int_a^{c-\varepsilon_1} f(x)dx + \lim_{\varepsilon_2 \to +0} \int_{c+\varepsilon_2}^b f(x)dx$$

여기서 일반적으로 ε_1과 ε_2는 서로 독립이다.

위의 우변의 극한값들이 존재하면 좌변의 이상적분은 수렴한다고 하고, 극한값이 존재하지 않으면 이상적분은 발산한다고 한다.

예제 6.16

다음 이상적분의 값을 구하여라.

1) $\displaystyle\int_0^1 \frac{1}{\sqrt{x}}dx$
2) $\displaystyle\int_{-1}^2 \frac{1}{x^2}dx$

풀이 1) 피적분함수는 $x = 0$에서 유계가 아니다. 따라서

$$\begin{aligned}
\int_0^1 \frac{1}{\sqrt{x}}dx &= \lim_{\varepsilon \to +0} \int_\varepsilon^1 \frac{1}{\sqrt{x}}dx \\
&= \lim_{\varepsilon \to +0} \left[2\sqrt{x} \right]_\varepsilon^1 \\
&= \lim_{\varepsilon \to +0} (2 - 2\sqrt{\varepsilon}) \\
&= 2
\end{aligned}$$

2) 피적분함수는 $x=0$에서 유계가 아니다. 따라서

$$\int_{-1}^{2} \frac{1}{x^2}\, dx = \lim_{\varepsilon_1 \to +0} \int_{-1}^{-\varepsilon_1} \frac{1}{x^2}\, dx + \lim_{\varepsilon_2 \to +0} \int_{\varepsilon_2}^{2} \frac{1}{x^2}\, dx$$

$$= \lim_{\varepsilon_1 \to +0} \left[-\frac{1}{x} \right]_{-1}^{-\varepsilon_1} + \lim_{\varepsilon_2 \to +0} \left[-\frac{1}{x} \right]_{\varepsilon_2}^{2}$$

$$= \lim_{\varepsilon_1 \to +0} \left(\frac{1}{\varepsilon_1} - 1 \right) + \lim_{\varepsilon_2 \to +0} \left(\frac{1}{\varepsilon_2} - \frac{1}{2} \right)$$

$$= \infty$$

위의 예제 6.16의 2)를 정상적인 적분인지 이상적분인지 고찰 없이 다음과 같이 계산하면 실수를 범하는 것이다.

$$\int_{-1}^{2} \frac{1}{x^2}\, dx = \left[-\frac{1}{x} \right]_{-1}^{2} = -\frac{1}{2} - \left(-\frac{1}{-1} \right) = -\frac{3}{2} \ (\text{잘못된 계산})$$

연 습 문 제

1. 다음 이상적분의 값을 구하여라.

1) $\displaystyle\int_{0}^{\infty} e^{-x}\, dx$

2) $\displaystyle\int_{0}^{\infty} x e^{-x}\, dx$

3) $\displaystyle\int_{0}^{\infty} x e^{-x^2}\, dx$

4) $\displaystyle\int_{-\infty}^{0} \frac{1}{(x-1)^2}\, dx$

5) $\displaystyle\int_{0}^{1} \frac{1}{\sqrt{1-x^2}}\, dx$

6) $\displaystyle\int_{0}^{1} \ln x\, dx$

7) $\displaystyle\int_{-1}^{1} \frac{1}{\sqrt[3]{x^2}}\, dx$

8) $\displaystyle\int_{1}^{3} \frac{1}{\sqrt{x-1}}\, dx$

2. $p > 1$ 일 때 $\displaystyle\int_1^\infty \frac{1}{x^p} dx$ 를 구하여라.

3. $0 < p < 1$ 일 때 $\displaystyle\int_0^1 \frac{1}{x^p} dx$ 를 구하여라.

6-6 정적분의 근삿값

정적분 $\displaystyle\int_a^b f(x)dx$ 의 값은 $f(x)$ 의 한 부정적분 $F(x)$ 을 구하여 $F(b) - F(a)$ 를 계산하여 구할 수 있다. 그러나 $F(x)$ 를 구하는 것이 불가능하거나 어려울 때 정적분의 근삿값을 구하는 두 가지 방법을 살펴보기로 하자.

정리 6.8

함수 $f(x)$ 는 구간 $[a, b]$ 에서 적분가능이고, $\{x_0, x_1, \cdots, x_n\}$ 을 구간 $[a, b]$ 의 n 등분이라고 하자. 이 때 한 등분의 길이를 $h(= \dfrac{b-a}{n})$ 라 하고,

$f(x_k) = y_k \, (k = 0, 1, \cdots, n)$ 라 하면

1) 사다리꼴 공식

$$\int_a^b f(x)\,dx \fallingdotseq \frac{h}{2}\{y_0 + 2(y_1 + y_2 + \cdots y_{n-1}) + y_n\}$$

2) Simpson의 공식(n 은 반드시 짝수이어야 한다.)

$$\int_a^b f(x)\,dx \fallingdotseq \frac{h}{3}\{(y_0 + y_n) + 4(y_1 + y_3 + \cdots y_{n-1}) + 2(y_2 + y_4 + \cdots + y_{n-2})\}$$

1) 곡선 $y = f(x)$ 위의 연속하는 두 점 $(x_{k-1},\ y_{k-1})$, $(x_k,\ y_k)$를 잇는 선분을 그으면 사다리꼴을 얻고, 이 사다리꼴의 면적은 $\dfrac{h}{2}(y_{k-1} + y_k)$이다. 따라서

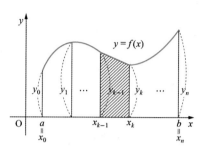

$$\int_{x_{k-1}}^{x_k} f(x)dx \fallingdotseq \frac{h}{2}(y_{k-1} + y_k)\ \ (k = 1,\ 2, \cdots,\ n)$$

이고,

$$\int_a^b f(x)dx = \int_{x_0}^{x_1} f(x)dx + \int_{x_1}^{x_2} f(x)dx + \cdots + \int_{x_{n-1}}^{x_n} f(x)dx$$

$$\fallingdotseq \frac{h}{2}(y_0 + y_1) + \frac{h}{2}(y_1 + y_2) + \cdots + \frac{h}{2}(y_{n-1} + y_n)$$

$$= \frac{h}{2}\{y_0 + 2(y_1 + y_2 + \cdots + y_{n-1}) + y_n\}$$

$$\therefore \int_a^b f(x)dx \fallingdotseq \frac{h}{2}\{y_0 + 2(y_1 + y_2 + \cdots + y_{n-1}) + y_n\}$$

2) 곡선 $y = f(x)$ 위의 연속하는 세 점 $(x_{k-1},\ y_{k-1})$, $(x_k,\ y_k)$, $(x_{k+1},\ y_{k+1})$를 지나는 이차곡선을 $p(x)$라면

$$\int_{x_{k-1}}^{x_{k+1}} f(x)dx \fallingdotseq \int_{x_{k-1}}^{x_{k+1}} p(x)dx \quad \cdots\cdots\cdots\cdots\cdots\cdots\cdots\cdots\cdots\cdots\cdots\cdots\cdots ①$$

한편, 세 점 $(-h,\ y_{k-1})$, $(0,\ y_k)$, $(h,\ y_{k+1})$을 지나는 이차곡선을 $y = Ax^2 + Bx + C$라면 평행이동에 의하여

$$\int_{x_{k-1}}^{x_{k+1}} p(x)dx = \int_{-h}^{h}(Ax^2+Bx+C)dx = \frac{h}{3}\left\{2Ah^2+6C\right\} \quad\cdots\cdots\cdots\cdots ②$$

세 점 $(-h,\ y_{k-1}),\ (0,\ y_k),\ (h,\ y_{k+1})$ 은 이차곡선 $y=Ax^2+Bx+C$ 위의 점이므로

$$\begin{cases} Ah^2-Bh+C=y_{k-1} \\ C\qquad\quad\ =y_k \\ Ah^2+Bh+C=y_{k+1} \end{cases}$$

이고, 위 식으로부터

$$y_{k-1}+4y_k+y_{k+1}=2Ah^2+6C \quad\cdots\cdots\cdots\cdots\cdots\cdots\cdots\cdots\cdots ③$$

①, ②, ③로부터

$$\int_{x_{k-1}}^{x_{k+1}} f(x)dx \fallingdotseq \frac{h}{3}(y_{k-1}+4y_k+y_{k+1})\ (k=1,\ 2,\ \cdots,\ n-1)$$

$$\therefore \int_a^b f(x)dx = \int_{x_0}^{x_2} f(x)dx + \int_{x_2}^{x_4} f(x)dx + \cdots + \int_{x_{n-2}}^{x_n} f(x)dx$$

$$\fallingdotseq \frac{h}{3}(y_0+4y_1+y_2)+\frac{h}{3}(y_2+4y_3+y_4)$$

$$+\cdots+\frac{h}{3}(y_{n-2}+4y_{n-1}+y_n)$$

$$=\frac{h}{3}\left\{(y_0+y_n)+4(y_1+y_3+\cdots+y_{n-1})+2(y_2+y_4+\cdots+y_{n-2})\right\}$$

Q.E.D.

예제 6.17

구간 $[0,1]$을 4등분하고 다음 공식을 사용할 때, $\displaystyle\int_0^1 \frac{1}{x+1}dx$ 의 근삿값은 얼마인가?

1) 사다리꼴 공식   2) Simpson의 공식

풀이 구간 $[0, 1]$을 4등분하면 $x_0 = 0$, $x_1 = \dfrac{1}{4}$, $x_2 = \dfrac{1}{2}$, $x_3 = \dfrac{3}{4}$, $x_4 = 1$ 이고, 피적분

함수가 $f(x) = \dfrac{1}{x+1}$ 이므로

$$y_0 = 1, \ y_1 = \frac{4}{5}, \ y_2 = \frac{2}{3}, \ y_3 = \frac{4}{7}, \ y_4 = \frac{1}{2}$$

또한, $h = \dfrac{1}{4}$ 이다.

1) $\displaystyle\int_0^1 \frac{1}{x+1} dx \fallingdotseq \frac{h}{2}\{y_0 + 2(y_1 + y_2 + y_3) + y_4\}$

$$= \frac{1}{8}\left\{1 + 2\left(\frac{4}{5} + \frac{2}{3} + \frac{4}{7}\right) + \frac{1}{2}\right\} = \frac{1171}{1680}$$

$$\fallingdotseq 0.69702$$

2) $\displaystyle\int_0^1 \frac{1}{x+1} dx \fallingdotseq \frac{h}{3}\{(y_0 + y_4) + 4(y_1 + y_3) + 2y_2\}$

$$= \frac{1}{12}\left\{\left(1 + \frac{1}{2}\right) + 4\left(\frac{4}{5} + \frac{4}{7}\right) + 2\left(\frac{2}{3}\right)\right\} = \frac{1747}{2520}$$

$$\fallingdotseq 0.69325$$

$\displaystyle\int_0^1 \frac{1}{x+1} dx = \left[\ln(x+1)\right]_0^1 = \ln 2 \fallingdotseq 0.6931$ 이므로 위의 예제에서 Simpson의 공식을

이용한 근삿값이 사다리꼴 공식을 이용한 근삿값보다 실제값에 더 가까움을 알 수

있다.

1. 구간 $[1,\ 2]$을 4등분하여 $\int_1^2 x^2 dx$의 근삿값을 사다리꼴 공식과 Simpson의 공식을 이용하여 각각 구하여 보아라. 어느 쪽이 실제 값에 더 가까운가?

2. 구간 $[0,\ 1]$을 4등분하여 $\int_0^1 \dfrac{1}{x^2+1} dx$의 근삿값을 사다리꼴 공식과 Simpson의 공식을 이용하여 각각 구하여 보아라. 어느 쪽이 실제 값에 더 가까운가?

3. 구간 $[0,\ 2]$를 4등분하여 $\int_0^2 \sqrt{1+x^3}\, dx$의 근삿값을 사다리꼴 공식과 Simpson의 공식을 이용하여 각각 구하여 보아라.

Fundamental of Elementary Mathematics

제 7 장 정적분의 응용

제7장 정적분의 응용

7-1 면적

함수 $y = f(x)$는 구간 $[a, b]$에서 연속이고 이 구간에서 항상 $f(x) \geq 0$일 때 곡선 $y = f(x)$와 x축 및 두 직선 $x = a$, $x = b$로 둘러싸인 도형의 면적 S는 정적분의 정의로부터 다음과 같이 주어진다.

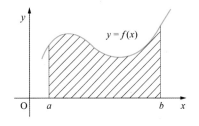

$$S = \int_a^b f(x)dx = \int_a^b y\,dx$$

한편, 같은 이유로 함수 $x = g(y)$는 구간 $[c, d]$에서 연속이고 이 구간에서 항상 $g(y) \geq 0$일 때 곡선 $x = g(y)$와 y축 및 두 직선 $y = c$, $y = d$로 둘러싸인 도형의 면적 S는 정적분의 정의로부터 다음과 같이 주어진다.

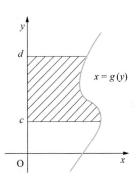

$$S = \int_c^d g(y)dy = \int_c^d x\,dy$$

예제 7.3

다음 곡선과 직선으로 둘러싸인 도형의 면적을 구하여라.

1) $y = x\sqrt{x}$, x 축, $x = 1$, $x = 4$

2) $x = y^2$, y 축, $y = 1$, $y = 3$

풀이 1) 구하고자하는 도형의 면적을 S라면

$$S = \int_1^4 x\sqrt{x}\,dx = \int_1^4 x^{\frac{3}{2}}dx = \left[\frac{2}{5}x^{\frac{5}{2}}\right]_1^4 = \frac{62}{5}$$

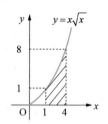

2) 구하고자 하는 도형의 면적을 S라면

$$S = \int_1^3 x\,dy = \int_1^3 y^2\,dy = \left[\frac{1}{3}y^3\right]_1^3 = \frac{26}{3}$$

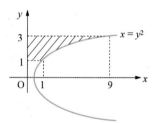

예제 7.2

두 함수 $y = f(x)$, $y = g(x)$ 가 구간 $[a, b]$에서 연속일 때 다음을 증명하여라.

1) 구간 $[a, b]$에서 $f(x) \leq 0$이면 곡선 $y = f(x)$와 x축 및 두 직선 $x = a$, $x = b$로 둘러싸인 도형의 면적 S는 다음과 같이 주어진다.

$$S = -\int_a^b f(x)\,dx = -\int_a^b y\,dx$$

2) 구간 $[a, b]$에서 $g(x) \leq f(x)$이면 두 곡선 $y = f(x)$, $y = g(x)$와 두 직선 $x = a$, $x = b$로 둘러싸인 도형의 면적 S는 다음과 같이 주어진다.

$$S = \int_a^b (f(x) - g(x))\,dx$$

1) $y = f(x)$를 x축에 대칭시킨 곡선은 $y = -f(x)$이므로 구하고자 하는 도형의 면적은 오른쪽 그림과 같이 곡선 $y = -f(x)$와 x축 및 두 직선 $x = a$, $x = b$로 둘러싸인 도형의 면적이다.

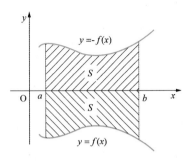

따라서

$$S = \int_a^b (-f(x))\,dx = -\int_a^b f(x)\,dx = -\int_a^b y\,dx$$

2) 구간 $[a, b]$에서 $g(x) + k \geq 0$ 되게 상수 k를 잡을 수 있다.(k를 구간 $[a, b]$에서 $g(x)$의 최댓값보다 크게 잡으면 된다.)
이 때 구하고자 하는 도형의 면적은 두 곡선 $y = f(x)$, $y = g(x)$을 y축 방향으로 k만큼 평행이동한 $y = f(x) + k$, $y = g(x) + k$ 와 두 직선 $x = a$, $x = b$로 둘러싸인 도형의 면적과 같다. 따라서

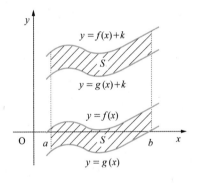

$$S = \int_a^b (f(x) + k)\,dx - \int_a^b (g(x) + k)\,dx$$
$$= \int_a^b (f(x) - g(x))\,dx$$

예제 7.3

다음 곡선과 직선으로 둘러싸인 도형의 면적을 구하여라.

1) $y = x^2 - 2x$, $y = 2 - x$

2) $x = y^2$, $x = 3 - 2y$

풀이 1) $y = x^2 - 2x$ 와 $y = 2 - x$ 의 교점의

x 좌표를 먼저 구한다.

$x^2 - 2x = 2 - x$ 에서 $x = -1, \ x = 2$

따라서 구하고자 하는 도형의 면적을

S 라면

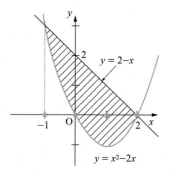

$$S = \int_{-1}^{2} [(2-x) - (x^2 - 2x)] dx$$

$$= \int_{-1}^{2} (-x^2 + x + 2) \, dx$$

$$= \left[-\frac{1}{3}x^3 + \frac{1}{2}x^2 + 2x \right]_{-1}^{2}$$

$$= \frac{9}{2}$$

2) $x = y^2$ 와 $x = 3 - 2y$ 의 교점의 y 좌표를

먼저 구한다.

$y^2 = 3 - 2y$ 에서 $y = -3, \ y = 1$

따라서 구하고자 하는 도형의 면적을

S 라면

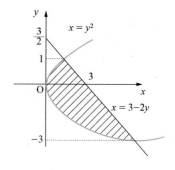

$$S = \int_{-3}^{1} [(3 - 2y) - y^2] dy$$

$$= \left[3y - y^2 - \frac{1}{3}y^3 \right]_{-3}^{1}$$

$$= \frac{32}{3}$$

1. 다음 곡선과 곡선 또는 곡선과 직선으로 둘러싸인 도형의 면적을 구하여라.

   1) $y = 4x^2$, $y = x^3$

   2) $x^2 = 2ay$, $y = 2a\,(a > 0)$

   3) $y = x^n\,(n > 0)$, x축, $x = 1$

   4) $y = \sin x\,(0 \le x \le \pi)$, x축

   5) $y = e^x$, x축, $x = 0$, $x = 1$

   6) $y = \cos^2 x\,(-\dfrac{\pi}{2} \le x \le \dfrac{\pi}{2})$, x축

   7) $y = \dfrac{1}{x}$, x축, $x = 1$, $x = e^3$

   8) $y = e^x$, $y = e^{-x}$, $y = 3$

   9) $y = \ln 2x$, y축, $y = -1$, $y = 2$

   10) $x(y^2 + 1) = y$, y축, $y = 2$

2. 곡선 $y = \ln x$ 위의 점 $(e,\ 1)$에서 접선과 x축 및 이 곡선으로 둘러싸인 도형의 면적을 구하여라.

3. 타원 $\dfrac{x^2}{a^2} + \dfrac{y^2}{b^2} = 1\,(a > 0,\ b > 0)$의 면적을 구하여라.

4. $y = \tan^2 x$, $y = \sec^2 x$, $x = -\dfrac{\pi}{4}$, $x = \dfrac{\pi}{4}$로 둘러싸인 도형의 면적을 구하여라.

7-2 평면곡선의 길이

$x = a$에서 $x = b$까지 곡선 $y = f(x)$의 길이를 정적분을 이용하여 구할 수 있다.

정리 7.1

구간 $[a,\ b]$에서 함수 $f(x)$는 미분가능이고, 그 도함수 $f'(x)$는 연속이면 곡

선 $y = f(x)\,(a \le x \le b)$의 길이 l은 다음과 같이 주어진다.

$$l = \int_a^b \sqrt{1 + (f'(x))^2}\,dx$$

증명

$P = \{x_0,\ x_1, \cdots,\ x_n\}$를 구간 $[a,\ b]$의 한 분할이라고 하고, $x = x_k\,(k = 0,\ 1, \cdots,\ n)$에 대응하는 곡선 $y = f(x)$ 위의 점을 $P_k(x_k,\ f(x_k))$라면

$$\overline{P_0 P_1} + \overline{P_1 P_2} + \cdots + \overline{P_{n-1} P_n} = \sum_{k=1}^{n} \overline{P_{k-1} P_k}$$

은 곡선의 길이의 한 근삿값이다.

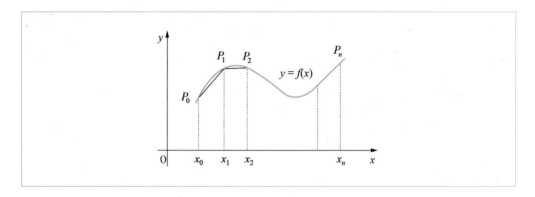

한편, 평균값의 정리에 의하여

$$\overline{P_{k-1} P_k} = \sqrt{(x_k - x_{k-1})^2 + (f(x_k) - f(x_{k-1}))^2}$$

$$= \sqrt{(x_k - x_{k-1})^2 + ((x_k - x_{k-1})f'(c_k))^2}\ \ (x_{k-1} < c_k < x_k)$$

$$= \sqrt{1 + (f'(c_k))^2}\ \Delta x_k$$

따라서 구하고자 하는 곡선의 길이 l은

$$l = \lim_{n \to \infty} \sum_{k=1}^{n} \overline{P_{k-1}P_k} = \lim_{n \to \infty} \sum_{k=1}^{n} \sqrt{1 + (f'(c_k))^2} \, \Delta x_k$$

$$= \int_a^b \sqrt{1 + (f'(x))^2} \, dx$$

Q.E.D.

같은 논리로 구간 $[c, d]$에서 함수 $g(y)$는 미분가능이고, 그 도함수 $g'(y)$는 연속이면 곡선 $x = g(y)(c \le y \le d)$의 길이 l은 다음과 같이 주어진다.

$$l = \int_c^d \sqrt{1 + (g'(y))^2} \, dy$$

예제 7.4

다음 곡선의 길이를 구하여라.

1) $y = \dfrac{2}{3}(x-1)\sqrt{x-1} \ (1 \le x \le 4)$

2) $x = \sqrt{a^2 - y^2} \ (0 \le y \le a)$

풀이 1) $y = \dfrac{2}{3}(x-1)^{\frac{3}{2}}$ 이므로 $y' = (x-1)^{\frac{1}{2}}$ 이다. 따라서 구하고자 하는 곡선의 길이 l은

$$l = \int_1^4 \sqrt{1 + x - 1} \, dx = \int_1^4 \sqrt{x} \, dx = \left[\frac{2}{3} x^{\frac{3}{2}} \right]_1^4 = \frac{14}{3}$$

2) $\dfrac{dx}{dy} = -\dfrac{y}{\sqrt{a^2 - y^2}}$ 이므로 구하고자 하는 곡선의 길이 l은

$$l = \int_0^a \sqrt{1 + \frac{y^2}{a^2 - y^2}} \, dy = \int_0^a \frac{a}{\sqrt{a^2 - y^2}} \, dy$$

$$= \lim_{\varepsilon \to +0} \int_0^{a-\varepsilon} \frac{a}{\sqrt{a^2 - y^2}}\, dy$$

$$= \lim_{\varepsilon \to +0} a \left[\sin^{-1} \frac{y}{a} \right]_0^{a-\varepsilon}$$

$$= a \lim_{\varepsilon \to +0} \sin^{-1} \frac{a-\varepsilon}{a}$$

$$= a \sin^{-1} 1$$

$$= \frac{\pi a}{2}$$

연습문제

1. 다음 곡선의 길이를 구하여라.

   1) $y = \dfrac{1}{3} \sqrt{(x^2 + 2)^3}$, $0 \le x \le 2$ 2) $x = \dfrac{1}{3} y^3 + \dfrac{1}{4y}$, $1 \le y \le 2$

   3) $y = \dfrac{x^4 + 3}{6x}$, $1 \le x \le 3$ 4) $y = \ln \dfrac{e^x + 1}{e^x - 1}$, $1 \le x \le 3$

2. 곡선 $y = \ln \cos x \, (0 \le x \le \dfrac{\pi}{4})$ 의 길이를 구하여라.

3. 곡선 $x = \displaystyle\int_0^y \sqrt{\sec^2 t - 1}\, dt \ (-\dfrac{\pi}{3} \le y \le \dfrac{\pi}{3})$ 의 길이를 구하여라.

7-3 입체의 체적

다음 그림과 같이 입체가 주어질 때 적당히 x축을 잡아본다. 이 때 $x = a$ 부터 $x = b$까지 입체의 체적 V을 구하는 방법을 알아보자.

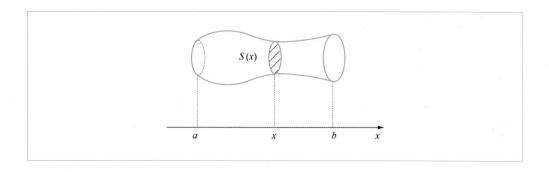

x축 위의 한 점 x에서 x축에 수직인 평면으로 자른 단면적이 x의 함수 $S(x)$ $(a \le x \le b)$라 하자. 또 $P = \{x_0,\ x_1, \cdots,\ x_n\}$를 구간 $[a,\ b]$의 한 등분이라 하고, 소구간 $[x_{k-1},\ x_k]$에 속하는 임의의 한 점 c_k를 잡으면 $S(c_k)\Delta x_k\,(k = 1,\ 2, \cdots,\ n)$는 $x = x_{k-1}$부터 $x = x_k$까지 입체의 체적 V_k의 한 근삿값이다. 즉,

$$V_k \fallingdotseq S(c_k)\Delta x_k$$

따라서

$$V = \sum_{k=1}^{n} V_k \fallingdotseq \sum_{k=1}^{n} S(c_k)\Delta x_k$$

이고, $S(x)$가 적분가능이라면 정적분의 정의에 의하여

$$V = \lim_{n \to \infty} \sum_{k=1}^{n} S(c_k)\Delta x_k = \int_a^b S(x)\,dx$$

따라서 다음 정리를 얻는다.

정리 7.2 (일반적인 입체의 체적)

닫힌구간 $[a,\ b]$안의 임의의 점 x에서 x축에 수직인 평면으로 자른 입체의 단면적이 $S(x)$이고, $S(x)$가 적분가능이면 입체의 체적 V는 다음과 같다.

$$V = \int_a^b S(x)\,dx$$

예제 7.5

밑면적이 A 이고 높이가 h 인 삼각뿔의 체적 $V = \dfrac{1}{3}Ah$ 임을 증명하여라.

증명

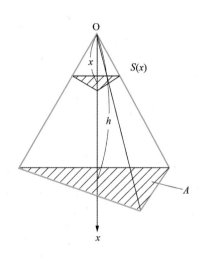

오른쪽 그림과 같이 x 축을 잡고, x 축에 수직이고 $x\,(0 \le x \le h)$ 를 지나는 평면으로 삼각뿔을 자른 단면적을 $S(x)$ 라면

$$S(x):A = x^2:h^2$$

$$\therefore\ S(x) = \frac{x^2}{h^2}A$$

따라서 구하고자 하는 삼각뿔의 체적

$$V = \int_0^h S(x)\,dx = \frac{A}{h^2}\int_0^h x^2\,dx$$

$$= \frac{A}{h^2}\left[\frac{1}{3}x^3\right]_0^h = \frac{1}{3}Ah$$

정리 7.3 (회전체의 체적)

1) 함수 $f(x)$ 가 구간 $[a,\ b]$ 에서 연속일 때 곡선 $y = f(x)$ 와 x 축 및 두 직선 $x = a$, $x = b$ 로 둘러싸인 도형을 x 축을 중심으로 회전시킨 회전체의 체적 V 는 다음과 같다.

$$V = \pi \int_a^b (f(x))^2\,dx = \pi \int_a^b y^2\,dx$$

2) 함수 $g(y)$가 구간 $[c, d]$에서 연속일 때 곡선 $x = g(y)$와 y축 및 두 직선 $y = c, y = d$로 둘러싸인 도형을 y축을 중심으로 회전시킨 회전체의 체적 V 는 다음과 같다.

$$V = \pi \int_c^d (g(y))^2\, dy = \pi \int_c^d x^2 dy$$

증명

1) x축에 수직이며 x를 지나는 평면으로 회전체를 자른 단면은 반지름이 $|f(x)|$인 원이다. 따라서 회전체의 단면적 $S(x) = \pi((f(x))^2$이므로 구하고자 하고 체적

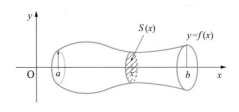

$$V = \int_a^b S(x)dx = \pi \int_a^b (f(x))^2\, dx = \pi \int_a^b y^2\, dx$$

2) y축에 수직이며 y를 지나는 평면으로 회전체를 자른 단면은 반지름이 $|g(y)|$인 원이다. 따라서 회전 체의 단면적 $S(y) = \pi(g(y))^2$이므로 구하고자 하고 체적

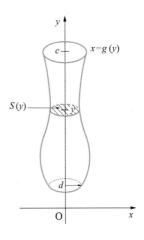

$$V = \int_c^d S(y)dy = \pi \int_c^d (g(y))^2\, dy = \pi \int_c^d x^2 dy$$

Q.E.D.

다음 회전체의 체적을 구하여라.

1) 곡선 $y = \cos x\,(0 \le x \le \frac{\pi}{2})$, x축 및 y축으로 둘러싸인 도형을 x축을 중심으로 회전시킨 회전체

2) $x = \sqrt{y}$ 와 y축 및 직선 $y = 4$로 둘러싸인 도형을 y축을 중심으로 회전시킨 회전체

풀이 1) 구하고자 하는 체적을 V라면

$$V = \pi \int_0^{\frac{\pi}{2}} y^2\,dx = \pi \int_0^{\frac{\pi}{2}} \cos^2 x\,dx$$

$$= \frac{\pi}{2} \int_0^{\frac{\pi}{2}} (1 + \cos 2x)\,dx$$

$$= \frac{\pi}{2}\left[x + \frac{1}{2}\sin 2x \right]_0^{\frac{\pi}{2}}$$

$$= \frac{\pi^2}{4}$$

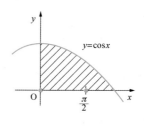

2) 구하고자 하는 체적을 V라면

$$V = \pi \int_0^4 x^2\,dy = \pi \int_0^4 (\sqrt{y})^2\,dy$$

$$= \pi \int_0^4 y\,dy$$

$$= \pi \left[\frac{1}{2} y^2 \right]_0^4$$

$$= 8\pi$$

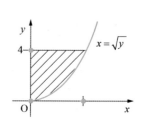

1. 다음 곡선과 직선으로 둘러싸인 도형을 x 축을 중심으로 회전시킨 회전체의 체적을 구하여라.

   1) $y = \sqrt{x},\ x$축, $x = 1,\ x = 2$

   2) $y = x^2 + 1,\ y = -x + 3$

   3) $y = \dfrac{1}{x},\ x$축, $x = 1,\ x = 3$

   4) $y = \ln x,\ x$축, $x = e^2$

   5) $y = e^x - 1,\ x$축, $x = \ln 2$

   6) $y = \sin x,\ y = \cos x\,(0 \le x \le \dfrac{\pi}{4}),\ y$축

2. 다음 곡선과 직선으로 둘러싸인 도형을 y 축을 중심으로 회전시킨 회전체의 체적을 구하여라.

   1) $x = y^2 + 1,\ x$축, y축, $y = 1$

   2) $y = x^3,\ y$축, $y = 8$

   3) $y = x^2,\ y = x$

   4) $x = y^2,\ x = y + 2$

   5) $x = \sqrt{\dfrac{\ln y}{y}},\ y$축, $y = e$

   6) $y = \sqrt{x^2 + 1},\ x$축, y축, $x = \sqrt{3}$

Fundamental of Elementary Mathematics

편도함수

제8장

제8장 편도함수

8-1 이변수함수

자연계에 나타나는 많은 양들은 두 개 이상의 변수에 의존하는 경우가 있다. 예를 들어, 보일-샤를의 법칙에 의하면 이상적인 기체의 부피 V는 기체의 온도 T에 비례하고 기체의 압력 P에 반비례한다. 이를 수식으로 나타내면

$$V = k\frac{T}{P} \ (k \text{ 는 비례상수})$$

이며, 이것은 V가 두 개의 변수 T, P의 함수임을 나타낸다.

이와 같이 독립변수가 2개인 함수를 이변수함수라 한다.

〈이변수함수의 정의〉

평면 $R^2 = \{(x, y) | x, y \text{ 는 실수}\}$의 한 부분집합 D의 각 원소 (x, y)에 실수 $z = f(x, y)$가 오직 하나씩 대응하는 규칙 $f : D \to R$을 **이변수함수**라고 한다.

이 때 D를 정의역, 집합 $\{f(x, y) | (x, y) \in D\}$를 f의 치역이라고 한다.

이변수함수 $f : D \to R$의 그래프는 3차원 공간 R^3의 부분집합

$$G(f) = \{(x, \ y, \ f(x, y)) | (x, y) \in D\}$$

로 정의한다. 따라서 이변함수의 그래프는 공간에서 한 곡면을 나타낸다.

만약 이변수함수의 정의역이 먼저 주어져있지 않을 경우 함수가 정의될 수 있는 평면 R^2 부분집합 중 제일 큰 집합으로 약속한다. 이를 **최대정의역의 법칙**이라고 한다.

일반적으로 독립변수가 n 개인 함수 $z = f(x_1, x_2, \cdots x_n)$ 를 $\boldsymbol{n}$ **변수함수**라 하고, 이변수함수 이상을 통틀어 **다변수함수**라고 한다.

예제 8.1

다음 이변수함수의 정의역과 치역을 구하여라.

1) $f(x, y) = x^2 + y^2$

2) $f(x, y) = \sqrt{1 - x^2 - y^2}$

풀이 1) 모든 실수의 순서쌍 (x, y) 에 대하여 함수가 정의될 수 있고, $x^2 + y^2 \geq 0$ 이다.

정의역 : $D = R^2$

치 역 : $\{z | z \geq 0$ 인 실수$\}$

2) 이변수함수가 되기 위해서는 제곱근호 안이 음 아닌 실수이어야 한다.

정의역 : $D = \{(x, y) | x^2 + y^2 \leq 1\}$

치 역 : $\{z | 0 \leq z \leq 1, z$ 는 실수$\}$

이변수함수 $f(x, y)$ 의 치역에 속하는 임의의 원소 C 에 대하여 집합 $\{(x, y) \in D\} | f(x, y) = C\}$ 은 평면 위의 곡선이 되는데 이를 함수 f 의 **등위곡선**이라 부른다. 이변수 함수의 그래프를 기하학적으로 표시하기 위하여 등위곡선을 이용하면 편리하다.

[예제 8.2]

$f(x, y) = x^2 + y^2$ 의 그래프를 그려라.

[풀이] f의 등위곡선은 $x^2 + y^2 = C(C \geq 0)$이며 이는 원점을 중심으로 하고 반지름이 $\sqrt{C}$ 인 원이다. 이를 이용하여 f의 그래프를 그리면 다음과 같다.

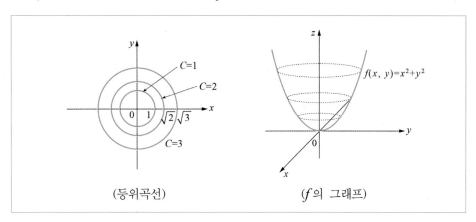

(등위곡선)　　　　　　　　(f의 그래프)

이변수함수 $f(x, y)$가 평면상의 한 점 (a, b) 근방에서 정의되어 있다고 하자. ((a, b)에서는 정의 되어 있어도, 되어 있지 않아도 좋다.)

(x, y)가 (a, b)에 한없이 접근할 때 함수 $f(x, y)$가 일정한 값 l에 접근한다면 (x, y)가 (a, b)에 접근할 때 $f(x, y)$의 **극한값**은 l이라 하고,

$$\lim_{(x,y) \to (a,b)} f(x, y) = l$$

으로 나타낸다.

[예제 8.3]

다음 극한값을 구하여라.

1) $\displaystyle\lim_{(x,y) \to (1,2)} (x^2 + y^2)$

2) $\displaystyle\lim_{(x,y) \to (2,0)} \frac{x^2 - y^2}{x^2 + y^2}$

풀이 1) $\displaystyle\lim_{(x,y)\to(1,2)}(x^2+y^2)=1^2+2^2=5$

2) $\displaystyle\lim_{(x,y)\to(2,0)}\frac{x^2-y^2}{x^2+y^2}=\frac{2^2-0^2}{2^2+0^2}=\frac{4}{4}=1$

일변수함수의 극한값 $\displaystyle\lim_{x\to a}f(x)$ 의 경우 x 가 a 로 접근하는 방향이 두 가지밖에 없으며 이 두 방향의 극한값, 즉, 우극한값과 좌극한값이 각각 존재하고 같으면 $\displaystyle\lim_{x\to a}f(x)$ 이 존재한다. 한편, 이변수함수의 경우에는 (x,y) 가 (a,b) 에 접근하는 방향이 무수히 많으면 이 무수히 많은 방향에서의 극한값이 존재하고 일치할 때 $\displaystyle\lim_{(x,y)\to(a,b)}f(x,y)$ 이 존재한다.

예제 8.4

다음 극한값이 존재하면 그 값을 구하고, 존재하지 않으면 그 이유를 설명하여라.

1) $\displaystyle\lim_{(x,y)\to(0,0)}\frac{x}{x+y}$
2) $\displaystyle\lim_{(x,y)\to(0,0)}\frac{x^2-y^2}{x^2+y^2}$

풀이 1) (x,y) 가 직선 $y=mx$ 을 따라 $(0,0)$ 에 접근하면 즉, $(x,mx)\to(0,0)$ 이면

$$\lim_{(x,mx)\to(0,0)}\frac{x}{x+y}=\lim_{x\to 0}\frac{x}{x+mx}=\frac{1}{1+m}$$

위의 극한값은 m 에 따라 다른 값이 나오므로 극한값이 존재하지 않는다.

2) (x,y) 가 직선 $y=mx$ 을 따라 $(0,0)$ 에 접근하면 즉, $(x,mx)\to(0,0)$ 이면

$$\lim_{(x,mx)\to(0,0)}\frac{x^2-y^2}{x^2+y^2}=\lim_{x\to 0}\frac{x^2-(mx)^2}{x^2+(mx)^2}=\frac{1-m^2}{1+m^2}$$

위의 극한값은 m 에 따라 다른 값이 나오므로 극한값이 존재하지 않는다.

이변수함수의 연속성도 일변수함수의 연속성과 같은 방법으로 정의된다.

$z = f(x,y)$가 평면상의 한 점 (a,b)에서 **연속**이란 다음 세 조건을 만족할 때를 말한다.

① $f(x,y)$가 점 (a,b)에서 정의되고, 즉 $f(a,b)$가 존재하고

② $\lim\limits_{(x,y) \to (a,b)} f(x,y)$가 존재하고

③ $\lim\limits_{(x,y) \to (a,b)} f(x,y) = f(a,b)$

$z = f(x,y)$가 평면 R^2의 부분집합 S의 모든 점에서 연속이면 f는 집합 S에서 연속이라고 한다. 또 정의역 전체에서 연속인 함수를 간단히 **연속함수**라고 한다.

[예제 8.5]

다음 함수의 연속성을 조사하여라.

$$f(x,y) = \begin{cases} \dfrac{xy}{x^2 + y^2}, & (x,y) \neq (0,0) \\ 0, & (x,y) = (0,0) \end{cases}$$

풀이 함수 f는 $(x,y) \neq (0,0)$인 모든 점에서는 연속이다.

한편, (x,y)가 직선 $y = mx$를 따라 $(0,0)$에 접근하면 즉, $(x,mx) \to (0,0)$이면

$$\lim_{(x,mx) \to (0,0)} \frac{xy}{x^2 + y^2} = \lim_{x \to 0} \frac{x(mx)}{x^2 + (mx)^2} = \frac{m}{1 + m^2}$$

위의 극한값은 m에 따라 다른 값이 나오므로 $\lim\limits_{(x,y) \to (0,0)} f(x,y)$은 존재하지 않는다.

따라서 f는 $(0,0)$에서 연속이 아니다.

1. 다음 함수의 정의역과 치역을 구하여라.

   1) $f(x,y) = \ln \dfrac{1}{x-2y}$ 2) $f(x,y) = \dfrac{1}{\sqrt{x^2 - y}}$

2. 다음 함수의 그래프를 그려라.

   1) $f(x,y) = \sqrt{1 - x^2 - y^2}$ 2) $f(x,y) = x + y + 1$

3. 다음 극한값을 구하여라.

   1) $\displaystyle \lim_{(x,y) \to (1,0)} \dfrac{x}{x-y}$ 2) $\displaystyle \lim_{(x,y) \to (1,-1)} e^{\frac{y}{x^2 + y^2}}$

   3) $\displaystyle \lim_{(x,y) \to (0,0)} \dfrac{x^2 y}{x^2 + y^2}$ 4) $\displaystyle \lim_{(x,y) \to (0,0)} \tan^{-1} \dfrac{x}{y}$

4. 다음 함수의 연속성을 조사하여라.

   1) $f(x,y) = \begin{cases} \dfrac{xy}{\sqrt{x^2 + y^2}}, & (x,y) \neq (0,0) \\ 0, & (x,y) = (0,0) \end{cases}$

   2) $f(x,y) = \begin{cases} x \sin \dfrac{y}{x}, & (x,y) \neq (0,0) \\ 0, & (x,y) = (0,0) \end{cases}$

   3) $f(x,y) = \ln(x^2 + y^2 + 1)$

편도함수

이변수함수 $z = f(x, y)$ 에서 변수 y 를 일정한 값 b 로 고정하면, $z = f(x, b)$ 는 x 만의 일변수함수가 되어 변수 x 에 대한 도함수를 생각할 수 있다. 이 때 함수 $z = f(x, b)$ 의 $x = a$ 에서 미분계수

$$\lim_{h \to 0} \frac{f(a+h, b) - f(a, b)}{h}$$

이 존재한다면 $z = f(x, y)$ 는 (a, b) 에서 x 에 관하여 **편미분가능**한다고 하고, 그 값을 (a, b) 에서 $z = f(x, y)$ 의 x 에 관한 **편미분계수**라 부르며 $f_x(a, b)$ 로 나타 낸다. 즉,

$$f_x(a, b) = \lim_{h \to 0} \frac{f(a+h, b) - f(a, b)}{h}$$

같은 방법으로 (a, b) 에서 $z = f(x, y)$ 의 y 에 관한 편미분계수 $f_y(a, b)$ 를 생각 할 수 있다.

$$f_y(a, b) = \lim_{k \to 0} \frac{f(a, b+k) - f(a, b)}{k}$$

예제 8.6

함수 $f(x, y) = x^2 + xy + y^2$ 에 대하여 $f_x(1, 2)$, $f_y(1, 2)$ 를 구하여라.

풀이 $f_x(1, 2) = \lim_{h \to 0} \dfrac{f(1+h, 2) - f(1, 2)}{h}$

$\qquad = \lim_{h \to 0} \dfrac{\left\{ (1+h)^2 + (1+h)2 + 2^2 \right\} - \left\{ 1^2 + 1 \cdot 2 + 2^2 \right\}}{h}$

$\qquad = \lim_{h \to 0} (4 + h)$

$\qquad = 4$

$$f_y(1,2) = \lim_{k \to 0} \frac{f(1, 2+k) - f(1,2)}{k}$$

$$= \lim_{h \to 0} \frac{\left\{1^2 + 1(2+k) + (2+k)^2\right\} - \left\{1^2 + 1 \cdot 2 + 2^2\right\}}{k}$$

$$= \lim_{h \to 0} (5 + k)$$

$$= 5$$

함수 $z = f(x, y)$의 정의역에 속하는 원소 중에서 x에 관하여 편미분가능한 모든 원소의 집합을 D_x, y에 관하여 편미분가능한 모든 원소의 집합을 D_y라 할 때 다음 함수 f_x, f_y를 각각 $z = f(x, y)$의 x에 관한 **편도함수**, y에 관한 **편도함수**라 한다.

$$f_x : D_x \to R, \ f_x(x, y) = \lim_{h \to 0} \frac{f(x+h, y) - f(x, y)}{h}$$

$$f_y : D_y \to R, \ f_y(x, y) = \lim_{k \to 0} \frac{f(x, y+k) - f(x, y)}{k}$$

함수 $z = f(x, y)$로부터 편도함수 $f_x(x, y)$, $f_y(x, y)$를 구하는 것을 각각 x, y로 편미분한다고 하고, 그 계산법을 **편미분법**이라고 한다.

함수 $z = f(x, y)$의 x 및 y에 관한 편도함수를 나타내기 위하여 다음과 같은 기호가 사용된다.

$$f_x = f_x(x, y) = z_x = \frac{\partial f}{\partial x} = \frac{\partial}{\partial x} f(x, y) = \frac{\partial z}{\partial x}$$

$$f_y = f_y(x, y) = z_y = \frac{\partial f}{\partial y} = \frac{\partial}{\partial y} f(x, y) = \frac{\partial z}{\partial y}$$

이변수함수의 편도함수는 실질적으로 두 개의 변수 x와 y 중에서 어느 한 변수가 고정되었을 때 다른 변수에 대한 일변수함수의 도함수와 같으므로 실제 편도함수를 구할 때는 일변수함수의 미분법을 사용한다.

예제 8.7

다음 함수의 편도함수를 구하여라.

1) $z = x^3 y^2$ 2) $z = \sin(x + y^2)$

풀이 1) y 를 상수로 보고 z 를 x 에 관하여 미분하면

$$z_x = 3x^2 y^2$$

x 를 상수로 보고 z 를 y 에 관하여 미분하면

$$z_y = 2x^3 y$$

2) y 를 상수로 보고 z 를 x 에 관하여 미분하면

$$z_x = \cos(x + y^2)$$

x 를 상수로 보고 z 를 y 에 관하여 미분하면

$$z_y = 2y \cos(x + y^2)$$

일변수함수 $f(x)$ 가 $x = a$ 에서 미분가능이면 $x = a$ 에서 연속이다. 그럼 이변수 함수인 경우는 어떻게 될까? 다음 예를 보자.

예제 8.8

$f(x, y) = \begin{cases} 1, & xy \neq 0 \\ 0, & xy = 0 \end{cases}$ 에 대하여 다음 물음에 답하여라.

1) $f_x(0, 0)$, $f_y(0, 0)$ 을 구하여라.

2) $f(x, y)$ 는 $(0, 0)$ 에서 연속인가?

풀이 1) $f_x(0, 0) = \lim_{h \to 0} \dfrac{f(0 + h, 0) - f(0, 0)}{h} = \lim_{h \to 0} \dfrac{0 - 0}{h} = \lim_{h \to 0} 0 = 0$

$$f_y(0,0) = \lim_{h \to 0} \frac{f(0,0+k) - f(0,0)}{k} = \lim_{k \to 0} \frac{0-0}{k} = \lim_{k \to 0} 0 = 0$$

2) (x,y)가 직선 $y = x$을 따라 $(0,0)$에 접근하면, 즉 $(x,x) \to (0,0)$이면

$$\lim_{(x,x) \to (0,0)} f(x,y) = \lim_{x \to 0} 1 = 1$$

한편, (x,y)가 x축을 따라 $(0,0)$에 접근하면 즉, $(x,0) \to (0,0)$이면

$$\lim_{(x,0) \to (0,0)} f(x,y) = \lim_{x \to 0} 0 = 0$$

따라서 $\lim\limits_{(x,y) \to (0,0)} f(x,y)$가 존재하지 않으므로 $f(x,y)$는 $(0,0)$에서 연속이 아니다.

위 예제에서 편미분계수가 존재한다는 것이 연속을 의미하지 않음을 알 수 있다. 그러나 다음은 알려져 있다.

정리 8.1

$z = f(x,y)$의 편도함수 f_x, f_y가 점 (a,b) 근방에서 존재하고 연속이면 $z = f(x,y)$는 (a,b)에서 연속이다.

함수 $z = f(x,y)$의 편도함수 f_x, f_y는 또 다시 이변수함수이고, 이 함수의 편도함수가 존재하면 이를 $z = f(x,y)$의 **이계편도함수**라 하고 다음과 같이 나타낸다.

$$z_{xx} = \frac{\partial}{\partial x}(z_x) = \frac{\partial^2 z}{\partial x^2} = \frac{\partial^2 f}{\partial x^2} = f_{xx}$$

$$z_{xy} = \frac{\partial}{\partial y}(z_x) = \frac{\partial^2 z}{\partial y \partial x} = \frac{\partial^2 f}{\partial y \partial x} = f_{xy}$$

$$z_{yx} = \frac{\partial}{\partial x}(z_y) = \frac{\partial^2 z}{\partial x \partial y} = \frac{\partial^2 f}{\partial x \partial y} = f_{yx}$$

$$z_{yy} = \frac{\partial}{\partial y}(z_y) = \frac{\partial^2 z}{\partial y^2} = \frac{\partial^2 f}{\partial y^2} = f_{yy}$$

위의 네 개의 이계편도함수 중에서 f_{xy}, f_{yx}를 **혼합편도함수**라고 한다.

삼계이상의 편도함수도 같은 방법으로 정의된다. 예를 들어

$$\frac{\partial}{\partial x}\left(\frac{\partial^2 z}{\partial y \partial x}\right) = \frac{\partial^3 z}{\partial x \partial y \partial x} = z_{xyx} = f_{xyx}$$

이다.

예제 8.9

다음 함수의 이계편도함수를 구하여라.

  1) $f(x, y) = x^2 y + 2xy^3$ 2) $f(x, y) = e^{2x+3y}$

풀이   1) $f_x = 2xy + 2y^3$, $f_y = x^2 + 6xy^2$ 이므로

             $f_{xx} = 2y$, $f_{xy} = 2x + 6y^2$, $f_{yx} = 2x + 6y^2$, $f_{yy} = 12xy$

    2) $f_x = 2e^{2x+3y}$, $f_y = 3e^{2x+3y}$ 이므로

             $f_{xx} = 4e^{2x+3y}$, $f_{xy} = 6e^{2x+3y}$, $f_{yx} = 6e^{2x+3y}$, $f_{yy} = 9e^{2x+3y}$

위의 예제에서 $f_{xy} = f_{yx}$가 성립하였다. 다음 예를 보자.

$$f(x,y) = \begin{cases} \dfrac{x^2-y^2}{x^2+y^2}xy, & (x,y) \neq (0,0) \\ 0 & , (x,y) = (0,0) \end{cases}$$ 에 대하여 $f_{xy}(0,0), f_{yx}(0,0)$ 를 계산하고 그

값들이 같은지를 알아보아라.

풀이 $(x,y) \neq (0,0)$ 일 때 $f_x = \dfrac{x^4y + 4x^2y^3 - y^5}{(x^2+y^2)^2}$, $f_y = \dfrac{x^5 - 4x^3y^2 - xy^4}{(x^2+y^2)^2}$

한편 $(x,y) = (0,0)$ 일 때

$$f_x(0,0) = \lim_{h \to 0} \frac{f(0+h,0) - f(0,0)}{h} = \lim_{h \to 0}\frac{0-0}{h} = \lim_{h \to 0} = 0$$

$$f_y(0,0) = \lim_{h \to 0} \frac{f(0,0+k) - f(0,0)}{k} = \lim_{k \to 0}\frac{0-0}{k} = \lim_{k \to 0} = 0$$

따라서

$$f_{xy}(0,0) = \lim_{k \to 0} \frac{f_x(0,0+k) - f_x(0,0)}{k} = \lim_{k \to 0}\frac{-k-0}{k} = \lim_{k \to 0}(-1) = -1$$

$$f_{yx}(0,0) = \lim_{h \to 0} \frac{f_y(0+h,0) - f_y(0,0)}{h} = \lim_{h \to 0}\frac{h-0}{h} = \lim_{h \to 0}1 = 1$$

$$\therefore f_{xy}(0,0) \neq f_{yx}(0,0)$$

위 예제에서와 같이 혼합편도함수 f_{xy} 와 f_{yx} 는 다를 수 있는 경우가 있다. 그러나 함수 $z = f(x,y)$ 가 연속인 이계편도함수를 가지는 경우에는 혼합편도함수가 일치함이 알려져 있다.

정리 8.2

함수 $z = f(x,y)$ 에 대하여 f_{xy}, f_{yx} 가 존재하고 연속이면 $f_{xy} = f_{yx}$ 이다.

1. $f(x,y) = x^2 - xy$ 일 때 $f_x(1,1)$, $f_y(1,1)$ 를 구하여라.

2. $f(x,y) = \ln(x^2 y - xy^2)$ 일 때, $f_x(3,2)$, $f_y(3,2)$ 를 구하여라.

3. 다음 함수의 편도함수를 구하여라.

1) $z = \dfrac{x-y}{x+y}$

2) $z = x^2 y e^{2x}$

3) $z = x^2 \cos(x+y)$

4) $z = \dfrac{x^2 y^2}{x+y}$

5) $z = \sin^{-1} \dfrac{y}{x}$

6) $z = \ln(x^2 + y^2)$

4. 다음 함수의 이계편도함수를 구하여라.

1) $z = x^4 y^2 + x^3 + y^2 + 1$

2) $z = \dfrac{x+y}{x-2y}$

3) $z = xy + y \ln xy$

4) $z = \tan^{-1} \dfrac{y}{x}$

8-3 편미분계수의 기하학적인 의미

이변수함수 $z = f(x,y)$ 의 그래프는 공간상의 한 곡면을 나타낸다.

오른쪽 그림을 $z = f(x,y)$ 의 그래프라 하고, 그래프와 평면 $y = b$ 와의 교선은 곡선 DCE 라 하면 곡선 DCE 의 방정식은 $z = f(x,b)$ 이다.

이 함수 $z = f(x,b)$의 $x = a$에서 미분계수는 $x = a$에서 곡선 DCE의 접선의 기울기이다.

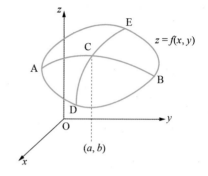

즉, 점 (a,b)에서 $z = f(x,y)$의 x에 관한 편미분계수 $f_x(a,b)$는 점 (a,b)에서 곡선 DCE의 접선의 기울기이다.

같은 이유로 점 (a,b)를 지나는 평면 $x = a$와 $z = f(x,y)$의 그래프가 만나는 곡선을 ACB라면 $f_y(a,b)$는 점 (a,b)에서 곡선 ACB의 접선의 기울기이다.

예제 8.11

곡면 $z = x^2 + y^2$과 평면 $y = 2$이 만나는 곡선 위의 점 $(1,2,5)$에서 이 곡선에 대한 접선의 기울기를 구하여라.

풀이 $z_x = 2x$이므로 구하고자 하는 접선의 기울기는 $z_x(1,2) = 2 \cdot 1 = 2$이다.

연습문제

1. 곡면 $z = xy^2 + x^3$과 평면 $x = 1$과 만나는 곡선 위의 점 $(1,2,5)$에서 이 곡선에 대한 접선의 기울기를 구하여라.

2. 곡면 $z = e^{-(x^2+y^2)}$과 평면 $y = 0$과 만나는 곡선 위의 점 $\left(1, 0, \dfrac{1}{e}\right)$에서 이 곡선에 대한 접선의 기울기를 구하여라.

3. 곡면 $z = \sqrt{x^2 + y^2}$과 평면 $x = 8$과 만나는 곡선 위의 점 $(8, -6, 10)$에서 이 곡선에 대한 접선의 기울기를 구하여라.

4. 곡면 $z = \sin x \cos y$ 과 평면 $y = \pi$ 과 만나는 곡선 위의 점 $\left(\dfrac{\pi}{2}, \pi, -1 \right)$ 에서 이 곡선에 대한 접선의 기울기를 구하여라.

8-4 전미분

점 (x, y) 가 (a, b) 에서 $(a + h, b + k)$ 로 변할 때 이변수함수 $z = f(x, y)$ 의 변화량

$$\Delta z = f(a + h, b + k) - f(a, b)$$

을 z 의 증분이라고 한다.

정리 8.3

영역 $R = \left\{ (x, y) \mid \sqrt{(x - a)^2 + (y - b)^2} < r \right\}$ 상의 모든 점에서 $z = f(x, y)$, f_x 및 f_y 가 정의되고 f_x, f_y 는 연속이라 하면, $(a + h, b + k) \in R$ 인 모든 점에 대하여

$$\Delta z = f_x(a, b)h + f_y(a, b)k + \varepsilon_1 h + \varepsilon_2 k$$

이다. 단, $\lim\limits_{(h,k) \to (0,0)} \varepsilon_1 = 0$, $\lim\limits_{(h,k) \to (0,0)} \varepsilon_2 = 0$

증명

$$\Delta z = f(a + h, b + k) - f(a, b)$$
$$= \{ f(a + h, b + k) - f(a, b + k) \} + \{ f(a, b + k) - f(a, b) \}$$

위 식에 평균값의 정리를 적용하면

$$\Delta z = f_x(a + \theta_1 h, b + k)h + f_y(a, b + \theta_2 k)k \text{ (단, } 0 < \theta_1 < 1, 0 < \theta_2 < 1)$$

$$= \{f_x(a,b) + f_x(a + \theta_1 h, b + k) - f_x(a,b)\}h$$

$$+ \{f_y(a,b) + f_y(a, b + \theta_2 k) - f_y(a,b)\}k$$

$$= f_x(a,b)h + f_y(a,b)k + \varepsilon_1 h + \varepsilon_2 k$$

단, $\varepsilon_1 = f_x(a + \theta_1 h, b + k) - f_x(a,b)$, $\varepsilon_2 = f_y(a, b + \theta_2 k) - f_y(a,b)$ 이고,

f_x, f_y 가 연속이므로

$$\lim_{(h,k) \to (0,0)} \varepsilon_1 = 0, \quad \lim_{(h,k) \to (0,0)} \varepsilon_2 = 0$$

Q.E.D.

예제 8.12

$z = f(x,y) = x^2 - 3xy$ 에 대하여 Δz 를 구하되 위의 정리 8.3의 형식으로 나타내어라.

풀이 $\Delta z = f(x+h, y+k) - f(x,y)$

$$= \{(x+h)^2 - 3(x+h)(y+k)\} - \{x^2 - 3xy\}$$

$$= 2xh + h^2 - 3yh - 3xk - 3hk$$

$$= \underbrace{(2x - 3y)}_{f_x}h + \underbrace{(-3x)}_{f_y}k + \underbrace{(h)}_{\varepsilon_1}h + \underbrace{(-3h)}_{\varepsilon_2}k$$

여기서 $\displaystyle\lim_{(h,k) \to (0,0)} \varepsilon_1 = \lim_{(h,k) \to (0,0)} h = 0$, $\displaystyle\lim_{(h,k) \to (0,0)} \varepsilon_2 = \lim_{(h,k) \to (0,0)} (-3h) = 0$

$z = f(x,y)$ 에서 변수 x 가 $h = dx$ 만큼, 변수 y 가 $k = dy$ 만큼 변할 때

$$f_x(x,y)dx + f_y(x,y)dy$$

을 $z = f(x,y)$ 의 전미분이라 하고 dz 로 나타낸다. 즉,

$$dz = f_x(x,y)dx + f_y(x,y)dy$$

일반적으로 $\Delta z \neq dz$ 이지만 dx, dy 가 작을 때 $\Delta z \fallingdotseq dz$ 이다.

한편, n 변수 함수 $z = f(x_1, x_2, \cdots, x_n)$ 의 전미분

$$dz = \frac{\partial z}{\partial x_1}dx_1 + \frac{\partial z}{\partial x_2}dx_2 + \cdots + \frac{\partial z}{\partial x_n}dx_n$$

이다.

[예제 8.13]

다음 함수의 전미분을 구하여라.

1) $z = xy$ 　　　　　　　　　　　2) $z = \dfrac{y}{x}$

[풀이] 1) $\dfrac{\partial z}{\partial x} = y, \ \dfrac{\partial z}{\partial y} = x$ 이므로

$$dz = ydx + xdy$$

2) $\dfrac{\partial z}{\partial x} = -\dfrac{y}{x^2}, \ \dfrac{\partial z}{\partial y} = \dfrac{1}{x}$ 이므로

$$dz = -\frac{y}{x^2}dx + \frac{1}{x}dy = \frac{-ydx + xdy}{x^2}$$

[예제 8.14]

밑면의 반지름이 10cm, 높이가 50cm인 원뿔이 있다. 반지름과 높이가 0.1mm 커지면 부피는 약 몇 % 증가하는가?

[풀이] 밑면의 반지름이 x, 높이가 y 인 원뿔의 부피 $V = \dfrac{\pi}{3}x^2 y$ 이므로

$$dV = \frac{\partial V}{\partial x}dx + \frac{\partial V}{\partial y}dy$$

$$= \frac{2\pi}{3}xy\,dx + \frac{\pi}{3}x^2dy$$

$$= \frac{\pi}{3}x^2y\left(\frac{2dx}{x} + \frac{dy}{y}\right)$$

$$= V\left(\frac{2dx}{x} + \frac{dy}{y}\right)$$

여기서 $dx = dy = 0.1\text{mm},\ x = 10\text{cm} = 100\text{mm},\ y = 50\text{cm} = 500\text{mm}$ 를 위 식에 대입하면

$$dV = V\left(\frac{2 \cdot 0.1}{100} + \frac{0.1}{500}\right) = \frac{11}{5000}V = 0.0022V$$

따라서 부피의 변화량은 $\Delta V \fallingdotseq dV = 0.0022V$ 이므로 약 0.22% 증가한다.

1. 점 (x, y) 가 $(5, 4)$ 에서 $(5 - 0.2,\ 4 + 0.1)$ 로 변할 때 함수 $z = x^3 - xy + y^2$ 에 대하여 Δz 와 dz 를 구하여라.

2. 다음 함수의 전미분을 구하여라.

   1) $z = x^2y^3 + 2x$ 2) $z = e^x \cos y$

   3) $z = \sqrt{\dfrac{y}{x}}$ 4) $z = \sqrt{x + y}$

3. 전미분을 이용하여 $\sqrt[5]{(3.8)^2 + 2(2.1)^3}$ 의 근삿값을 구하여라.

합성함수의 편도함수

이변수함수 $z = f(x, y)$가 점 (a, b)에서

$$\Delta z = f_x(a,b)h + f_y(a,b)k + \varepsilon_1 h + \varepsilon_2 k$$

$$(\text{단}, \lim_{(h,k) \to (0,0)} \varepsilon_1 = 0, \lim_{(h,k) \to (0,)} \varepsilon_2 = 0)$$

로 나타낼 수 있을 때 $z = f(x, y)$는 점 (a, b)에서 미분가능이라고 한다. 또 어떤 영역 R의 모든 점에서 미분가능이면 영역 R에서 미분가능이라고 한다.

정리 8.4 **(연쇄법칙)**

$z = f(x, y)$는 미분가능이라 하자.

1) $x = x(t)$, $y = y(t)$가 미분가능이라면 $\dfrac{dz}{dt} = \dfrac{\partial f}{\partial x} \cdot \dfrac{dx}{dt} + \dfrac{\partial f}{\partial y} \cdot \dfrac{dy}{dt}$

2) $x = x(s, t)$, $y = y(s, t)$가 편미분가능하면

$$\frac{\partial z}{\partial s} = \frac{\partial f}{\partial x}\frac{\partial x}{\partial s} + \frac{\partial f}{\partial y}\frac{\partial y}{\partial s}$$

$$\frac{\partial z}{\partial t} = \frac{\partial f}{\partial x}\frac{\partial x}{\partial t} + \frac{\partial f}{\partial y}\frac{\partial y}{\partial t}$$

증명

1) t가 t에서 $t + \Delta t$까지 변할 때 x, y, z의 변화량을 Δx, Δy, Δz라 두자. 즉,

$$\Delta x = x(t + \Delta t) - x(t), \ \Delta y = y(t + \Delta t) - y(t)$$
$$\Delta z = f(x(t + \Delta t), \ y(t + \Delta t)) - f(x(t), \ y(t))$$

한편, $z = f(x, y)$의 미분가능성 때문에

$$\Delta z = \frac{\partial f}{\partial x} \Delta x + \frac{\partial f}{\partial x} \Delta y + \varepsilon_1 \Delta x + \varepsilon_2 \Delta y$$

$$(\text{단}, \lim_{(\Delta x, \Delta y) \to (0,0)} \varepsilon_1 = 0, \lim_{(\Delta x, \Delta y) \to (0,0)} \varepsilon_2 = 0)$$

위 식을 Δt 로 나누고 $\Delta t \to 0$ 인 극한을 취하면

$$\frac{dz}{dt} = \lim_{\Delta t \to 0} \frac{\Delta z}{\Delta t}$$

$$= \frac{\partial f}{\partial x} \cdot \lim_{\Delta t \to 0} \frac{\Delta x}{\Delta t} + \frac{\partial f}{\partial y} \cdot \lim_{\Delta t \to 0} \frac{\Delta y}{\Delta t} + \lim_{\Delta t \to 0} \varepsilon_1$$

$$\cdot \lim_{\Delta t \to 0} \frac{\Delta x}{\Delta t} + \lim_{\Delta t \to 0} \varepsilon_2 \cdot \lim_{\Delta t \to 0} \frac{\Delta y}{\Delta t}$$

여기서 $x = x(t),\, y = y(t)$ 가 미분가능이므로 연속이기도 하다. 따라서

$$\lim_{\Delta t \to 0} \Delta x = \lim_{\Delta t \to 0} \left[x(t + \Delta t) - x(t) \right] = 0$$

$$\lim_{\Delta t \to 0} \Delta y = \lim_{\Delta t \to 0} \left[y(t + \Delta t) - y(t) \right] = 0$$

이고, 이는 $\Delta t \to 0$ 일 때, $(\Delta x, \Delta y) \to (0,0)$ 임을 의미하므로

$$\lim_{\Delta t \to 0} \varepsilon_1 = 0, \ \lim_{\Delta t \to 0} \varepsilon_2 = 0$$

이다. 또, 도함수의 정의로부터

$$\lim_{\Delta t \to 0} \frac{\Delta x}{\Delta t} = \frac{dx}{dt}, \ \lim_{\Delta t \to 0} \frac{\Delta y}{\Delta t} = \frac{dy}{dt}$$

이다.

$$\therefore \ \frac{dz}{dt} = \frac{\partial f}{\partial x} \frac{dx}{dt} + \frac{\partial f}{\partial y} \frac{dy}{dt}$$

2) t를 상수취급하면 $x = x(s,t)$, $y = y(s,t)$는 s만의 함수이므로 1)의 결과를 이용하면

$$\frac{\partial z}{\partial s} = \frac{\partial f}{\partial x}\frac{\partial x}{\partial s} + \frac{\partial f}{\partial y}\frac{\partial y}{\partial s}$$

나머지도 같은 방법으로 해결된다.

Q.E.D.

예제 8.15

다음 함수에서 $\dfrac{dz}{dt}$ 를 구하여라.

1) $z = x^3 y^2$, $x = e^{2t}$, $y = \sin(2t+1)$

2) $z = x^3 e^y$, $x = t^2 + 1$, $y = \cos t$

풀이   1) $\dfrac{dz}{dt} = \dfrac{\partial z}{\partial x}\dfrac{dx}{dt} + \dfrac{\partial z}{\partial y}\dfrac{dy}{dt}$

$$= 3x^2 y^2 \cdot 2e^{2t} + 2x^3 y \cdot 2\cos(2t+1)$$
$$= 3(e^{2t})^2 \sin^2(2t+1) \cdot 2e^{2t} + 2(e^{2t})^3 \sin(2t+1) \cdot 2\cos(2t+1)$$
$$= 2e^{6t}\sin(2t+1)\{3\sin(2t+1) + 2\cos(2t+1)\}$$

2) $\dfrac{dz}{dt} = \dfrac{\partial z}{\partial x}\dfrac{dx}{dt} + \dfrac{\partial z}{\partial y}\dfrac{dy}{dt}$

$$= 3x^2 e^y \cdot 2t + x^3 e^y \cdot (-\sin t)$$
$$= 3(t^2+1)^2 e^{\cos t} \cdot 2t + (t^2+1)^3 e^{\cos t} \cdot (-\sin t)$$
$$= (t^2+1)^2 e^{\cos t}\{6t - (t^2+1)\sin t\}$$

$z = f(x,y)$는 미분가능이고, $x = r\cos\theta$, $y = r\sin\theta$일 때 z_r, z_{rr}을 구하여라.

풀이 1) $\dfrac{\partial z}{\partial r} = \dfrac{\partial f}{\partial x}\dfrac{\partial x}{\partial r} + \dfrac{\partial f}{\partial y}\dfrac{\partial y}{\partial r}$

$\qquad\qquad = \dfrac{\partial f}{\partial x}\cos\theta + \dfrac{\partial f}{\partial y}\sin\theta$

2) $\dfrac{\partial^2 z}{\partial r^2} = \dfrac{\partial z_r}{\partial r} = \dfrac{\partial}{\partial r}(f_x\cos\theta + f_y\sin\theta)$

$\qquad\qquad = \dfrac{\partial f_x}{\partial r}\cos\theta + \dfrac{\partial f_y}{\partial r}\sin\theta$

$\qquad\qquad = \left[\dfrac{\partial f_x}{\partial x}\dfrac{\partial x}{\partial r} + \dfrac{\partial f_x}{\partial y}\dfrac{\partial y}{\partial r}\right]\cos\theta + \left[\dfrac{\partial f_y}{\partial x}\dfrac{\partial x}{\partial r} + \dfrac{\partial f_y}{\partial y}\dfrac{\partial y}{\partial r}\right]\sin\theta$

$\qquad\qquad = (f_{xx}\cos\theta + f_{xy}\sin\theta)\cos\theta + (f_{yx}\cos\theta + f_{yy}\sin\theta)\sin\theta$

$\qquad\qquad = f_{xx}\cos^2\theta + 2f_{xy}\sin\theta\cos\theta + f_{yy}\sin^2\theta$

연쇄법칙을 이용하여 음함수의 도함수를 구할 수 있다.

정리 8.5 (음함수의 미분법)

1) $F(x,y) = c$ (c는 상수)이면 $\dfrac{dy}{dx} = -\dfrac{F_x}{F_y}$ (단, $F_y \neq 0$)

2) $F(x,y,z) = c$ (c는 상수)이면

$$\dfrac{\partial z}{\partial x} = -\dfrac{F_x}{F_z}, \dfrac{\partial z}{\partial y} = -\dfrac{F_y}{F_z} \text{ (단, } F_z \neq 0\text{)}$$

1) $z = F(x, y) = c$, $x = t$, $y = y(t)$ 라 두고 앞의 정리를 이용하면

$$\frac{dz}{dt} = \frac{\partial F}{\partial x} + \frac{\partial F}{\partial y}\frac{dy}{dt} = 0 \quad \cdots\cdots\cdots\cdots\cdots\cdots\cdots\cdots\cdots\cdots\cdots\cdots \text{①}$$

한편, $x = t$ 이므로

$$\frac{dx}{dt} = 1, \; \frac{dy}{dt} = \frac{dy}{dx} \quad \cdots\cdots\cdots\cdots\cdots\cdots\cdots\cdots\cdots\cdots\cdots \text{②}$$

①, ②로부터 $F_x + F_y\dfrac{dy}{dx} = 0$

$$\therefore \; \frac{dy}{dx} = -\frac{F_x}{F_y} \; (\text{단, } \; F_y \neq 0)$$

2) z 는 x, y 의 함수이고, y 를 고정시키면 z 는 x 만의 함수이다. 즉, y 를 고정
    시키면 $F(x, y, z) = c$ (c 는 상수)에서 z 는 x 만의 함수이다. 따라서
    1)에 의하여

$$\frac{\partial z}{\partial x} = -\frac{F_x}{F_z} \; (\text{단, } \; F_z \neq 0)$$

같은 방법으로

$$\frac{\partial z}{\partial y} = -\frac{F_y}{F_z} \; (\text{단, } \; F_z \neq 0)$$

예제 8.17

$\ln\sqrt{x^2 + y^2} = \tan^{-1}\dfrac{y}{x}$ 에서 $\dfrac{dy}{dx}$ 를 구하여라.

풀이 $F(x, y) = \ln \sqrt{x^2 + y^2} - \tan^{-1} \dfrac{y}{x}$ 라 두면

$$F_x = \frac{x}{x^2 + y^2} + \frac{y}{x^2 + y^2} = \frac{x + y}{x^2 + y^2}$$

$$F_y = \frac{y}{x^2 + y^2} - \frac{x}{x^2 + y^2} = \frac{y - x}{x^2 + y^2}$$

이므로

$$\therefore \frac{dy}{dx} = -\frac{F_x}{F_y} = -\frac{\dfrac{x + y}{x^2 + y^2}}{\dfrac{y - x}{x^2 + y^2}} = \frac{x + y}{x - y} \ \ (\text{단, } \ x \neq y)$$

예제 8.18

$3xy^2 + z^3 + \sin(xyz) = 0$ 에서 $\dfrac{\partial z}{\partial x}, \ \dfrac{\partial z}{\partial y}$ 를 구하여라.

풀이 $F(x, y, z) = 3xy^2 + z^3 + \sin(xyz) = 0$ 라 두면

$$F_x = 3y^2 + yz\cos(xyz)$$

$$F_y = 6xy + zx\cos(xyz)$$

$$F_z = 3z^2 + xy\cos(xyz)$$

이므로

$$\frac{\partial z}{\partial x} = -\frac{F_x}{F_z} = -\frac{3y^3 + yz\cos(xyz)}{3z^2 + xy\cos(xyz)} \ (\text{단, } \ 3z^2 + xy\cos(xyz) \neq 0)$$

$$\frac{\partial z}{\partial y} = -\frac{F_y}{F_z} = -\frac{6xy + zx\cos(xyz)}{3z^2 + xy\cos(xyz)} \ (\text{단, } \ 3z^2 + xy\cos(xyz) \neq 0)$$

1. 다음 함수에서 $\dfrac{dz}{dt}$ 를 구하여라.

   1) $z = x^2 y^4$, $x = \ln t$, $y = t^2$

   2) $z = x^2 \sin y$, $x = \sqrt{t^2 + 3}$, $y = e^{2t}$

2. 다음 함수에서 $\dfrac{\partial z}{\partial s}$ 와 $\dfrac{\partial z}{\partial t}$ 를 구하여라.

   1) $z = 3xy^3 - 4x^2$, $x = e^{s^2 + 1}$, $y = \sqrt{t^2 + 1} \sin s$

   2) $z = x \ln y + y \ln x$, $x = \dfrac{s}{2} + \dfrac{2}{t}$, $y = se^t$

3. $g(t) = F(x(t), y(t))$ 일 때 연쇄법칙을 두 번 사용하여 $g''(t)$ 를 구하여라.

4. 다음에서 $\dfrac{dy}{dx}$ 를 구하여라.

   1) $x^3 - 3xy + y^3 = 0$ 2) $y \sin x - x \cos y = 0$

5. 다음 음함수에서 $\dfrac{\partial z}{\partial x}$, $\dfrac{\partial z}{\partial y}$ 를 구하여라.

   1) $5x^2 z - 2z^3 + 3yz = 0$ 2) $x^2 yz - 4y^2 z^2 + \cos xy = 0$

6. $z = f(x, y)$ 는 미분가능이고, $x = r \sin \theta$, $y = r \cos \theta$ 일 때 z_θ, $z_{\theta\theta}$, $z_{r\theta}$ 를 구하여라.

Fundamental of Elementary Mathematics

부록

각 장별 연습문제 풀이

p.16

1. 1) 자연수 : 5

    정수 : -7, 5, 0, -4

    유리수 : -7, $-\dfrac{9}{4}$, 5, $\dfrac{1}{2}$, 0, -4, 3.12

    무리수 : $\sqrt{3}$, $\sqrt{7}$

    허수 : $1-i$

    2) 자연수 : 10, 12

    정수 : 10, -8, 12

    유리수 : $2.\dot{3}$, -1.1, -4.123, 10, -8, 12

    무리수 : π, $-\sqrt{2}$, $\dfrac{\pi}{2}$

    허수 : $2i$

2. ① 유한소수 : $\dfrac{53}{1024}=\dfrac{53}{2^{10}}$, $\dfrac{114}{3072}=\dfrac{2\times3\times19}{3\times2^{10}}=\dfrac{19}{2^{9}}$

    ② 순환하는 무한소수 : $\dfrac{537}{26600}=\dfrac{3\times179}{2^{3}\times5^{2}\times7\times19}$

    $\qquad\qquad\qquad\qquad\;\;\dfrac{721}{30124}=\dfrac{7\times103}{2^{2}\times17\times443}$

p.21

1.

1) $-x+1 \neq 0$ 이므로 $(-x+1)^0 = 1$

2) $(-12)^0 = 1$

3) $(-3x^2)^3(6x^4)^{-1} = (-27x^6)(\frac{1}{6}x^{-4}) = -\frac{9}{2}x^2$

4) $2^{-2} + 3^{-1} = \frac{1}{4} + \frac{1}{3} = \frac{7}{12}$

5) $(6x^3y^4)^3(3x^3y^4)^{-3} = \left(\frac{6x^3y^4}{3x^3y^4}\right)^3 = 2^3 = 8$

6) $\frac{x^3}{y^3} \cdot \left(\left(\frac{x}{y}\right)^{-1}\right)^3 = \frac{x^3}{y^3} \cdot \left(\frac{y}{x}\right)^3 = \frac{x^3}{y^3} \cdot \frac{y^3}{x^3} = 1$

2.

1) $\sqrt{27} = 3\sqrt{3}$

2) $\sqrt{72x^5} = \sqrt{2^3 \cdot 3^2 \cdot x^5} = 6x^2\sqrt{2x}$

3) $\sqrt[3]{16x^5} = \sqrt[3]{2^4 x^5} = 2x\sqrt[3]{2x^2}$

4) $\sqrt{\frac{64x^4}{y^2}} = \frac{8x^2}{|y|}$

3.

1) $3^{\frac{5}{2}} \cdot 3^{\frac{3}{2}} = 3^{\frac{5}{2}+\frac{3}{2}} = 3^4 = 81$

2) $\frac{(3x^2)^{\frac{3}{2}}}{3^{\frac{1}{2}} \cdot x^5} = \frac{3x^2 \cdot \sqrt{3x^2}}{\sqrt{3} \cdot x^5} = \frac{3|x|}{x^3}$

3) $\frac{x^2 \cdot x^{\frac{1}{3}}}{x^{\frac{4}{3}} \cdot x^{-1}} = \frac{x^2 \cdot x^{\frac{1}{3}}}{x^{\frac{1}{3}}} = x^2$

4) $(3x+1)^{\frac{5}{4}} \cdot (3x+1)^{-\frac{1}{4}} = (3x+1)^{\frac{5}{4}-\frac{1}{4}} = 3x+1$

5) $\sqrt[6]{x^3} = \sqrt{x}$

6) $\sqrt[6]{(x-1)^4} = \sqrt[3]{(x-1)^2}$

p.24

1. 1) $\log_8 4 + \log_8 2 = \log_8 (2 \times 4) = \log_8 8 = 1$

2) $\log_{\frac{1}{3}} 9 = \dfrac{\log_3 9}{\log_3 \dfrac{1}{3}} = \dfrac{\log_3 3^2}{\log_3 3^{-1}} = \dfrac{2}{-1} = -2$

3) $\log_5 \dfrac{1}{\sqrt{5}} = -\log_5 \sqrt{5} = -\log_5 5^{\frac{1}{2}} = -\dfrac{1}{2}$

4) $\log_2 \dfrac{2}{3} + \log_2 27 - \log_2 9 = \log_2 \left(\dfrac{\dfrac{2}{3} \times 27}{9} \right) = \log_2 2 = 1$

5) 밑을 2로 통일하면

$$\log_4 3 \times \log_5 8 \times \log_9 25 = \dfrac{\log_2 3}{\log_2 4} \cdot \dfrac{\log_2 8}{\log_2 5} \cdot \dfrac{\log_2 25}{\log_2 9} = \dfrac{\log_2 3}{\log_2 2^2} \cdot \dfrac{\log_2 2^3}{\log_2 5} \cdot \dfrac{\log_2 5^2}{\log_2 3^2}$$

$$= \dfrac{\log_2 3}{2} \cdot \dfrac{3}{\log_2 5} \cdot \dfrac{2 \log_2 5}{2 \log_2 3} = \dfrac{3}{2}$$

6) $5 \log_3 \sqrt{2} + \dfrac{1}{2} \log_3 \dfrac{1}{12} - \dfrac{3}{2} \log_3 6 = \dfrac{5}{2} \log_3 2 - \dfrac{1}{2} \log_3 12 - \dfrac{3}{2} \log_3 6$

$$= \dfrac{1}{2} \{ 5 \log_3 2 - \log_3 12 - 3 \log_3 6 \} = \dfrac{1}{2} \log_3 \dfrac{2^5}{12 \cdot 6^3}$$

$$= \dfrac{1}{2} \log_3 \dfrac{2^5}{2^5 \cdot 3^4} = \dfrac{1}{2} \log_3 3^{-4} = -2$$

2. 1) $\log_2 3 = \dfrac{\log_{10} 3}{\log_{10} 2} = \dfrac{b}{a}$

2) $\log_9 20 = \dfrac{\log_{10} 20}{\log_{10} 9} = \dfrac{\log_{10}(2 \cdot 10)}{\log_{10} 3^2} = \dfrac{\log_{10} 2 + \log_{10} 10}{2\log_{10} 3} = \dfrac{a+1}{2b}$

3) $\log_5 240 = \dfrac{\log_{10} 240}{\log_{10} 5} = \dfrac{\log_{10}(2^3 \cdot 3 \cdot 10)}{\log_{10} \dfrac{10}{2}}$

$$= \dfrac{\log_{10} 2^3 + \log_{10} 3 + \log_{10} 10}{\log_{10} 10 - \log_{10} 2} = \dfrac{3a+b+1}{1-a}$$

3. $\log_b c = x,\ \log_b a = y$ 라 두면 $b^x = c,\ b^y = a$ 이므로

$a^x = (b^y)^x = b^{xy},\ c^y = (b^x)^y = b^{xy}$

따라서 $a^x = c^y$ 이다. 즉, $a^{\log_b c} = c^{\log_b a}$

4.

$$\log_{a^m} a^n = \dfrac{\log_a a^n}{\log_a a^m} = \dfrac{n\log_a a}{m\log_a a} = \dfrac{n}{m}$$

p.33

1.

1) $\sin 30° + \cos 60° = \dfrac{1}{2} + \dfrac{1}{2} = 1$

2) $\cos 45° \cdot \tan 45° = \dfrac{\sqrt{2}}{2} \cdot 1 = \dfrac{\sqrt{2}}{2}$

3) $\sin \dfrac{\pi}{3} \cdot \tan \dfrac{\pi}{6} = \dfrac{\sqrt{3}}{2} \cdot \dfrac{1}{\sqrt{3}} = \dfrac{1}{2}$

4) $\sin 60° - \cos 60° = \dfrac{\sqrt{3}}{2} - \dfrac{1}{2} = \dfrac{\sqrt{3}-1}{2}$

2.

$\sec^2 \theta = \tan^2 \theta + 1 = \left(\dfrac{3}{5}\right)^2 + 1 = \dfrac{34}{25}$ 에서 $\sec \theta = \dfrac{\sqrt{34}}{5}$ $\left(\because 0 < \theta < \dfrac{\pi}{2}\right)$

$\therefore \cos \theta = \dfrac{5}{\sqrt{34}} = \dfrac{5\sqrt{34}}{34},\ \sin \theta = \sqrt{1 - \cos^2 \theta} = \sqrt{1 - \dfrac{25}{34}} = \dfrac{3}{\sqrt{34}} = \dfrac{3\sqrt{34}}{34}$

따라서 $\sin\theta + \cos\theta = \dfrac{5\sqrt{34}}{34} + \dfrac{3\sqrt{34}}{34} = \dfrac{8\sqrt{34}}{34} = \dfrac{4\sqrt{34}}{17}$

3. 1) 0   2) −1   3) 1   4) 0

4.

$\tan^2\theta = \sec^2\theta - 1 = \left(\dfrac{6}{5}\right)^2 - 1 = \dfrac{11}{25}$ 에서 $\tan\theta = -\dfrac{\sqrt{11}}{5}$

$\cos\theta = \dfrac{1}{\sec\theta} = \dfrac{1}{\dfrac{6}{5}} = \dfrac{5}{6}$

$\sin\theta = \tan\theta \cdot \cos\theta = \left(-\dfrac{\sqrt{11}}{5}\right)\cdot\left(\dfrac{5}{6}\right) = -\dfrac{\sqrt{11}}{6}$

$\cot\theta = \dfrac{1}{\tan\theta} = \dfrac{1}{\dfrac{-\sqrt{11}}{5}} = -\dfrac{5\sqrt{11}}{11}$

$\csc\theta = \dfrac{1}{\sin\theta} = \dfrac{1}{-\dfrac{\sqrt{11}}{6}} = -\dfrac{6\sqrt{11}}{11}$

5. 1) $y = \tan x$ 의 그래프를 이용하여 그린다.

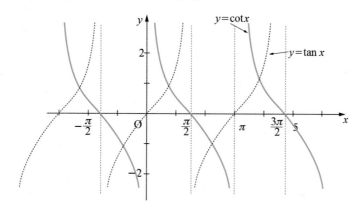

2) $y = \cos x$ 의 그래프를 이용하여 그린다.

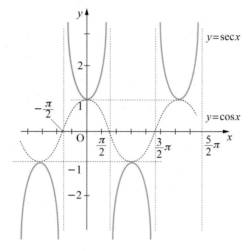

3) $y = \sin x$ 의 그래프를 이용하여 그린다.

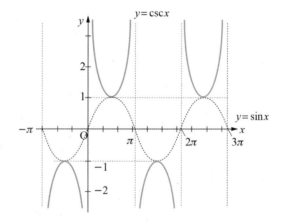

p.43

1. 1) $\sin 15° = \sin(45° - 30°) = \sin 45° \cos 30° - \cos 45° \sin 30°$

$$= \frac{\sqrt{2}}{2} \times \frac{\sqrt{3}}{2} - \frac{\sqrt{2}}{2} \times \frac{1}{2} = \frac{\sqrt{6} - \sqrt{2}}{4}$$

2) $\dfrac{\sqrt{6} + \sqrt{2}}{4}$ 　　　3) $2 + \sqrt{3}$ 　　　4) $\dfrac{\sqrt{6} + \sqrt{2}}{4}$

2. 1) α가 제2사분면의 각이므로

$$\sin\alpha = \sqrt{1-\cos^2\alpha} = \sqrt{1-\left(-\frac{4}{5}\right)^2} = \sqrt{\frac{9}{25}} = \frac{3}{5}$$

$$\therefore \sin 2\alpha = 2\sin\alpha\cos\alpha = 2\times\frac{3}{5}\times\left(-\frac{4}{5}\right) = -\frac{24}{25}$$

2) $\cos 2\alpha = 2\cos^2\alpha - 1 = 2\cdot\left(-\frac{4}{5}\right)^2 - 1 = \frac{32-25}{25} = \frac{7}{25}$

3.

1) $\sin^2 22.5° = \dfrac{1-\cos 45°}{2} = \dfrac{1-\dfrac{\sqrt{2}}{2}}{2} = \dfrac{2-\sqrt{2}}{4}$

$$\therefore \sin 22.5° = \frac{\sqrt{2-\sqrt{2}}}{2}$$

2) $\dfrac{\sqrt{2+\sqrt{2}}}{2}$

3) $\dfrac{\sqrt{2+\sqrt{2}}}{2}$

4) $\sqrt{2}+1$

4. 1) $\sin 20° \sin 40° \sin 80° = \sin 20°(\sin 40° \sin 80°)$

$$= \sin 20°\left\{-\frac{1}{2}(\cos 120° - \cos 40°)\right\}$$

$$= -\frac{1}{2}\sin 20°\cos 120° + \frac{1}{2}\sin 20°\cos 40°$$

$$= \frac{1}{4}\sin 20° + \frac{1}{4}(\sin 60° - \sin 20°)$$

$$= \frac{1}{4}\sin 60° = \frac{1}{4}\cdot\frac{\sqrt{3}}{2}$$

$$= \frac{\sqrt{3}}{8}$$

2) $\dfrac{\sqrt{3}}{8}$

5. 1) 두 직선 $y = 2x + 2$, $y = \dfrac{1}{3}x + 1$이 x축의 양의 방향과 이루는 각을 각각

   α, β라면 $\tan\alpha = 2$, $\tan\beta = \dfrac{1}{3}$이다. 따라서 두 직선이 이루는 예각은

   $\alpha - \beta$이다.

$$\tan(\alpha - \beta) = \frac{\tan\alpha - \tan\beta}{1 + \tan\alpha\tan\beta} = \frac{2 - \dfrac{1}{3}}{1 + \dfrac{2}{3}} = \frac{\dfrac{5}{3}}{\dfrac{5}{3}} = 1$$

   $\therefore \alpha - \beta = 45°$

   2) $60°$

p.47

1. 1) $x = 3$, $y = -2$　　　　　　2) $x = 2$, $y = 4$

   3) $x = -\dfrac{1}{3}$, $y = \dfrac{11}{3}$　　　　4) $x = -\dfrac{2}{3}$, $y = \dfrac{5}{3}$

2. 1) $8 + 3i$　　　2) $6 - 2i$　　　3) 1

   4) $11 - 10i$　　5) 25　　　6) $\dfrac{-1 + \sqrt{3}i}{2}$

3. 1) $-i$　　　2) $\dfrac{1}{2} + \dfrac{1}{2}i$　　3) $6 - 5i$

   4) $\dfrac{4}{5} + \dfrac{3}{5}i$　　5) $\dfrac{5}{13} - \dfrac{1}{13}i$　　6) $\dfrac{41}{53} - \dfrac{11}{53}i$

4. 1) $z + \bar{z} = a + bi + a - bi = 2a$

2) $z \cdot \overline{z} = (a+bi) \cdot (a-bi) = a^2 + b^2$

5. $z_1 = a+bi,\ z_2 = c+di\,(b \neq 0,\ d \neq 0)$ 라 두자.

   $z_1 + z_2 = (a+c)+(b+d)i$ 와 $z_1 \cdot z_2 = (a+bi)(c+di) = (ac-bd)+(ad+bc)i$ 가 실

   수이려면 $\begin{cases} b+d = 0 \cdots ① \\ ad+bc = 0 \cdots ② \end{cases}$ 이어야 하므로 ①에서 $d = -b$ 이고 이를 ②에 대입

   하면 $b(c-a) = 0$ 이다. 여기서 $b \neq 0$ 이므로 $c = a$

   따라서 $z_2 = c+di = a-bi = \overline{a+bi} = \overline{z_1}$

   이는 z_2 는 z_1 의 켤레복소수이고, z_1 는 z_2 의 켤레복소수임을 나타낸다.

6. $z_1 = a+bi,\ z_2 = c+di$ 라 두면

   1) $z_1 + z_2 = (a+c)+(b+d)i$ 이므로 $\overline{z_1 + z_2} = (a+c)-(b+d)i \cdots ①$

   $\overline{z_1} + \overline{z_2} = (a-bi)+(c-di) = (a+c)-(b+d)i \cdots ②$

   ①과 ②로부터 $\overline{z_1 + z_2} = \overline{z_1} + \overline{z_2}$

   2) $z_1 \cdot z_2 = (a+bi)(c+di) = (ac-bd)+(ad+bc)i$ 이므로

   $\overline{z_1 \cdot z_2} = (ac-bd)-(ad+bc)i \cdots ①$

   한편, $\overline{z_1} \cdot \overline{z_2} = (a-bi)(c-di) = (ac-bd)-(ad+bc)i \cdots ②$

   ①과 ②로부터 $\overline{z_1 \cdot z_2} = \overline{z_1} \cdot \overline{z_2}$

   3) $\dfrac{z_1}{z_2} = \dfrac{a+bi}{c+di} = \dfrac{a+bi}{c+di} \cdot \dfrac{c-di}{c-di} = \dfrac{(ac+bd)+(bc-ad)i}{c^2+d^2}$ 이므로

   $\overline{\left(\dfrac{z_1}{z_2} \right)} = \dfrac{(ac+bd)+(ad-bc)i}{c^2+d^2} \cdots ①$

   한편, $\dfrac{\overline{z_1}}{\overline{z_2}} = \dfrac{a-bi}{c-di} \cdot \dfrac{c+di}{c+di} = \dfrac{(ac+bd)+(ad-bc)i}{c^2+d^2} \cdots ②$

$①$과 $②$로부터 $\overline{\left(\dfrac{z_1}{z_2}\right)} = \dfrac{\overline{z_1}}{\overline{z_2}}$

7. 1) $i^{1000} = (i^2)^{500} = (-1)^{500} = 1$

    2) $\dfrac{1+i}{1-i} = \dfrac{1+i}{1-i} \cdot \dfrac{1+i}{1+i} = \dfrac{2i}{2} = i$ 이므로

        $\left(\dfrac{1+i}{1-i}\right)^{2000} = i^{2000} = (i^2)^{1000} = (-1)^{1000} = 1$

8. 1) $\sqrt{a}\sqrt{b} = (\sqrt{-a}\,i)(\sqrt{-b}\,i) = -\sqrt{-a} \cdot \sqrt{-b} = \sqrt{(-a)(-b)} = -\sqrt{ab}$

    2) $\dfrac{\sqrt{a}}{\sqrt{b}} = \dfrac{\sqrt{a}}{\sqrt{-b}\,i} = \sqrt{-\dfrac{a}{b}} \cdot \dfrac{1}{i} = -\sqrt{-\dfrac{a}{b}}\,i = -\sqrt{\dfrac{a}{b}}$

9. $z = (1+2i)^n - (1-2i)^n$ 이라 두면 $\overline{z} = (1-2i)^n - (1+2i)^n$ 이므로 $z + \overline{z} = 0$

따라서 z의 실수부분은 0이다.

한편, $z \neq 0$이므로 z는 순허수이다.

10. $a = a_1 + a_2 i, \ b = b_1 + b_2 i$ 라 두자.

임의의 복소수 z에 대하여 $az + b\overline{z}$가 실수이므로

 i) $z = 1$일 때 $az + b\overline{z} = a + b = (a_1 + b_1) + (a_2 + b_2)i$ 이 실수이어야 하므로

    $a_2 + b_2 = 0$ 이어야 한다.

    $b_2 = -a_2 \cdots ①$

 ii) $z = i$일 때

    $az + b\overline{z} = ai + b(-i) = (a_1 i - a_2) + (-b_1 i + b_2) = (b_2 - a_2) + (a_1 - b_1)i$ 이 실수이어야

    하므로 $a_1 - b_1 = 0$ 이어야 한다.

    $b_1 = a_1 \cdots ②$

    $①$과 $②$로부터 $b = b_1 + b_2 i = a_1 - a_2 i = \overline{a}$

11. 1) $z = a + bi,\ \bar{z} = a - bi$ 이므로

$$z + \bar{z} = 2a,\ z - \bar{z} = 2bi$$

$$\therefore\ a = \frac{1}{2}(z + \bar{z}),\ b = \frac{1}{2i}(z - \bar{z}) = -\frac{i}{2}(z - \bar{z})$$

2) 위의 1로부터

$$2(a^2 - b^2) + 3abi = 2\left\{ \frac{1}{4}(z + \bar{z})^2 + \frac{1}{4}(z - \bar{z})^2 \right\} + \frac{3}{4}(z + \bar{z})(z - \bar{z})$$

$$= \frac{2}{4}\left\{ z^2 + 2z\bar{z} + (\bar{z})^2 + z^2 - 2z\bar{z} + (\bar{z})^2 \right\} + \frac{3}{4}(z^2 - (\bar{z})^2)$$

$$= \frac{7z^2 + (\bar{z})^2}{4}$$

12. $\dfrac{z}{1 + z^3} = \overline{\left(\dfrac{z}{1 + z^3} \right)} = \dfrac{\bar{z}}{\overline{1 + z^3}} = \dfrac{\bar{z}}{1 + (\bar{z})^3}$ 에서

$$z + |z|^2 (\bar{z})^2 = \bar{z} + |z|^2 z^2$$

$$\therefore\ (z - \bar{z})\left\{ 1 - |z|^2 (z + \bar{z}) \right\} = 0 \cdots ①$$

ⅰ) $z = \bar{z}$ 이면 위 식 ①은 성립한다.

ⅱ) $z \neq \bar{z}$ 이면 위 식 ①에서 $|z|^2 = \dfrac{1}{z + \bar{z}}$

따라서 구하는 조건은 $z = \bar{z}$ 또는 $|z|^2 = \dfrac{1}{z + \bar{z}}$ 이다.

p.51

1. 1) $2(\cos \dfrac{2\pi}{3} + i \sin \dfrac{2\pi}{3})$　　2) $\cos \dfrac{5\pi}{6} + i \sin \dfrac{5\pi}{6}$　　3) $2(\cos \dfrac{3\pi}{2} + i \sin \dfrac{3\pi}{2})$

4) $3(\cos 0 + i \sin 0)$　　5) $\sqrt{2}(\cos \dfrac{7\pi}{4} + i \sin \dfrac{7\pi}{4})$　　6) $4(\cos \dfrac{4\pi}{3} + i \sin \dfrac{4\pi}{3})$

2. $\overline{e^{i\theta}} = \overline{\cos\theta + i\sin\theta} = \cos\theta - i\sin\theta = \cos(-\theta) + i\sin(-\theta) = e^{i(-\theta)} = e^{-i\theta}$

3. $1 - e^{-i\theta} = (1 - \cos\theta) + i\sin\theta$ 이다.

$$r = \sqrt{(1-\cos\theta)^2 + \sin^2\theta} = \sqrt{2(1-\cos\theta)} = \sqrt{4\sin^2\frac{\theta}{2}} = 2\left|\sin\frac{\theta}{2}\right|$$

$$\tan^{-1}\frac{-\sin\theta}{1-\cos\theta} = \tan^{-1}\frac{-2\sin\frac{\theta}{2}\cos\frac{\theta}{2}}{2\sin^2\frac{\theta}{2}} = \tan^{-1}\frac{-\cos\frac{\theta}{2}}{\sin\frac{\theta}{2}} = -\frac{\theta}{2}$$

따라서 구하는 극형식은

$$2\left|\sin\frac{\theta}{2}\right|\left\{\cos\frac{\theta}{2} - i\sin\frac{\theta}{2}\right\}$$

4. 0 아닌 복소수 z 가 $\overline{z} = -z$ 이면 z 는 순허수이다.

$$\overline{\frac{(1-e^{i\theta_1})(1-e^{i\theta_2})}{1-e^{i(\theta_1+\theta_2)}}} = \frac{(1-e^{-i\theta_1})(1-e^{-i\theta_2})}{1-e^{-i(\theta_1+\theta_2)}}$$

$$= \frac{e^{-i(\theta_1+\theta_2)}(e^{i\theta_1}-1)(e^{i\theta_2}-1)}{1-e^{-i(\theta_1+\theta_2)}}$$

$$= \frac{(e^{i\theta_1}-1)(e^{i\theta_2}-1)}{e^{i(\theta_1+\theta_2)}-1}$$

$$= -\frac{(1-e^{i\theta_1})(1-e^{i\theta_2})}{1-e^{i(\theta_1+\theta_2)}}$$

따라서 $\dfrac{(1-e^{i\theta_1})(1-e^{i\theta_2})}{1-e^{i(\theta_1+\theta_2)}}$ 는 순허수이다.

p.55

1. 1) i　　　2) -10　　　3) $\dfrac{3+3\sqrt{3}i}{4}$　　　4) $-\sqrt{3}+i$

2. 1) $\dfrac{1+\sqrt{3}i}{2} = \cos\dfrac{\pi}{3} + i\sin\dfrac{\pi}{3}$ 이므로

$$(\frac{1+\sqrt{3}i}{2})^{15} = (\cos\frac{\pi}{3} + i\sin\frac{\pi}{3})^{15}$$

$$= \cos\frac{15\pi}{3} + i\sin\frac{15\pi}{3}$$

$$= \cos 5\pi + i\sin 5\pi$$

$$= -1$$

2) 1　　　　　　　3) $2^{19}(-1+\sqrt{3}i)$　　　　4) -2^{50}

3. $\sqrt{3}+i = 2(\cos\frac{\pi}{6} + i\sin\frac{\pi}{6}),\ \sqrt{3}-i = 2(\cos\frac{-\pi}{6} + i\sin\frac{-\pi}{6})$ 이므로

$$(\sqrt{3}+i)^n + (\sqrt{3}-i)^n = 2^n(\cos\frac{n\pi}{6} + i\sin\frac{n\pi}{6}) + 2^n(\cos\frac{-n\pi}{6} + i\sin\frac{-n\pi}{6})$$

$$= 2^{n+1}\cos\frac{n\pi}{6}$$

$2^{n+1}\cos\frac{n\pi}{6} = -128 = -2^7$ 에서　$\cos\frac{n\pi}{6} = -2^{6-n}$

$\therefore n = 6$

4. $z + \frac{1}{z} = \sqrt{2}$ 로부터 $z^2 - \sqrt{2}z + 1 = 0$ 이고 이 방정식을 풀면

$$z = \frac{\sqrt{2} \pm \sqrt{2}i}{2} = e^{\pm i\frac{\pi}{4}}$$

따라서 $z^{16} = e^{\pm i\frac{16\pi}{4}} = e^{\pm i4\pi} = 1,\ z^{10} = e^{\pm i\frac{10\pi}{4}} = e^{\pm i\frac{5\pi}{2}} = \pm i$

$\therefore z^{16} + \frac{1}{z^{10}} = 1 \pm \frac{1}{i} = 1 \mp i$

5. $\frac{1}{2} - \frac{\sqrt{3}}{2}i = e^{-\frac{\pi}{3}i}$ 이므로

$$(\frac{1}{2} - \frac{\sqrt{3}}{2}i)^{22} = e^{-\frac{22\pi}{3}i} = e^{-\left\{2\pi\times3 + \frac{4\pi}{3}\right\}i}$$

$$= e^{-\frac{4\pi}{3}i} = \cos\frac{4\pi}{3} - i\sin\frac{4\pi}{3} = -\frac{1}{2} + \frac{\sqrt{3}}{2}i$$

$$\therefore\ p = -\frac{1}{2},\ q = \frac{\sqrt{3}}{2}$$

6. $\dfrac{1+i}{\sqrt{2}} = e^{\frac{\pi}{4}i}$, $\dfrac{1-i}{2} = e^{-\frac{\pi}{4}i}$ 이므로

$$\left(\frac{1+i}{\sqrt{2}}\right)^{2n} + \left(\frac{1-i}{\sqrt{2}}\right)^{2n} = e^{\frac{2n\pi}{4}i} + e^{-\frac{2n\pi}{4}i} = 2\cos\frac{n\pi}{2}$$

한편, n이 홀수이므로 $\cos\dfrac{n\pi}{2} = 0$

$$\therefore\ \left(\frac{1+i}{\sqrt{2}}\right)^{2n} + \left(\frac{1-i}{\sqrt{2}}\right)^{2n} = 0$$

p.61

1.

1) $\lim_{x \to 3}(5x + 2) = 17$

2) $\lim_{x \to 1}\dfrac{x^2 - 1}{x - 1} = \lim_{x \to 1}\dfrac{(x - 1)(x + 1)}{x - 1} = \lim_{x \to 1}(x + 1) = 2$

3) $\lim_{x \to 0}\dfrac{1}{|x|} = \infty$

4) $\lim_{x \to 1}\dfrac{-1}{(x - 3)^2} = -\dfrac{1}{4}$

5) $\lim_{x \to \infty}\dfrac{-1}{x^2 + x} = 0$

6) $\lim_{x \to -\infty}\dfrac{2}{x^3} = 0$

7) $\lim_{x \to \infty}\log_2 x = \infty$

8) $\lim_{x \to -\infty}(x^3 + 2) = -\infty$

p.63

1.

1) $\lim_{x \to +0}\dfrac{1}{x} = \infty,\ \lim_{x \to -0}\dfrac{1}{x} = -\infty$ 이므로 $\lim_{x \to 0}\dfrac{1}{x}$ 은 존재하지 않는다.

2) $\lim_{x \to \frac{\pi}{2}+0}\tan x = -\infty,\ \lim_{x \to \frac{\pi}{2}-0}\tan x = \infty$ 이므로 $\lim_{x \to \frac{\pi}{2}}\tan x$ 은 존재하지 않는다.

2.

1) $\displaystyle\lim_{x\to+0}\dfrac{2}{1+2^{-\frac{1}{x}}}=2$

2) $\displaystyle\lim_{x\to+0}(1-2^{\frac{1}{x}})=-\infty$

3.

1) $\displaystyle\lim_{x\to2+0}(x-[x])=0$

2) $\displaystyle\lim_{x\to2-0}(x-[x])=1$

4.

1) $\displaystyle\lim_{x\to+0}\dfrac{3x+|x|}{7x-5|x|}=\lim_{x\to+0}\dfrac{3x+x}{7x-5x}=\lim_{x\to+0}\dfrac{4x}{2x}=\lim_{x\to+0}2=2$

2) $\displaystyle\lim_{x\to-0}\dfrac{3x+|x|}{7x-5|x|}=\lim_{x\to-0}\dfrac{3x-x}{7x+5x}=\lim_{x\to-0}\dfrac{2x}{12x}=\lim_{x\to-0}\dfrac{1}{6}=\dfrac{1}{6}$

> p.65

1.

1) $\displaystyle\lim_{x\to1}(2x^3+3x+1)=6$

2) $\displaystyle\lim_{x\to2}\dfrac{x^4+3x+1}{x^2-x+1}=\dfrac{23}{3}$

3) $\left|(x-1)\sin\dfrac{1}{x-1}\right|\le|x-1|$ 이므로 $-|x-1|\le(x-1)\sin\dfrac{1}{x-1}\le|x-1|$ 이다.

   따라서 $\displaystyle\lim_{x\to1}(-|x-1|)\le\lim_{x\to1}(x-1)\sin\dfrac{1}{x-1}\le\lim_{x\to1}|x-1|$ 이고,

   $\displaystyle\lim_{x\to1}(-|x-1|)=\lim_{x\to1}|x-1|=0$ 이므로 $\displaystyle\lim_{x\to1}(x-1)\sin\dfrac{1}{x-1}=0$

4) $\left|\dfrac{\sin x}{x}\right|\le\dfrac{1}{|x|}$ 이므로 $-\dfrac{1}{|x|}\le\dfrac{\sin x}{x}\le\dfrac{1}{|x|}$ 이다.

   따라서 $\displaystyle\lim_{x\to\infty}(-\dfrac{1}{|x|})\le\lim_{x\to\infty}\dfrac{\sin x}{x}\le\lim_{x\to\infty}\dfrac{1}{|x|}$ 이고,

$$\lim_{x \to \infty}\left(-\frac{1}{|x|}\right) = \lim_{x \to \infty}\frac{1}{|x|} = 0 \ \text{이므로} \ \lim_{x \to \infty}\frac{\sin x}{x} = 0$$

2.

1) $\displaystyle\lim_{x \to 2}\frac{x^2 + ax + b}{x - 2} = 3$ 이고, $\displaystyle\lim_{x \to 2}(x - 2) = 0$ 이므로

$$\lim_{x \to 2}(x^2 + ax + b) = 4 + 2a + b = 0 \ \text{이여야 한다.}$$

즉, $b = -2a - 4$

$$\lim_{x \to 2}\frac{x^2 + ax + b}{x - 2} = \lim_{x \to 2}\frac{x^2 + ax - 2a - 4}{x - 2} = \lim_{x \to 2}\frac{(x - 2)(x + a + 2)}{x - 2}$$
$$= \lim_{x \to 2}(x + a + 2) = a + 4 = 3$$

$$\therefore \ a = -1, \ b = -2$$

2) $\displaystyle\lim_{x \to 1}\frac{ax^2 - 7x + b}{x^2 + x - 2} = 1$ 이고, $\displaystyle\lim_{x \to 1}(x^2 + x - 2) = 0$ 이므로

$$\lim_{x \to 1}(ax^2 - 7x + b) = a - 7 + b = 0 \ \text{이여야 한다.}$$

즉, $b = -a + 7$

$$\lim_{x \to 1}\frac{ax^2 - 7x + b}{x^2 + x - 2} = \lim_{x \to 1}\frac{ax^2 - 7x - a + 7}{x^2 + x - 2} = \lim_{x \to 1}\frac{(x - 1)(ax + a - 7)}{(x - 1)(x + 2)}$$
$$= \lim_{x \to 1}\frac{ax + a - 7}{x + 2} = \frac{2a - 7}{3} = 1$$

$$\therefore \ a = 5, \ b = 2$$

3.

1) $\displaystyle\lim_{x \to 0}\frac{1 - \cos x}{\sin^2 x} = \lim_{x \to 0}\frac{1 - \cos x}{1 - \cos^2 x} = \lim_{x \to 0}\frac{1 - \cos x}{(1 - \cos x)(1 + \cos x)} = \lim_{x \to 0}\frac{1}{1 + \cos x} = \frac{1}{2}$

2) $\displaystyle\lim_{x \to -5}\frac{x^2 + 3x - 10}{x + 5} = \lim_{x \to -5}\frac{(x - 2)(x + 5)}{x + 5} = \lim_{x \to -5}(x - 2) = -7$

3) $\displaystyle\lim_{x \to -2}\frac{2x + 4}{x^3 + 2x} = \frac{2(-2) + 4}{(-2)^3 + 2(-2)} = \frac{0}{-12} = 0$

4) $\displaystyle\lim_{x \to 9}\frac{\sqrt{x} - 3}{x - 9} = \lim_{x \to 9}\frac{\sqrt{x} - 3}{(\sqrt{x} - 3)(\sqrt{x} + 3)} = \lim_{x \to 9}\frac{1}{\sqrt{x} + 3} = \frac{1}{6}$

4.

$$\lim_{x \to \infty} \frac{ax^2 + bx + c}{x^2 - x - 2} = \lim_{x \to \infty} \frac{a + \dfrac{b}{x} + \dfrac{c}{x^2}}{1 - \dfrac{1}{x} - \dfrac{2}{x^2}} = a \text{ 이므로 } a = 1 \cdots \text{①}$$

한편, $\displaystyle\lim_{x \to 2} \frac{ax^2 + bx + c}{x^2 - x - 2} = \lim_{x \to 2} \frac{x^2 + bx + c}{x^2 - x - 2} = 2$ 이고, $\displaystyle\lim_{x \to 2}(x^2 - x - 2) = 0$ 이므로

$\displaystyle\lim_{x \to 2}(x^2 + bx + c) = 4 + 2b + c = 0$ 이어야 한다. 즉,

$$c = -2b - 4 \cdots \text{②}$$

따라서 $\displaystyle\lim_{x \to 2} \frac{ax^2 + bx + c}{x^2 - x - 2} = \lim_{x \to 2} \frac{x^2 + bx - 2b - 4}{x^2 - x - 2} = \lim_{x \to 2} \frac{(x-2)(x+b+2)}{(x-2)(x+1)}$

$$= \lim_{x \to 2} \frac{x + b + 2}{x + 1} = \frac{b + 4}{3} = 2$$

이므로 $\quad b = 2 \cdots \text{③}$

①, ②, ③으로부터

$$a = 1, \ b = 2, \ c = -8$$

p.70

1. 1) 불연속이 되는 x의 값은 존재하지 않는다.

2) $x = n\pi + \dfrac{\pi}{2}$ (단, n은 정수)

3) (1) $|x| > 1$ 일 때 $h(x) = \displaystyle\lim_{n \to \infty} \frac{x^{2n}}{x^{2n} + 1} = \lim_{n \to \infty} \frac{1}{1 + \dfrac{1}{x^{2n}}} = 1$

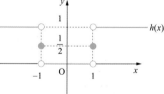

(2) $|x| = 1$ 일 때 $h(x) = \displaystyle\lim_{n \to \infty} \frac{x^{2n}}{x^{2n} + 1} = \lim_{n \to \infty} \frac{1}{1 + 1} = \frac{1}{2}$

(3) $|x| < 1$ 일 때 $\displaystyle\lim_{n \to \infty} x^{2n} = 0$ 이므로 $h(x) = \displaystyle\lim_{n \to \infty} \frac{x^{2n}}{x^{2n} + 1} = 0$

따라서 $h(x)$는 $|x| = 1$ 에서 불연속이므로 구하는 값은

$$x = -1, 1$$

4) $x+1=0$ 으로부터 $x=-1$

5) $x^4-16=(x-2)(x+2)(x^2+4)=0$ 으로부터 $x=-2,\,2$

6) $2x-5=0$ 으로부터 $x=\dfrac{5}{2}$

2. 1) $\sqrt{x}$ 는 연속함수이므로 $\displaystyle\lim_{x\to\pi}\sqrt{1-\cos x}=\sqrt{\lim_{x\to\pi}(1-\cos x)}=\sqrt{2}$

2) $g(x)=\cos x,\ h(x)=x^2-3x+1$ 이라 두면 $g(x),\,h(x)$ 는 연속함수이므로
합성함수 $g(h(x))$ 도 연속함수이다.

$\therefore\ g(h(x))=\cos(x^2-3x+1)=f(x)$ 은 연속함수이다.

p.72

1. 1) $f(x)=x^5+4x^2-9x+3$ 은 닫힌구간 $[0,1]$ 에서 연속이며,

$f(0)=3>0,\ f(1)=-1<0$ 이므로

중간값의 정리에 의하여 $f(c)=c^5+4c^2-9c+3=0$ 되는 c 가 열린구간

$(0,1)$ 안에 적어도 하나 존재한다. 따라서 $x^5+4x^2-9x+3=0$ 는

열린구간 $(0,1)$ 에서 적어도 하나의 실근을 갖는다.

2) $g(x)=x-\cos x$ 라 두면 $g(x)$ 는 닫힌구간 $\left[0,\dfrac{\pi}{2}\right]$ 에서 연속이며,

$g(0)=-1<0,\ g\!\left(\dfrac{\pi}{2}\right)=\dfrac{\pi}{2}>0$ 이므로 중간값의 정리에 의하여

$g(c)=c-\cos c=0$ 되는 c 가 열린구간 $\left(0,\dfrac{\pi}{2}\right)$ 안에 적어도 하나 존재한다.

따라서 방정식 $x-\cos x=0$ 은 열린구간 $\left(0,\dfrac{\pi}{2}\right)$ 에서 적어도 하나의 실근을
갖는다.

2. 1) $f(x)$는 삼차다항식이므로 실근이 존재한다면 3개 이하이다. … ①

   한편, $f(x)$는 다항함수이므로 모든 구간에서 연속이며,

   $$f(a) = (a-b)(a-c)(a-d) < 0, \quad f(b) = (b-a)(b-c)(b-d) > 0$$

   $$f(c) = (c-a)(c-b)(c-d) < 0, \quad f(d) = (d-a)(d-b)(d-c) > 0$$

   따라서 중간값의 정리에 의하여 $f(x)$는

   연린구간 (a,b), (b,c), (c,d)에서 각각 실근이 적어도 하나 존재하는데 ①
   에 의하여 각 열린구간에서 오직 하나씩의 실근이 존재해야 한다.

   따라서 $f(x)$는 세 개의 실근을 가진다.

   2) 위의 1)의 풀이에 의하여 가장 큰 실근은 열린구간 (c,d)에 존재한다. 따
   라서 구하는 답은 ④이다.

3. (1) $f(-1) = -1 < 0$, $f(0) = 1 > 0$ 이므로 중간값의 정리에 의하여 $f(x)$는 열린구
   간 $(-1, 0)$에서 적어도 하나의 실근을 갖는다.

   (2) $f(2) = 0$ 이므로 $x = 2$는 $f(x)$의 근이다.

   (3) $f(3) = 2 > 0$, $f(4) = -3 < 0$ 이므로 중간값의 정리에 의하여 $f(x)$는 열린구
   간 $(3, 4)$에서 적어도 하나의 실근을 갖는다.

   (1), (2), (3)에 의하여 $f(x)$는 구간 $[-1,4]$에서 적어도 3개의 실근을 갖는다.

제3장   도함수

p.81

1.

1) $\dfrac{f(b)-f(a)}{b-a}=\dfrac{(b^2+2b+3)-(a^2+2a+3)}{b-a}=\dfrac{(b-a)(b+a+2)}{b-a}=a+b+2$

2) $f'(c)=\lim\limits_{h\to0}\dfrac{(c+h)^2+2(c+h)+3-(c^2+2c+3)}{h}=\lim\limits_{h\to0}\dfrac{h(2c+h+2)}{h}$

$$=\lim\limits_{h\to0}(2c+2+h)=2c+2$$

$\therefore\ 2c+2=a+b+2$ 로부터 $c=\dfrac{a+b}{2}$

2.

1) $f'(1)=\lim\limits_{h\to0}\dfrac{2(1+h)+3-(2+3)}{h}=\lim\limits_{h\to0}\dfrac{2h}{h}=\lim\limits_{h\to0}2=2$

2) $f'(2)=\lim\limits_{h\to0}\dfrac{3(2+h)^2+1-(12+1)}{h}=\lim\limits_{h\to0}\dfrac{12h+3h^2}{h}=\lim\limits_{h\to0}(12+3h)=12$

3) $f'(5)=\lim\limits_{h\to0}\dfrac{\sqrt{4+h}-\sqrt4}{h}=\lim\limits_{h\to0}\dfrac{\sqrt{4+h}-2}{h}\times\dfrac{\sqrt{4+h}+2}{\sqrt{4+h}+2}$

$$=\lim\limits_{h\to0}\dfrac{h}{h(\sqrt{4+h}+2)}=\lim\limits_{h\to0}\dfrac{1}{\sqrt{4+h}+2}=\dfrac14$$

4) $f'(\dfrac12)=\lim\limits_{h\to0}\dfrac{\dfrac{1}{\dfrac12+h}-\dfrac{1}{\dfrac12}}{h}=\lim\limits_{h\to0}\dfrac{-h}{h(\dfrac12+h)\dfrac12}=-\lim\limits_{h\to0}\dfrac{1}{(\dfrac12+h)\dfrac12}=-\dfrac{1}{\dfrac14}=-4$

3.

1) $f'(x) = \lim_{h \to 0} \dfrac{3(x+h)-1-(3x-1)}{h} = \lim_{h \to 0} \dfrac{3h}{h} = \lim_{h \to 0} 3 = 3$

2) $f'(x) = \lim_{h \to 0} \dfrac{\dfrac{3}{x+h+1} - \dfrac{3}{x+1}}{h} = \lim_{h \to 0} \dfrac{-3h}{h(x+h+1)(x+1)}$

$= \lim_{h \to 0} \dfrac{-3}{(x+h+1)(x+1)} = -\dfrac{3}{(x+1)^2}$

3) $f'(x) = \lim_{h \to 0} \dfrac{5(x+h)^3 - 5x^3}{h} = \lim_{h \to 0} \dfrac{5\{3x^2 + 3xh + h^2\}h}{h}$

$= \lim_{h \to 0} 5(3x^2 + 3xh + h^2) = 15x^2$

4) $f'(x) = \lim_{h \to 0} \dfrac{\sqrt[3]{x+h} - \sqrt[3]{x}}{h}$

$= \lim_{h \to 0} \dfrac{\sqrt[3]{x+h} - \sqrt[3]{x}}{h} \times \dfrac{(\sqrt[3]{x+h})^2 + \sqrt[3]{x+h}\sqrt[3]{x} + (\sqrt[3]{x})^2}{(\sqrt[3]{x+h})^2 + \sqrt[3]{x+h}\sqrt[3]{x} + (\sqrt[3]{x})^2}$

$= \lim_{h \to 0} \dfrac{(\sqrt[3]{x+h})^3 - (\sqrt[3]{x})^3}{h} \times \dfrac{1}{(\sqrt[3]{x+h})^2 + \sqrt[3]{x+h}\sqrt[3]{x} + (\sqrt[3]{x})^2}$

$= \lim_{h \to 0} \dfrac{1}{(\sqrt[3]{x+h})^2 + \sqrt[3]{x+h}\sqrt[3]{x} + (\sqrt[3]{x})^2} = \dfrac{1}{3(\sqrt[3]{x})^2} = \dfrac{1}{3\sqrt[3]{x^2}}$

4.

1) ㉠ $f(0) = 0$ 이고 $\lim_{x \to 0} f(x) = \lim_{x \to 0} x|x| = 0$ 이므로 $f(0) = \lim_{x \to 0} f(x)$ 이다.

따라서 $f(x) = x|x|$ 는 $x = 0$ 에서 연속이다.

㉡ $f'(0) = \lim_{h \to 0} \dfrac{f(h) - f(0)}{h} = \lim_{h \to 0} \dfrac{h|h|}{h} = \lim_{h \to 0} |h| = 0$

따라서 $f(x) = x|x|$ 는 $x = 0$ 에서 미분가능이다.

2) ㉠ $f(0) = 2$ 이고 $\lim_{x \to 0} f(x) = \lim_{h \to 0}(x^2 - 3|x| + 2) = 2$ 이므로 $f(0) = \lim_{x \to 0} f(x)$ 이다.

따라서 $f(x) = x^2 - 3|x| + 2$ 는 $x = 0$ 에서 연속이다.

$\textcircled{L}$ $f_+'(0) = \lim\limits_{h \to +0} \dfrac{f(h) - f(0)}{h} = \lim\limits_{h \to 0} \dfrac{(h^2 - 3h + 2) - 2}{h} = \lim\limits_{h \to 0}(h - 3) = -3$

$f_-'(0) = \lim\limits_{h \to -0} \dfrac{f(h) - f(0)}{h} = \lim\limits_{h \to 0} \dfrac{(h^2 + 3h + 2) - 2}{h} = \lim\limits_{h \to 0}(h + 3) = 3$

$f_+'(0) \neq f_-'(0)$ 이므로 $f(x) = x^2 - 3|x| + 2$ 는 $x = 0$ 에서 미분불가능이다.

p.84

1.

$y'|_{x=2} = \lim\limits_{h \to 0} \dfrac{(2 + h)^2 - 2^2}{h} = \lim\limits_{h \to 0} \dfrac{4h + h^2}{h} = \lim\limits_{h \to 0}(4 + h) = 4$

접선의 방정식은 기울기가 4이고, 점 $(2, 4)$를 지나는 직선이므로 구하는 접선의 방정식은 $y - 4 = 4(x - 2)$

$\therefore y = 4x - 4$

2.

1) $f'(1) = \lim\limits_{h \to 0} \dfrac{(1 + h)^3 - 1^3}{h} = \lim\limits_{h \to 0} \dfrac{3h + 3h^2 + h^3}{h} = \lim\limits_{h \to 0}(3 + 3h + h^2) = 3$

$\textcircled{\small ㄱ}$ 접선의 방정식은 기울기가 3이고 점 $(1, 1)$을 지나는 직선이므로 구하는 접선의 방정식은 $y - 1 = 3(x - 1)$

$\therefore y = 3x - 2$

$\textcircled{\small ㄴ}$ 법선의 방정식은 기울기가 $-\dfrac{1}{3}$이고, 점 $(1, 1)$을 지나는 직선이므로 구하는 법선의 방정식은 $y - 1 = -\dfrac{1}{3}(x - 1)$

$\therefore y = -\dfrac{1}{3}x + \dfrac{4}{3}$

2) $f'(4) = \lim\limits_{h \to 0} \dfrac{\sqrt{4 + h} - \sqrt{4}}{h} = \lim\limits_{h \to 0} \dfrac{\sqrt{4 + h} - 2}{h} \times \dfrac{\sqrt{4 + h} + 2}{\sqrt{4 + h} + 2}$

$= \lim\limits_{h \to 0} \dfrac{h}{h(\sqrt{4 + h} + 2)} = \lim\limits_{h \to 0} \dfrac{1}{\sqrt{4 + h} + 2} = \dfrac{1}{4}$

$\bigcirc$ 접선의 방정식은 기울기가 $\dfrac{1}{4}$ 이고, 점 $(4, 2)$를 지나는 직선이므로 구하

는 접선의 방정식은 $y - 2 = \dfrac{1}{4}(x - 4)$

$\therefore y = \dfrac{1}{4}x + 1$

$\bigcirc$ 법선의 방정식은 기울기가 -4 이고, 점 $(4, 2)$를 지나는 직선이므로 구하

는 법선의 방정식은 $y - 2 = -4(x - 4)$

$\therefore y = -4x + 18$

p.93

1. 1) $f'(x) = 0$

2) $f(x) = (\sin^2 x - 2\sin x \cos x + \cos^2 x) + (\sin^2 x + 2\sin x \cos x + \cos^2 x)$

$= 2(\sin^2 x + \cos^2 x) = 2$

$\therefore f'(x) = 0$

3) $f'(x) = 0$

4) $f'(x) = 0$

5) $f'(x) = 7x^6 + 5x^4 + 2$

6) $f(x) = x^{\frac{3}{2}}$ 이므로 $f'(x) = \dfrac{3}{2}x^{\frac{1}{2}} = \dfrac{3}{2}\sqrt{x}$

7) $f(x) = x^{-\frac{7}{3}}$ 이므로 $f'(x) = -\dfrac{7}{3}x^{-\frac{10}{3}} = -\dfrac{7}{3x^3\sqrt[3]{x}}$

8) $f(x) = x^{-\frac{5}{2}}$ 이므로 $f'(x) = -\dfrac{5}{2}x^{-\frac{7}{2}} = -\dfrac{5}{2x^3\sqrt{x}}$

9) $f(x) = x^{-4} + x^{-5}$ 이므로 $f'(x) = -4x^{-5} - 5x^{-6} = -\dfrac{4}{x^5} - \dfrac{5}{x^6} = -\dfrac{4x + 5}{x^6}$

10) $f(x) = x^2 + x^{-2} + 2$ 이므로 $f'(x) = 2x - 2x^{-3} = 2x - \dfrac{2}{x^3}$

2. 1) $y' = 3(x^5 + 2x)^4(5x^4 + 2)$

2) $y' = \left\{(2x+1)^3\right\}'(x^2+1)^4 + (2x+1)^3\left\{(x^2+1)^4\right\}'$

$\quad = 6(2x+1)^2(x^2+1)^4 + (2x+1)^3 \times 4(x^2+1)^3 \times 2x$

$\quad = 2(2x+1)^2(x^2+1)^3(11x^2 + 4x + 3)$

3) $y' = 10(3x^2 + 2x + 1)^9(6x + 2) = 20(3x^2 + 2x + 1)^9(3x+1)$

4) $y = (x^2+1)^2 - 3x^2 = x^4 - x^2 + 1$ 이므로 $y' = 4x^3 - 2x$

5) $y' = -\dfrac{(x^2+2x+5)'}{(x^2+2x+5)^2} = -\dfrac{2x+2}{(x^2+2x+5)^2} = -\dfrac{2(x+1)}{(x^2+2x+5)^2}$

6) $y' = \dfrac{(3x-1)'(x^2+1) - (3x-1)(x^2+1)'}{(x^2+1)^2} = -\dfrac{3x^2 - 2x - 3}{(x^2+1)^2}$

7) $y = (x^2 - 3x + 1)^{\frac{1}{3}}$ 이므로 $y' = \dfrac{1}{3}(x^2 - 3x + 1)^{-\frac{2}{3}} \cdot (2x - 3) = \dfrac{2x-3}{3\sqrt[3]{(x^2-3x+1)^2}}$

8) $y = (x^2+1)^{-\frac{1}{2}}$ 이므로 $y' = -\dfrac{1}{2}(x^2+1)^{-\frac{3}{2}} \times 2x = -\dfrac{x}{(x^2+1)\sqrt{(x^2+1)}}$

3. 1) $f'(x) = 3x^2 + 2$ 이므로 $f'(f^{-1}(x)) = 3(f^{-1}(x))^2 + 2$

$\quad \therefore (f^{-1}(x))' = \dfrac{1}{f'(f^{-1}(x))} = \dfrac{1}{3(f^{-1}(x))^2 + 2}$

2) $f'(x) = 5x^4 + 6x^2 + 3$ 이므로 $f'(f^{-1}(x)) = 5(f^{-1}(x))^4 + 6(f^{-1}(x))^2 + 3$

$\quad \therefore (f^{-1}(x))' = \dfrac{1}{f'(f^{-1}(x))} = \dfrac{1}{5(f^{-1}(x))^4 + 6(f^{-1}(x))^2 + 3}$

4. 1) 역함수의 정의로부터 $f^{-1}(f(2)) = 2$ 이다.

한편, $f'(x) = 3x^2$ 이므로 $f'(f^{-1}(x)) = 3(f^{-1}(x))^2$

$$\therefore \frac{df^{-1}(x)}{dx}\Big|_{f(2)} = \frac{1}{f'(f^{-1}(x))}\Big|_{f(2)} = \frac{1}{3(f^{-1}(x))^2}\Big|_{f(2)}$$

$$= \frac{1}{3\times\left\{f^{-1}(f(2)\right\}^2} = \frac{1}{3\times 2^2} = \frac{1}{12}$$

2) 역함수의 정의로부터 $f^{-1}(f(3)) = 3$ 이다.

한편 $f'(x) = 3x^2 + 3$ 이므로 $f'(f^{-1}(x)) = 3(f^{-1}(x))^2 + 3$

$$\therefore \frac{df^{-1}(x)}{dx}\Big|_{f(3)} = \frac{1}{f'(f^{-1}(x))}\Big|_{f(3)} = \frac{1}{3(f^{-1}(x))^2 + 3}\Big|_{f(3)}$$

$$= \frac{1}{3\left\{f^{-1}(f(3))\right\}^2 + 3} = \frac{1}{3\times 3^2 + 3} = \frac{1}{30}$$

p.96

1.

1) $\dfrac{dy}{dx} = \dfrac{\dfrac{dy}{dt}}{\dfrac{dx}{dt}} = \dfrac{12t^3 + 1}{4} = 3t^3 + \dfrac{1}{4}$

2) $\dfrac{dy}{dx} = \dfrac{\dfrac{dy}{dt}}{\dfrac{dx}{dt}} = \dfrac{1 + \dfrac{1}{t^2}}{1 - \dfrac{1}{t^2}} = \dfrac{t^2 + 1}{t^2 - 1}$

3) $\dfrac{dy}{dx} = \dfrac{\dfrac{dy}{dt}}{\dfrac{dx}{dt}} = \dfrac{4t^3}{2t} = 2t^2$

4) $\dfrac{dy}{dx} = \dfrac{\dfrac{dy}{dt}}{\dfrac{dx}{dt}} = \dfrac{3t^3}{1} = 3t^2$

5) $\dfrac{dy}{dx} = \dfrac{\dfrac{dy}{dt}}{\dfrac{dx}{dt}} = \dfrac{\sqrt{t+1} + \dfrac{t}{2\sqrt{t+1}}}{\dfrac{1}{2\sqrt{t}}} = (3t+2)\sqrt{\dfrac{t}{t+1}}$

6) $\dfrac{dy}{dx} = \dfrac{\dfrac{dy}{dt}}{\dfrac{dx}{dt}} = \dfrac{\dfrac{3}{2\sqrt{3t-1}}}{-\dfrac{2}{(2t+1)^2}} = -\dfrac{3(2t+1)^2}{4\sqrt{3t-1}}$

2.

$$\frac{dy}{dx} = \frac{\dfrac{dy}{dt}}{\dfrac{dx}{dt}} = \frac{3t^2-1}{2t} \text{ 이므로}$$

1) $\dfrac{dy}{dx}\Big|_{t=-1} = \dfrac{3t^2-1}{2t}\Big|_{t=-1} = -1$

2) $\dfrac{dy}{dx}\Big|_{t=1} = \dfrac{3t^2-1}{2t}\Big|_{t=1} = 1$

3) $\dfrac{dy}{dx}\Big|_{t=-2} = \dfrac{3t^2-1}{2t}\Big|_{t=-2} = -\dfrac{11}{4}$

p.98

1.

1) 양변을 x 로 미분하면 $2x + 2y\dfrac{dy}{dx} = 0$

$$\therefore \frac{dy}{dx} = -\frac{x}{y}$$

2) 양변을 x 로 미분하면 $\dfrac{1}{2\sqrt{x}} + \dfrac{1}{2\sqrt{y}}\dfrac{dy}{dx} = 0$

$$\therefore \frac{dy}{dx} = -\sqrt{\frac{y}{x}}$$

3) 양변을 x 로 미분하면 $(3y^2+1)\dfrac{dy}{dx} = 4x^3$

$$\therefore \frac{dy}{dx} = \frac{4x^3}{3y^2+1}$$

4) 양변을 x 로 미분하면 $2(x+y)(1+\dfrac{dy}{dx}) = 4\dfrac{dy}{dx}$

$$\therefore \frac{dy}{dx} = -\frac{x+y}{x+y-2}$$

5) $x^{\frac{3}{2}} + y^{\frac{3}{2}} = 1$ 양변을 x 로 미분하면 $\dfrac{3}{2}\sqrt{x} + \dfrac{3}{2}\sqrt{y}\dfrac{dy}{dx} = 0$

$$\therefore \frac{dy}{dx} = -\sqrt{\frac{x}{y}}$$

6) 양변을 x로 미분하면 $2xy^3 + x^2 \times 3y^2 \frac{dy}{dx} + 2xy + x^2 \frac{dy}{dx} - y^2 - x \times 2y \frac{dy}{dx} = 0$

$$\therefore \frac{dy}{dx} = -\frac{2xy^3 + 2xy - y^2}{3x^2 y^2 + x^2 - 2xy}$$

2.

1) 주어진 식의 양변을 x로 미분하면 $2x - 8y \frac{dy}{dx} = 0$

$\frac{dy}{dx} = \frac{x}{4y}$ 에서 $\frac{dy}{dx}\big|_{(2,1)} = \frac{x}{4y}\big|_{(2,1)} = \frac{1}{2}$

따라서 구하는 접선의 방정식은 $y - 1 = \frac{1}{2}(x - 2)$

$$\therefore y = \frac{1}{2}x$$

2) 주어진 식의 양변을 x로 미분하면 $2xy^2 + x^2 \times 2y \frac{dy}{dx} = 4$

$\frac{dy}{dx} = \frac{2 - xy^2}{x^2 y}$ 에서 $\frac{dy}{dx}\big|_{(1,2)} = \frac{2 - xy^2}{x^2 y}\big|_{(1,2)} = -1$

따라서 구하는 접선의 방정식은 $y - 2 = -(x - 1)$

$$\therefore y = -x + 3$$

p.105

1.

1) $\displaystyle\lim_{x \to 0} \frac{\sin 3x}{\sin 2x} = \lim_{x \to 0} \frac{\frac{\sin 3x}{x}}{\frac{\sin 2x}{x}} = \frac{3}{2} \times \lim_{x \to 0} \frac{\frac{\sin 3x}{3x}}{\frac{\sin 2x}{2x}} = \frac{3}{2} \frac{\lim_{x \to 0} \frac{\sin 3x}{3x}}{\lim_{x \to 0} \frac{\sin 2x}{2x}} = \frac{3}{2} \times \frac{1}{1} = \frac{3}{2}$

2) $\displaystyle\lim_{x \to 0} \frac{\tan x}{x} = \lim_{x \to 0} \frac{\sin x}{x} \times \frac{1}{\cos x} = \left(\lim_{x \to 0} \frac{\sin x}{x} \right) \times \left(\lim_{x \to 0} \frac{1}{\cos x} \right) = 1 \times 1 = 1$

3) 2)의 결과를 이용한다.

$$\lim_{x \to 0} \frac{\tan x}{\tan 3x} = \lim_{x \to 0} \frac{\dfrac{\tan x}{x}}{\dfrac{\tan 3x}{x}} = \frac{1}{3} \times \lim_{x \to 0} \frac{\dfrac{\tan x}{x}}{\dfrac{\tan 3x}{3x}} = \frac{1}{3} \times \frac{\lim\limits_{x \to 0} \dfrac{\tan x}{x}}{\lim\limits_{x \to 0} \dfrac{\tan 3x}{3x}} = \frac{1}{3} \times \frac{1}{1} = \frac{1}{3}$$

4) $$\lim_{x \to 0} \frac{1 - \cos^2 2x}{x^2} = \lim_{x \to 0} \frac{\sin^2 2x}{x^2} = \lim_{x \to 0} \left(\frac{\sin 2x}{x} \right)^2 = 4 \lim_{x \to 0} \left(\frac{\sin 2x}{2x} \right)^2 = 4$$

2.
1) $y' = 2\sin x \cos x = \sin 2x$

2) $y' = (x^2)' \cos x + x^2 (\cos x)' = 2x \cos x + x^2 (-\sin x) = 2x \cos x - x^2 \sin x$

3) $y' = \dfrac{(\tan x)' x - \tan x \times (x)'}{x^2} = \dfrac{x \sec^2 x - \tan x}{x^2}$

4) $y' = (x^2)' \sec x + x^2 (\sec x)' + 4\csc^2 x = 2x \sec x + x^2 \sec x \tan x + 4\csc^2 x$

5) $y' = 2\sec^2 x + \csc x \cot x$

6) $y' = 2(\sin x)' \cos x + 2\sin x (\cos x)' = 2\cos^2 x - 2\sin^2 x = 2\cos 2x$

  다른방법 $y = 2\sin x \cos x = \sin 2x$ 이므로 $y' = 2\cos 2x$

7) $y' = \dfrac{1}{2\sqrt{x}} + 2\csc 2x \cot 2x$

8) $y' = \dfrac{(\cos 2x - 1)' x^2 - (\cos 2x - 1)(x^2)'}{x^4} = \dfrac{-2x^2 \sin 2x - 2x(\cos 2x - 1)}{x^4}$

$$= -\frac{2(x \sin 2x + \cos 2x - 1)}{x^3}$$

3.
1) $\dfrac{dy}{dx} = \dfrac{\dfrac{dy}{dt}}{\dfrac{dx}{dt}} = \dfrac{7\cos 7t}{-2\sin 2t} = -\dfrac{7}{2} \dfrac{\cos 7t}{\sin 2t}$

2) $\dfrac{dy}{dx} = \dfrac{\dfrac{dy}{dt}}{\dfrac{dx}{dt}} = \dfrac{\sin t + t \cos t}{\cos 2t - 2t \sin 2t}$

3) $\dfrac{dy}{dx} = \dfrac{\dfrac{dy}{dt}}{\dfrac{dx}{dt}} = \dfrac{3\cos 3t}{2t}$

4) $\dfrac{dy}{dx} = \dfrac{\dfrac{dy}{dt}}{\dfrac{dx}{dt}} = \dfrac{6\cos 2t - 6\sin 6t}{6\cos 6t - 6\sin 2t} = \dfrac{\cos 2t - \sin 6t}{\cos 6t - \sin 2t}$

4.

1) 양변을 x 로 미분하면 $\cos y \times \dfrac{dy}{dx} - 2y \times \dfrac{dy}{dx} = 0$

$\therefore \dfrac{dy}{dx} = \dfrac{0}{\cos y - 2y} = 0$

2) 양변을 x 로 미분하면 $\dfrac{dy}{dx} - 6xy - 3x^2 \times \dfrac{dy}{dx} = -\sin x$

$\therefore \dfrac{dy}{dx} = \dfrac{\sin x - 6xy}{3x^2 - 1}$

p.111

1.

1) $\sin^{-1}\left(-\dfrac{1}{2}\right) = y$ 라 두면 $\sin y = -\dfrac{1}{2}$ 이다. 따라서 $\sin y = -\dfrac{1}{2}$ 되는 y 를 구간

$\left[-\dfrac{\pi}{2}, \dfrac{\pi}{2}\right]$ 안에서 찾으면 된다.

$\sin\left(-\dfrac{\pi}{6}\right) = -\dfrac{1}{2}$ 이므로 $y = -\dfrac{\pi}{2}$

$\therefore \sin^{-1}\left(-\dfrac{1}{2}\right) = -\dfrac{\pi}{6}$

2) $\cos^{-1}\dfrac{\sqrt{3}}{2} = y$ 라 두면 $\cos y = \dfrac{\sqrt{3}}{2}$ 이다. 따라서 $\cos y = \dfrac{\sqrt{3}}{2}$ 되는 y 를 구간

$[0, \pi]$ 안에서 찾으면 된다.

$$\cos\frac{\pi}{6} = \frac{\sqrt{3}}{2} \text{ 이므로 } y = \frac{\pi}{6}$$

$$\therefore \cos^{-1}\frac{\sqrt{3}}{2} = \frac{\pi}{6}$$

3) $\tan^{-1}(-\sqrt{3}) = y$ 라 두면 $\tan y = -\sqrt{3}$ 이다. 따라서 $\tan y = -\sqrt{3}$ 되는 y 를 구간 $\left(-\frac{\pi}{2}, \frac{\pi}{2}\right)$ 안에서 찾으면 된다. $\tan\left(-\frac{\pi}{3}\right) = -\sqrt{3}$ 이므로 $y = -\frac{\pi}{3}$

$$\therefore \tan^{-1}(-\sqrt{3}) = -\frac{\pi}{3}$$

4) $\cot^{-1}(-1) = y$ 라 두면 $\cot y = -1$ 이다. 따라서 $\cot y = -1$ 되는 y 를 구간 $(0, \pi)$ 안에서 찾으면 된다.

$$\cot\frac{3\pi}{4} = -1 \text{ 이므로 } y = \frac{3\pi}{4}$$

$$\therefore \cot^{-1}(-1) = \frac{3\pi}{4}$$

5) $\sec^{-1}(-\sqrt{2}) = y$ 라 두면 $\sec y = -\sqrt{2}$ 이다. 따라서 $\sec y = -\sqrt{2}$ 되는 y 를 구간 $[0, \frac{\pi}{2}) \cup (\frac{\pi}{2}, \pi]$ 안에서 찾으면 된다. $\sec\frac{3\pi}{4} = -\sqrt{2}$ 이므로 $y = \frac{3\pi}{4}$

$$\therefore \sec^{-1}(-\sqrt{2}) = \frac{3\pi}{4}$$

6) $\csc^{-1} 2 = y$ 라 두면 $\csc y = 2$ 이다. 따라서 $\csc y = 2$ 되는 y 를 구간 $[-\frac{\pi}{2}, 0) \cup (0, \frac{\pi}{2}]$ 안에서 찾으면 된다.

$$\csc\frac{\pi}{6} = 2 \text{ 이므로 } y = \frac{\pi}{6}$$

$$\therefore \csc^{-1} 2 = \frac{\pi}{6}$$

2. $\sin^{-1}\dfrac{5}{13}=\theta$ 에서 $\sin\theta=\dfrac{5}{13}\left(-\dfrac{\pi}{2}\le\theta\le\dfrac{\pi}{2}\right)$

㉠ $\cos\theta=\sqrt{1-\sin^2\theta}=\sqrt{1-\left(\dfrac{5}{13}\right)^2}=\sqrt{\left(\dfrac{12}{13}\right)^2}=\dfrac{12}{13}$

㉡ $\tan\theta=\dfrac{\sin\theta}{\cos\theta}=\dfrac{\frac{5}{13}}{\frac{12}{13}}=\dfrac{5}{12}$

㉢ $\cot\theta=\dfrac{1}{\tan\theta}=\dfrac{1}{\frac{5}{12}}=\dfrac{12}{5}$

㉣ $\sec\theta=\dfrac{1}{\cos\theta}=\dfrac{1}{\frac{12}{13}}=\dfrac{13}{12}$

㉤ $\csc\theta=\dfrac{1}{\sin\theta}=\dfrac{1}{\frac{5}{13}}=\dfrac{13}{5}$

3.

1) $y'=\dfrac{\left(\frac{x}{a}\right)'}{\sqrt{1-\left(\frac{x}{a}\right)^2}}=\dfrac{\frac{1}{a}}{\sqrt{\frac{a^2-x^2}{a^2}}}=\dfrac{1}{\sqrt{a^2-x^2}}$

2) $y'=\dfrac{(x^2)'}{\sqrt{1-(x^2)^2}}=\dfrac{2x}{\sqrt{1-x^4}}$

3) $y'=-\dfrac{\left(\frac{1}{x}\right)'}{\sqrt{1-\left(\frac{1}{x}\right)^2}}=-\dfrac{-\frac{1}{x^2}}{\sqrt{\frac{x^2-1}{x^2}}}=\dfrac{\frac{1}{|x|^2}}{\frac{\sqrt{x^2-1}}{|x|}}=\dfrac{1}{|x|\sqrt{x^2-1}}$

4) $y'=\dfrac{(\sqrt{x+1})'}{1+(\sqrt{x+1})^2}=\dfrac{\frac{1}{2\sqrt{x+1}}}{1+x+1}=\dfrac{1}{2(x+2)\sqrt{x+1}}$

5) $y' = \dfrac{(3x+2)'}{|3x+2|\sqrt{(3x+2)^2-1}} = \dfrac{3}{|3x+2|\sqrt{3(3x+1)(x+1)}} = \dfrac{\sqrt{3}}{|3x+2|\sqrt{(3x+1)(x+1)}}$

6) $y' = \dfrac{x}{\sqrt{x^2+1}} - \dfrac{(2x-1)'}{|2x-1|\sqrt{(2x-1)^2-1}} = \dfrac{x}{\sqrt{x^2-1}} - \dfrac{1}{|2x-1|\sqrt{x(x-1)}}$

4. 1) $\sin^{-1}x = \alpha$, $\cos^{-1}x = \beta$라 두면 $\sin\alpha = x$, $\cos\beta = x$

$$\therefore \sin\alpha = \cos\beta = \sin\left(\frac{\pi}{2} - \beta\right) \cdots ①$$

한편, $-\dfrac{\pi}{2} \le \alpha \le \dfrac{\pi}{2}$ 이고, $-\dfrac{\pi}{2} \le \dfrac{\pi}{2} - \beta \le \dfrac{\pi}{2}$ 이며, 구간 $\left[-\dfrac{\pi}{2}, \dfrac{\pi}{2}\right]$ 에서

$f(\theta) = \sin\theta$ 는 일대일함수이므로 ①에서 $\alpha = \dfrac{\pi}{2} - \beta$

$$\therefore \alpha + \beta = \frac{\pi}{2} \ \ \text{즉,} \ \ \sin^{-1}x + \cos^{-1}x = \frac{\pi}{2}$$

2) $\tan^{-1}x = \alpha$, $\cot^{-1}x = \beta$라 두면 $\tan\alpha = x$, $\cot\beta = x$

$$\therefore \tan\alpha = \cot\beta = \tan(\frac{\pi}{2} - \beta) \cdots ①$$

한편, $-\dfrac{\pi}{2} < \alpha < \dfrac{\pi}{2}$ 이고, $-\dfrac{\pi}{2} < \dfrac{\pi}{2} - \beta < \dfrac{\pi}{2}$ 이며, 구간 $\left(-\dfrac{\pi}{2}, \dfrac{\pi}{2}\right)$ 에서

$f(\theta) = \tan\theta$ 는 일대일함수이므로 ①에서 $\alpha = \dfrac{\pi}{2} - \beta$

$$\therefore \alpha + \beta = \frac{\pi}{2} \ \ \text{즉,} \ \ \tan^{-1}x + \cot^{-1}x = \frac{\pi}{2}$$

3) $\sec^{-1}x = \alpha$, $\csc^{-1}x = \beta$라 두면 $\sec\alpha = x$, $\csc\beta = x$

$$\therefore \sec\alpha = \csc\beta = \sec\left(\frac{\pi}{2} - \beta\right) \cdots ①$$

한편, $0 \le \alpha < \dfrac{\pi}{2}$, $\dfrac{\pi}{2} < \alpha \le \pi$ 이고, $0 \le \dfrac{\pi}{2} - \beta < \dfrac{\pi}{2}$, $\dfrac{\pi}{2} < \dfrac{\pi}{2} - \beta \le \pi$ 이며,

구간 $[0, \frac{\pi}{2}) \cup (\frac{\pi}{2}, \pi]$ 에서 $f(\theta) = \sec\theta$ 는 일대일함수이므로 ①에서 $\alpha = \frac{\pi}{2} - \beta$

$$\therefore \alpha + \beta = \frac{\pi}{2} \;\; 즉, \;\; \sec^{-1}x + \csc^{-1}x = \frac{\pi}{2}$$

5. ㉠ $\frac{d}{dx}(\tan^{-1}x + \cot^{-1}x) = \frac{d}{dx}(\frac{\pi}{2})$ 에서

$$\frac{1}{x^2+1} + \frac{d}{dx}(\cot^{-1}x) = 0$$

$$\therefore \frac{d}{dx}(\cot^{-1}x) = -\frac{1}{x^2+1}$$

㉡ $\frac{d}{dx}(\sec^{-1}x + \csc^{-1}x) = \frac{d}{dx}(\frac{\pi}{2})$ 에서

$$\frac{1}{|x|\sqrt{x^2-1}} + \frac{d}{dx}(\csc^{-1}x) = 0$$

$$\therefore \frac{d}{dx}(\csc^{-1}x) = -\frac{1}{|x|\sqrt{x^2-1}}$$

p.121

1. 1) $\frac{x}{2} = t$ 라 두면 $x \to \infty$ 일 때 $t \to \infty$ 이다.

$$\therefore \lim_{x\to\infty}\left(1+\frac{2}{x}\right)^x = \lim_{t\to\infty}\left(1+\frac{1}{t}\right)^{2t} \lim_{t\to\infty}\left\{\left(1+\frac{1}{t}\right)^t\right\}^2 = \left\{\lim_{t\to\infty}\left(1+\frac{1}{t}\right)^t\right\}^2 = e^2$$

다른 방법 $\frac{2}{x} = t$ 라 두면 $x \to \infty$ 일 때 $t \to +0$ 이다.

$$\therefore \lim_{x\to\infty}\left(1+\frac{2}{x}\right)^x = \lim_{t\to+0}(1+t)^{\frac{2}{t}} = \lim_{t\to+0}\left\{(1+t)^{\frac{1}{t}}\right\}^2 = \left\{\lim_{t\to+0}(1+t)^{\frac{1}{t}}\right\}^2 = e^2$$

2) $\displaystyle\lim_{x\to 0}(1+x)^{\frac{1}{2x}} = \lim_{x\to 0}\left[(1+x)^{\frac{1}{x}}\right]^{\frac{1}{2}}$

$$= e^{\frac{1}{2}}$$

$$= \sqrt{e}$$

2. 1) $y' = e^{10x}(10x)' = 10e^{10x}$

2) $y' = (x)'e^{\sqrt[3]{x}} + x(e^{\sqrt[3]{x}})' = e^{\sqrt[3]{x}} + xe^{\sqrt[3]{x}}(\sqrt[3]{x})' = e^{\sqrt[3]{x}}\left(1 + \dfrac{\sqrt[3]{x}}{3}\right)$

3) $y = e^{\sin^2 x + \cos^2 x} = e^1 = e\,(상수)$ 이므로 $y' = 0$

4) $y' = ae^{ax}(\sin bx + \cos bx) + e^{ax}(b\cos bx - b\sin bx)$

$$= e^{ax}\{(a-b)\sin bx + (a+b)\cos bx\}$$

5) $y' = \dfrac{1}{2}\{(e^x)' + (e^{-x})'\} = \dfrac{e^x - e^{-x}}{2}$

6) $y' = e^{\tan x + 2}(\tan x + 2)' = e^{\tan x + 2}\sec^2 x$

7) $y' = e^{\sin^{-1} 2x}(\sin^{-1} 2x)' = e^{\sin^{-1} 2x} \times \dfrac{(2x)'}{\sqrt{1-(2x)^2}} = \dfrac{2e^{\sin^{-1} 2x}}{\sqrt{1-4x^2}}$

8) $y' = \dfrac{(e^{3x})'(e^{3x}+2) - e^{3x}(e^{3x}+2)'}{(e^{3x}+2)^2} = \dfrac{3e^{3x}(e^{3x}+2) - e^{3x} \times 3e^{3x}}{(e^{3x}+2)^2} = \dfrac{6e^{3x}}{(e^{3x}+2)^2}$

9) $y' = 3^{\sqrt{2x-1}}(\sqrt{2x-1})'\ln 3 = \dfrac{3^{\sqrt{2x-1}}\ln 3}{\sqrt{2x-1}}$

10) $y' = 10^{\cos\sqrt{x}}(\cos\sqrt{x})'\ln 10 = 10^{\cos\sqrt{x}} \times \left\{-\dfrac{1}{2\sqrt{x}}\sin\sqrt{x}\right\}\ln 10$

$$= -\dfrac{10^{\cos\sqrt{x}}\sin\sqrt{x}}{2\sqrt{x}}\ln 10$$

3.

1) $y' = \dfrac{(x^2 - 2x + 5)'}{x^2 - 2x + 5} = \dfrac{2(x-1)}{x^2 - 2x + 5}$

2) $y' = \dfrac{(\sin 3x + 2)'}{\sin 3x + 2} = \dfrac{3\cos 3x}{\sin 3x + 2}$

3) $y' = \dfrac{(2x+1)'}{2x+1} = \dfrac{2}{2x+1}$

4) $y' = \dfrac{(\tan^2 x + 3)'}{\tan^2 x + 3} = \dfrac{2\tan x \sec^2 x}{\tan^2 x + 3}$

5) $y = 3\ln(x-2)$ 이므로 $y' = 3 \times \dfrac{(x-2)'}{x-2} = \dfrac{3}{x-2}$

6) $y' = \dfrac{(\sec x + \tan x)'}{\sec x + \tan x} = \dfrac{\sec x \tan x + \sec^2 x}{\sec x + \tan x} = \dfrac{(\sec x + \tan x)\sec x}{\sec x + \tan x} = \sec x$

7) $y' = \dfrac{(x + \sqrt{x^2+1})'}{x + \sqrt{x^2+1}} = \dfrac{1 + \dfrac{x}{\sqrt{x^2+1}}}{x + \sqrt{x^2+1}} = \dfrac{\dfrac{x + \sqrt{x^2+1}}{\sqrt{x^2+1}}}{x + \sqrt{x^2+1}} = \dfrac{1}{\sqrt{x^2+1}}$

8) $y' = \dfrac{(\csc x - \cot x)'}{\csc x - \cot x} = \dfrac{-\csc x \cot x + \csc^2 x}{\csc x - \cot x} = \dfrac{(\csc x - \cot x)\csc x}{\csc x - \cot x} = \csc x$

9) $y' = \dfrac{(6x-1)'}{6x-1}\log_5 e = \dfrac{6\log_5 e}{6x-1}$

10) $y = (\log_3(x-2))^{\frac{1}{2}}$ 이므로

$$y' = \frac{1}{2}(\log_3(x-2))^{-\frac{1}{2}}(\log_3(x-2))' = \frac{1}{2}(\log_3(x-2))^{-\frac{1}{2}}\frac{(x-2)'}{x-2}\log_3 e$$

$$= \frac{\log_3 e}{2(x-2)\sqrt{\log_3(x-2)}}$$

4.

1) 주어진 식의 양변에 자연로그를 취하면

$\ln y = x\ln(x+1)$

위식의 양변을 x로 미분하면

$$\frac{y'}{y} = \ln(x+1) + \frac{x}{x+1}$$

$$\therefore\ y' = \left\{\ln(x+1) + \frac{x}{x+1}\right\} y = \left\{\ln(x+1) + \frac{x}{x+1}\right\}(x+1)^x$$

2) 주어진 식의 양변에 자연로그를 취하면

$$\ln y = \sin x \ln x$$

위식의 양변을 x로 미분하면

$$\frac{y'}{y} = \cos x \ln x + \frac{\sin x}{x}$$

$$\therefore\ y' = \left\{\cos x \ln x + \frac{\sin x}{x}\right\} y = \left\{\cos x \ln x + \frac{\sin x}{x}\right\} x^{\sin x}$$

3) p.120 예제 3.23의 1)에서

$$(x^x)' = (\ln x + 1)x^x \ \cdots\ ①$$

임을 알아보았다.

문제의 주어진 식에 양변에 자연로그를 취하면

$$\ln y = x^x \ln x$$

위식의 양변을 x로 미분하고, ①을 이용하면

$$\frac{y'}{y} = (x^x)'\ln x + x^x(\ln x)' = (\ln x + 1)x^x \ln x + x^x\frac{1}{x} = \left\{(\ln x + 1)\ln x + \frac{1}{x}\right\} x^x$$

$$\therefore\ y' = \left\{(\ln x + 1)\ln x + \frac{1}{x}\right\} x^x y = \left\{(\ln x + 1)\ln x + \frac{1}{x}\right\} x^x x^{x^x}$$

$$= \left\{(\ln x + 1)\ln x + \frac{1}{x}\right\} x^{(x^x + x)}$$

4) 주어진 식의 양변에 자연로그를 취하면

$$\ln y = (x+1)\ln(2x-1)$$

위식의 양변을 x로 미분하면

$$\frac{y'}{y} = \ln(2x-1) + \frac{2(x+1)}{2x-1}$$

$$\therefore \ y' = \left\{\ln(2x-1) + \frac{2(x+1)}{2x-1}\right\} y = \left\{\ln(2x-1) + \frac{2(x+1)}{2x-1}\right\}(2x-1)^{x+1}$$

p.124

1.

1) $y' = 5x^4 - e^x$ $\qquad\qquad \therefore \ y'' = 20x^3 - e^x$

2) $y' = 2^x \ln 2$ $\qquad\qquad \therefore \ y'' = 2^x(\ln 2)^2$

3) $y' = \dfrac{1}{x}$ $\qquad\qquad\qquad \therefore \ y'' = -\dfrac{1}{x^2}$

4) $y' = 2x\ln x + x^2\dfrac{1}{x} = 2x\ln x + x \qquad \therefore \ y'' = 2\ln x + 2x\dfrac{1}{x} + 1 = 2\ln x + 3$

2.

1) $y' = \cos x = \sin(x + \dfrac{\pi}{2})$

$$y'' = \cos(x + \frac{\pi}{2}) = \sin\left\{\left(x + \frac{\pi}{2}\right) + \frac{\pi}{2}\right\} = \sin\left(x + \frac{2\pi}{2}\right)$$

$$y''' = \cos(x + \frac{2\pi}{2}) = \sin\left\{\left(x + \frac{2\pi}{2}\right) + \frac{\pi}{2}\right\} = \sin\left(x + \frac{3\pi}{2}\right)$$

$\cdots$

$$\therefore \ y^{(n)} = \sin\left(x + \frac{n\pi}{2}\right)$$

2) $y' = -\sin x = \cos(x + \dfrac{\pi}{2})$

$$y'' = -\sin(x + \frac{\pi}{2}) = \cos\left\{\left(x + \frac{\pi}{2}\right) + \frac{\pi}{2}\right\} = \cos\left(x + \frac{2\pi}{2}\right)$$

$$y''' = -\sin(x + \frac{2\pi}{2}) = \cos\left\{\left(x + \frac{2\pi}{2}\right) + \frac{\pi}{2}\right\} = \cos\left(x + \frac{3\pi}{2}\right)$$

$\cdots$

$$\therefore y^{(n)} = \cos\left(x + \frac{n\pi}{2}\right)$$

3. $(f(x)g(x))' = f'(x)g(x) = f(x)g'(x)$

$$\therefore (f(x) \cdot g(x))'' = \{f'(x)g(x)\}' + \{f(x)g'(x)\}'$$
$$= f''(x)g(x) + f'(x)g'(x) + f'(x)g'(x) + f(x)g''(x)$$
$$= f''(x)g(x) + 2f'(x)g'(x) + f(x)g''(x)$$

4. ㉠ $x > 0$일 때 $f(x) = x$ 이므로 $f'(x) = 1$, $f''(x) = 0$

㉡ $x < 0$일 때 $f(x) = -x$ 이므로 $f'(x) = -1$, $f''(x) = 0$

따라서 주어진 함수의 제2계도함수는

$$f''(x) = 0 \, (\text{단}, \ x \neq 0)$$

5. $(x)' = 1!, \ (x^2)'' = 2!, \ (x^3)''' = 3!, \cdots, (x^n)^{(n)} = n!$ 이므로

$$\frac{d^n}{dx^n}f(x) = a_n n! \qquad \frac{d^{n+1}}{dx^{n+1}}f(x) = 0$$

6. $y' = 3e^{3x+1}, \ y'' = 3^2 e^{3x+1}, \ y''' = 3^3 e^{3x+1}, \cdots$

$$\therefore y^{(n)} = 3^n e^{3x+1}$$

7.

1) $\dfrac{dy}{dx} = \dfrac{\frac{dy}{dt}}{\frac{dx}{dt}} = \dfrac{\cos t}{2t}$

$$\therefore \frac{d^2 y}{dx^2} = \frac{d}{dx}\left(\frac{dy}{dx}\right) = \frac{d}{dt}\left(\frac{dy}{dx}\right)\frac{dt}{dx} = \frac{d}{dt}\left(\frac{\cos t}{2t}\right)\frac{1}{\frac{dx}{dt}} = \frac{1}{2}\frac{-t\sin t - \cos t}{t^2}\frac{1}{2t}$$

$$= -\frac{t\sin t + \cos t}{4t^3}$$

2) $xy+y^3=1$의 양변을 x로 미분하면

$$y+xy'+3y^2y'=0 \quad \cdots \text{①}$$

①에서 $y'=-\dfrac{y}{3y^2+x} \quad \cdots \text{②}$

①을 다시 x로 미분하면 $2y'+xy''+6y(y')^2+3y^2y''=0$

위 식에서

$$y''=-\frac{2y'+6y\cdot(y')^2}{3y^2+x}$$

$$=-\frac{2(-\dfrac{y}{3y^2+x})+6y\cdot(-\dfrac{y}{3y^2+x})^2}{3y^2+x}$$

$$=-\frac{-2y(3y^2+x)+6y^3}{(3y^2+x)^3}$$

$$=\frac{2xy}{(3y^2+x)^3}$$

p.134

1. $f(x)=x^3-3x^2+2x+21$은 닫힌구간 $[0,1]$에서 연속이고, 열린구간 $(0,1)$에서 미분가능이다. 또한, $f(0)=f(1)=21$이므로 Rolle의 정리로부터 $f'(c)=0$되는 c가 열린구간 $(0,1)$안에 적어도 하나 존재한다.

한편, $f'(x)=3x^2-6x+2$이므로 $f'(c)=3c^2-6c+2=0$에서

$$c=\frac{3-\sqrt{3}}{3}(\because 0<c<1)$$

2. $f(x)$의 서로 다른 두 실근을 $\alpha, \beta(\alpha<\beta)$라면 문제의 조건으로부터 $f(x)$는 닫힌구간 $[\alpha, \beta]$에서 연속이고, 열린구간 (α, β)에서 미분가능이다.

또한, $f(\alpha)=f(\beta)=0$이므로 Rolle의 정리로부터 $f'(c)=0$되는 c가 열린구

간 (α,β) 안에 적어도 하나 존재한다. 즉, $f'(x)=0$ 은 열린구간 (α,β) 안에 적어도 하나의 실근을 갖는다.

$(\alpha,\beta) \subset (a,b)$ 이므로 $f'(x)=0$ 은 열린구간 (a,b) 안에 적어도 하나의 실근을 갖는다.

3. ㉠ $f(-1)=-4<0$, $f(0)=1>0$ 이므로 중간값의 정리에 의하여 $f(x)$ 는 열린구간 $(-1,0)$안에 적어도 하나의 실근이 존재한다.

㉡ 만약 $f(x)$ 가 두 개 이상의 실근(삼차방정식을 3개 이상의 실근을 가질 수는 없다.)을 갖는다고 가정하고, 이들 실근 중에서 서로 다른 두 실근을 $\alpha, \beta(\alpha<\beta)$ 라 하자.

$f(x)$ 는 닫힌구간 $[\alpha,\beta]$ 에서 연속이고, 열린구간 (α,β) 에서 미분가능이다. 또한, $f(\alpha)=f(\beta)=0$ 이므로 Rolle의 정리로부터 $f'(c)=0$ 되는 c 가 열린구간 (α,β) 안에 적어도 하나 존재한다.

그러나 모든 실수 x 에 대하여 $f'(x)=3x^2+4>0$ 이므로 $f'(c)=0$ 가 되는 c 는 존재할 수가 없으며, 이는 모순이다. 따라서 $f(x)$ 는 두 개 이상의 실근을 가질 수 없음을 나타낸다.

$\therefore$ ㉠, ㉡으로부터 $f(x)$ 는 오직 하나의 실근을 갖는다.

4. $f(x)=\sqrt[3]{x^2}$ 은 닫힌구간 $[0,1]$ 에서 연속이고, 열린구간 $(0,1)$ 에서 미분가능이다. 따라서 평균값정리로부터

$$f'(c)=\frac{f(1)-f(0)}{1-0}=\frac{1-0}{1-0}=1$$

가 되는 c 가 열린구간 $(0,1)$안에 적어도 하나 존재한다.

한편, $f'(x)=\frac{2}{3\sqrt[3]{x}}$ 이므로 $f'(c)=\frac{2}{3\sqrt[3]{c}}=1$ 에서

$$\therefore c=\frac{8}{27}$$

5. ① $x=0$일 때

   $\sin 0 = 0$ 이므로 $|\sin 0| \le |0|$ 이 성립한다.

   ② $x > 0$일 때

   함수 $f(t) = \sin t$ 는 닫힌구간 $[0, x]$ 에서 연속이고, 열린구간 $(0, x)$ 에서 미분가능이다. 따라서 평균값정리로부터

   $$f'(c) = \frac{f(x) - f(0)}{x - 0} = \frac{\sin x}{x}$$

   가 되는 c가 열린구간 $(0, x)$안에 적어도 하나 존재한다.

   한편, $f'(t) = \cos t$ 이므로

   $$\left| \frac{\sin x}{x} \right| = |f'(c)| = |\cos c| \le 1$$

   $\therefore |\sin x| \le |x|$

   ③ $x < 0$일 때

   함수 $f(t) = \sin t$ 는 닫힌구간 $[x, 0]$ 에서 연속이고, 열린구간 $(x, 0)$ 에서 미분가능이다. 따라서 평균값정리로부터

   $$f'(c) = \frac{f(0) - f(x)}{0 - x} = \frac{\sin x}{x}$$

   가 되는 c가 열린구간 $(x, 0)$안에 적어도 하나 존재한다.

   한편, $f'(t) = \cos t$ 이므로

   $$\left| \frac{\sin x}{x} \right| = |f'(c)| = |\cos c| \le 1$$

   $\therefore |\sin x| \le |x|$

   ①, ②, ③으로부터 임의의 실수 x 에 대하여 $|\sin x| \le |x|$ 이 성립한다.

6. 1) $f(t) = e^t$ 라 두면 $x > 0$ 일 때 $f(t)$ 는 닫힌구간 $[0, x]$ 에서 연속이고, 열린구간 $(0, x)$ 에서 미분가능이다. 따라서 평균값의 정리로부터

$$\frac{e^x - e^0}{x - 0} = \frac{e^x - 1}{x} = f'(c)$$

가 되는 c가 열린구간 $(0, x)$안에 적어도 하나 존재한다.

한편, $f'(t) = e^t$ 이므로

$$\frac{e^x - 1}{x} = e^c$$

위 식의 양변에 자연로그를 취하면

$$\ln \frac{e^x - 1}{x} = \ln e^c = c$$

$\therefore 0 < c < x$ 이므로 $0 < \ln \dfrac{e^x - 1}{x} < x$

2) ① $a = b$ 일 때

   $|\cos b - \cos a| = 0,\ |b - a| = 0$ 이므로

   $|\cos b - \cos a| \le |b - a|$ 은 성립한다.

   ② $b > a$ 일 때

   함수 $f(x) = \cos x$ 는 닫힌구간 $[a, b]$ 에서 연속이고, 열린구간 (a, b) 에서 미분가능이다. 따라서 평균값정리로부터

   $$f'(c) = \frac{f(b) - f(a)}{b - a} = \frac{\cos b - \cos a}{b - a}$$

   가 되는 c가 열린구간 (a, b)안에 적어도 하나 존재한다.

   한편, $f'(x) = -\sin x$ 이므로

   $$\left| \frac{\cos b - \cos a}{b - a} \right| = |-\sin c| = |\sin c| \le 1$$

   $\therefore |\cos b - \cos a| \le |b - a|$

   ③ $b < a$ 일 때

   함수 $f(x) = \cos x$ 는 닫힌구간 $[b, a]$ 에서 연속이고, 열린구간 (b, a) 에서 미분가능이다. 따라서 평균값정리로부터

$$f'(c) = \frac{f(a) - f(b)}{a - b} = \frac{\cos a - \cos b}{a - b}$$

가 되는 c가 열린구간 (b, a)안에 적어도 하나 존재한다.

한편, $f'(x) = -\sin x$이므로

$$\left| \frac{\cos a - \cos b}{a - b} \right| = |-\sin c| = |\sin c| \leq 1$$

$$\therefore |\cos b - \cos a| \leq |b - a|$$

①, ②, ③으로부터 임의의 실수 a, b에 대하여 $|\cos b - \cos a| \leq |b - a|$이 성립한다.

p.140

1. 1) $f'(x) = 6x^2 - 6x - 12 = 6(x^2 - x - 2) = 6(x + 1)(x - 2)$이므로 함수의 증가 감소를 표로 나타내면 다음과 같다.

x	$\cdots$	-1	$\cdots$	2	$\cdots$
$f'(x)$	+	0	-	0	+
$f(x)$	↗	14	↘	-13	↗

따라서 주어진 함수는 구간 $-1 < x < 2$에서 감소하고, $x < -1$ 또는 $x > 2$에서 증가한다.

2) $f'(x) = \frac{3}{4}x^2 - 3 = \frac{3}{4}(x^2 - 4) = \frac{3}{4}(x - 2)(x + 2)$이므로 함수의 증가 감소를 표로 나타내면 다음과 같다.

x	$\cdots$	-2	$\cdots$	2	$\cdots$
$f'(x)$	+	0	-	0	+
$f(x)$	↗	4	↘	-4	↗

따라서 주어진 함수는 구간 $-2 < x < 2$에서 감소하고, $x < -2$ 또는 $x > 2$에서 증가한다.

2. 1) $f'(x) = 3x^2 - 6x$

$f''(x) = 6x - 6 = 6(x-1)$

이므로 함수 $f''(x)$의 오목, 볼록을 표로 나타내면 다음과 같다.

x	$\cdots$	1	$\cdots$
$f''(x)$	-	0	+
$f(x)$	$\cap$	0	$\cup$

따라서 $x < 1$일 때는 위로 볼록이고, $x > 1$일 때는 아래로 볼록이다.

2) $f'(x) = \dfrac{1-x^2}{(1+x^2)^2}$

$f''(x) = \dfrac{2x^3 - 6x}{(1+x^2)^3} = \dfrac{2x(x+\sqrt{3})(x-\sqrt{3})}{(1+x^2)^3}$

이므로 함수 $f(x)$의 오목, 볼록을 표로 나타내면 다음과 같다.

x	$\cdots$	$-\sqrt{3}$	$\cdots$	0	$\cdots$	$\sqrt{3}$	$\cdots$
$f''(x)$	-	0	+	0	-	0	+
$f(x)$	$\cap$	$-\dfrac{\sqrt{3}}{4}$	$\cup$	0	$\cap$	$\dfrac{\sqrt{3}}{4}$	$\cup$

따라서 $x < -\sqrt{3}$ 또는 $0 < x < \sqrt{3}$ 일 때는 위로 볼록이고,

$-\sqrt{3} < x < 0$ 또는 $x > \sqrt{3}$ 일 때는 아래로 볼록이다.

3. 1) $f'(x) = \dfrac{1}{2}x^2 - 2$

$f''(x) = x$

이므로 $f''(x) = x = 0$ 에서 $x = 0$

따라서 $f''(x)$의 부호를 표로 나타내면 다음과 같다.

x	$\cdots$	0	$\cdots$
$f''(x)$	-	0	+
$f(x)$	$\cap$	0	$\cup$

$\therefore$ 구하는 변곡점은 $(0,0)$ 이다.

2) $f'(x) = \dfrac{2}{3} x^{-\frac{2}{3}}$

$f''(x) = -\dfrac{4}{9} x^{-\frac{5}{3}}$

이므로 $f''(0)$은 존재하지 않고, $f''(x) = 0$이 되는 x는 없다.

따라서 $f''(x)$의 부호를 표로 나타내면 다음과 같다.

x	$\cdots$	0	$\cdots$
$f''(x)$	+	정의안됨	-
$f(x)$	$\cup$	1	$\cup$

$\therefore$ 구하는 변곡점은 $(0,1)$이다.

3) $f'(x) = -xe^{-\frac{1}{2}x^2}$

$f''(x) = -e^{-\frac{1}{2}x^2} + x^2 e^{-\frac{1}{2}x^2} = (x^2 - 1)e^{-\frac{1}{2}x^2} = (x-1)(x+1)e^{-\frac{1}{2}x^2}$

이므로 $f''(x) = 0$에서 $x = -1, 1$이다.

따라서 $f''(x)$의 부호를 표로 나타내면 다음과 같다.

x	$\cdots$	-1	$\cdots$	1	$\cdots$
$f''(x)$	+	0	-	0	+
$f(x)$	$\cup$	$e^{-\frac{1}{2}}$	$\cap$	$e^{-\frac{1}{2}}$	$\cup$

$\therefore$ 구하는 변곡점은 $\left(-1, e^{-\frac{1}{2}}\right)$와 $\left(1, e^{-\frac{1}{2}}\right)$

4) $f'(x) = 1 - \cos x$

$f''(x) = \sin x$

이므로 $f''(x) = 0$에서 $x = n\pi$ (n은 정수)

① $n = 2m$ (m은 정수)일 때

$x = n\pi = 2m\pi$의 좌우에서 $y = \sin x$의 부호는 $-$에서 $+$로 변하므로

$(n\pi, n\pi)$는 변곡점이다

② $n = 2m+1$ (m은 정수)일 때

$x = n\pi = 2m\pi + \pi$ 의 좌우에서 $y = \sin x$ 의 부호는 $+$ 에서 $-$ 로 변하므로

$(n\pi, n\pi)$ 는 변곡점이다.

$\therefore$ ①, ②에 의하여 구하는 변곡점은 $(n\pi, n\pi)$ (단, n은 정수)

4. $f(x) = \ln x$ 라 두면 $f'(x) = \dfrac{1}{x}$, $f''(x) = -\dfrac{1}{x^2}$

$\therefore f''(x) = -\dfrac{1}{x^2} < 0$

위는 $f(x)$ 가 $x > 0$ 에서 위로 볼록임을 나타낸다.

따라서 곡선위의 두 점 $(a, \ln a)$, $(b, \ln b)$ 을 연결한 선분은 곡선 아래에 있게 된다.

즉, 임의의 실수 $x \, (0 < x < 1)$ 에 대하여

$xf(a) + (1-x)f(b) \leq f(xa + (1-x)b)$ 이다.

$x \ln a + (1-x) \ln b \leq \ln(xa + (1-x)b)$

위 식을 로그의 성질을 이용하여 변형하면

$\ln a^x b^{1-x} \leq \ln(xa + (1-x)b)$

$\therefore a^x b^{1-x} \leq ax + (1-x)b$

p.149

1. 1) $f'(x) = x^2 - 2x - 3 = (x-3)(x+1)$

$f'(x) = 0$ 에서 $x = -1, \, 3$

따라서 $f(x)$ 의 증가, 감소를 표로 나타내면 다음과 같다.

x	$\cdots$	-1	$\cdots$	3	$\cdots$
$f'(x)$	$+$	0	$-$	0	$+$
$f(x)$	↗	$\dfrac{17}{3}$	↘	-5	↗

위 표로부터 $f(x)$는

$x=-1$에서 극대이고, 극댓값은 $f(-1)=\dfrac{17}{3}$

$x=3$에서 극소이고, 극솟값은 $f(3)=-5$

2) ① $x<\dfrac{1}{2}$, $x>4$일 때

$f(x)=(2x-1)(x-4)$이므로 $f'(x)=4x-9$

$f'(x)=0$에서 $x=\dfrac{9}{4}$이고, 이는 구간 $x<\dfrac{1}{2}$, $x>4$에 들어가지 않는다.

즉, $x<\dfrac{1}{2}$, $x>4$에서는 $f(x)$의 임계점이 없다.

② $\dfrac{1}{2}<x<4$일 때

$f(x)=-(2x-1)(x-4)$이므로 $f'(x)=-4x+9$

$f'(x)=0$에서 $x=\dfrac{9}{4}$이고, 이는 구간 $\dfrac{1}{2}<x<4$에 들어간다.

즉, $\dfrac{1}{2}<x<4$에서는 $f(x)$의 임계점은 $x=\dfrac{9}{4}$이다.

③ $x=\dfrac{1}{2}$, 4일 때

$f'_-\!\left(\dfrac{1}{2}\right)=-7 \neq f'_+\!\left(\dfrac{1}{2}\right)=7$

$f'_-(4)=-7 \neq f'_+(4)=7$

이므로 $x=\dfrac{1}{2}$, 4에서 $f(x)$는 미분불가능이다. 즉, $x=\dfrac{1}{2}$, 4은 $f(x)$의

임계점이다. 따라서 $f(x)$의 증가, 감소를 표로 나타내면 다음과 같다.

x	$\cdots$	$\dfrac{1}{2}$	$\cdots$	$\dfrac{9}{4}$	$\cdots$	4	$\cdots$
$f'(x)$	$-$	정의안됨	$+$	0	$-$	정의안됨	$+$
$f(x)$	$\searrow$	0	$\nearrow$	$\dfrac{49}{8}$	$\searrow$	0	$\nearrow$

위 표로부터 $f(x)$는

$x = \dfrac{1}{2}$ 에서 극소이고, 극솟값은 $f\left(\dfrac{1}{2}\right) = 0$

$x = \dfrac{9}{4}$ 에서 극대이고, 극댓값은 $f\left(\dfrac{9}{4}\right) = \dfrac{49}{8}$

$x = 4$ 에서 극소이고, 극솟값은 $f(4) = 0$

3) $f'(x) = \dfrac{5}{3}x^{\frac{2}{3}} - 2x^{-\frac{1}{3}}$

이므로 $x = 0$ 에서 미분불가능이고,

$f'(x) = 0$ 에서 $x = \dfrac{6}{5}$

따라서 $f(x)$의 증가, 감소를 표로 나타내면 다음과 같다.

x	$\cdots$	0	$\cdots$	$\dfrac{6}{5}$	$\cdots$
$f'(x)$	$+$	정의안됨	$-$	0	$+$
$f(x)$	$\nearrow$	0	$\searrow$	$-\dfrac{9}{5}\sqrt[3]{\left(\dfrac{6}{5}\right)^2}$	$\nearrow$

위 표로부터 $f(x)$는

$x = 0$ 에서 극대이고, 극댓값은 $f(0) = 0$

$x = \dfrac{6}{5}$ 에서 극소이고, 극솟값은 $f\left(\dfrac{6}{5}\right) = -\dfrac{9}{5}\sqrt[3]{\left(\dfrac{6}{5}\right)^2}$

4) $f'(x) = -\sin x(\sin x + 1) + \cos^2 x = -2\sin^2 x - \sin x + 1$

$$= -(2\sin x - 1)(\sin x + 1)$$

$f'(x) = 0$ 에서 $\sin x = \dfrac{1}{2}$, $\sin x = -1$

따라서, $0 \le x \le 2\pi$ 에서 위 방정식을 만족하는 $x = \dfrac{\pi}{6}, \dfrac{5\pi}{6}, \dfrac{3\pi}{2}$

한편, $f''(x) = -4\sin x \cos x - \cos x = -2\sin 2x - \cos x$

$$f'''(x) = -4\cos 2x + \sin x$$

① $f''(\dfrac{\pi}{6}) = -\dfrac{3\sqrt{3}}{2} < 0$ 이므로 $x = \dfrac{\pi}{6}$ 에서는 극대이고, 극댓값은 $f(\dfrac{\pi}{6}) = \dfrac{3\sqrt{3}}{4}$

② $f''(\dfrac{5\pi}{6}) = \dfrac{3\sqrt{3}}{2} > 0$ 이므로 $x = \dfrac{5\pi}{6}$ 에서는 극소이고, 극솟값은

$$f(\dfrac{5\pi}{6}) = -\dfrac{3\sqrt{3}}{4}$$

③ $f''(\dfrac{3\pi}{2}) = 0$, $f'''(\dfrac{3\pi}{2}) = 3 \ne 0$ 이므로 $x = \dfrac{3\pi}{2}$ 에서는 극대도 극소도 아니다.

5) $f'(x) = e^x - e^{-x} - 2\sin x$

$f'(x) = 0$ 에서 $x = 0$

한편, $f''(x) = e^x + e^{-x} - 2\cos x$

$$f'''(x) = e^x - e^{-x} + 2\sin x$$

$$f^{(4)}(x) = e^x + e^{-x} + 2\cos x$$

따라서 $f''(0) = f'''(0) = 0$, $f^{(4)}(0) = 4 > 0$

$\therefore$ $x = 0$ 에서 극소이고, 극솟값은 $f(0) = 4$ 이다.

6) $f'(x) = e^x \sin x + e^x \cos x = e^x(\sin x + \cos x)$

$f'(x) = 0$ 에서 $\sin x + \cos x = \sqrt{2}\sin(x + \dfrac{\pi}{4}) = 0$ 이므로

$$x + \frac{\pi}{4} = n\pi \ (n \text{ 은 정수})$$

$$\therefore \ x = \frac{3\pi}{4}, \ \frac{7\pi}{4} \ (\because \ 0 \le x \le 2\pi)$$

한편, $f''(x) = 2e^x \cos x$

① $f''(\frac{3\pi}{4}) = -\sqrt{2} \, e^{\frac{3\pi}{4}} < 0$

$x = \dfrac{3\pi}{4}$ 에서 극대이고, 극댓값은 $f(\frac{3\pi}{4}) = \dfrac{\sqrt{2}}{2} e^{\frac{3\pi}{4}}$

② $f''(\frac{7\pi}{4}) = \sqrt{2} \, e^{\frac{7\pi}{4}} > 0$

$x = \dfrac{7\pi}{4}$ 에서 극소이고, 극솟값은 $f(\frac{7\pi}{4}) = -\dfrac{\sqrt{2}}{2} e^{\frac{7\pi}{4}}$

2.   1) $f'(x) = 5x^4 - 20x^3 + 30x^2 - 20x + 5$

$f''(x) = 20x^3 - 60x^2 + 60x - 20 = 20(x^3 - 3x^2 + 3x - 1) = 20(x-1)^3$

$\therefore \ f''(x) = 0$ 에서 $x = 1$

따라서 $f''(x)$ 의 부호를 표로 나타내면 다음과 같다.

x	$\cdots$	1	$\cdots$
$f''(x)$	$-$	0	$+$
$f(x)$	$\cap$	0	$\cup$

$\therefore$ 구하는 변곡점은 $(1, 0)$ 이다.

2) 주어진 함수의 정의역은 0 아닌 모든 실수이다.

$$f'(x) = 2x + \frac{1}{x^2}$$

$$f''(x) = 2 - \frac{2}{x^3} = \frac{2(x^3 - 1)}{x^3} = \frac{2(x-1)(x^2 + x + 1)}{x^3}$$

$\therefore \ f''(x) = 0$ 에서 $x = 1$

또한 $x = 0$은 정의역의 원소가 아니다.

따라서 $f''(x)$의 부호를 표로 나타내면 다음과 같다.

x	$\cdots$	0	$\cdots$	1	$\cdots$
$f''(x)$	$+$	정의안됨	$-$	0	$+$
$f(x)$	$\cup$	정의안됨	$\cap$	0	$\cup$

∴ 구하는 변곡점은 $(1,0)$이다.

(주의 주어진 함수의 그래프 $x = 0$ 좌우에서 오목 볼록이 바뀐다.)

1.

1) $\displaystyle\lim_{x \to 0}\frac{x^2 - 3x}{5x^2 - 6x} = \lim_{x \to 0}\frac{2x - 3}{10x - 6} = \frac{-3}{-6} = \frac{1}{2}$

2) $\displaystyle\lim_{x \to 0}\frac{x - \sin x}{x^3} = \lim_{x \to 0}\frac{1 - \cos x}{3x^2} = \lim_{x \to 0}\frac{\sin x}{6x} = \lim_{x \to 0}\frac{\cos x}{6} = \frac{1}{6}$

3) $\displaystyle\lim_{x \to a}\frac{x - a}{x^n - a^n} = \lim_{x \to a}\frac{1}{nx^{n-1}} = \frac{1}{na^{n-1}}$

4) $(e^x)^{(n)} = e^x,\ (x^n)^{(n)} = n!,\ (x^n)^{(n+1)} = 0$

$\displaystyle\lim_{x \to \infty}\frac{x^n}{e^x} = \lim_{x \to \infty}\frac{nx^{n-1}}{e^x} = \lim_{x \to \infty}\frac{n(n-1)x^{n-2}}{e^x} = \cdots = \lim_{x \to 0}\frac{0}{e^x} = 0$

5) $t = -\dfrac{1}{x}$라 두면 $x \to -0$일 때 $t \to \infty$이다.

$\therefore \displaystyle\lim_{x \to -0}\frac{e^{-\frac{1}{x}}}{x} = \lim_{t \to \infty}\frac{e^t}{-\dfrac{1}{t}} = -\lim_{t \to \infty}te^t = -\infty$

6) $\displaystyle\lim_{x \to 0}\frac{\sin 8x}{\sin 5x} = \lim_{x \to 0}\frac{8\cos 8x}{5\cos 5x} = \frac{8}{5}$

2.

1) $\lim\limits_{x\to 1}\left(\dfrac{1}{x-1}-\dfrac{1}{\ln x}\right)=\lim\limits_{x\to 1}\dfrac{\ln x-x+1}{(x-1)\ln x}=\lim\limits_{x\to 1}\dfrac{\dfrac{1}{x}-1}{\ln x-\dfrac{1}{x}+1}=\lim\limits_{x\to 1}\dfrac{-\dfrac{1}{x^2}}{\dfrac{1}{x}+\dfrac{1}{x^2}}=-\dfrac{1}{2}$

2) $A=x^x$라 두면 $\ln A=\ln x^x=x\ln x=\dfrac{\ln x}{\dfrac{1}{x}}$

$\therefore \lim\limits_{x\to +0}\ln A=\lim\limits_{x\to +0}\dfrac{\ln x}{\dfrac{1}{x}}=\lim\limits_{x\to +0}\dfrac{\dfrac{1}{x}}{-\dfrac{1}{x^2}}=\lim\limits_{x\to +0}(-x)=0$

$\therefore \lim\limits_{x\to +0}x^x=1$

3) $A=x^{\ln x}$라 두면 $\ln A=\ln x^{\ln x}=(\ln x)^2$

$\therefore \lim\limits_{x\to +0}\ln A=\lim\limits_{x\to +0}(\ln x)^2=\infty$

$\therefore \lim\limits_{x\to +0}x^{\ln x}=\infty$

4) $A=(1-\sin x)^{\frac{1}{x}}$라 두면 $\ln A=\ln(1-\sin x)^{\frac{1}{x}}=\dfrac{\ln(1-\sin x)}{x}$

$\therefore \lim\limits_{x\to 0}\ln A=\lim\limits_{x\to 0}\dfrac{\ln(1-\sin x)}{x}=\lim\limits_{x\to 0}\dfrac{\dfrac{-\cos x}{1-\sin x}}{1}=-\lim\limits_{x\to 0}\dfrac{\cos x}{1-\sin x}=-1$

$\therefore \lim\limits_{x\to 0}(1-\sin x)^{\frac{1}{x}}=e^{-1}=\dfrac{1}{e}$

5) $A=(\cot x)^{\sin x}$라 두면 $\ln A=\ln(\cot x)^{\sin x}=\sin x\ln\cot x=\dfrac{\ln\cot x}{\dfrac{1}{\sin x}}$

$\therefore \lim\limits_{x\to +0}\ln A=\lim\limits_{x\to +0}\dfrac{\ln\cot x}{\dfrac{1}{\sin x}}=\lim\limits_{x\to +0}\dfrac{\dfrac{-\csc^2 x}{\cot x}}{-\dfrac{\cos x}{\sin^2 x}}=\lim\limits_{x\to +0}\dfrac{\sin x}{\cos^2 x}=0$

$\therefore \lim\limits_{x\to +0}(\cot x)^{\sin x}=1$

(6) $A = (1+x)^{\ln x}$라 두면 $\ln A = \ln x \times \ln(1+x) = \dfrac{\ln(1+x)}{\dfrac{1}{\ln x}}$

$$\therefore \lim_{x \to +0} \ln A = \lim_{x \to +0} \frac{\ln(1+x)}{\dfrac{1}{\ln x}} = \lim_{x \to +0} \frac{\dfrac{1}{1+x}}{-\dfrac{1}{x(\ln x)^2}} = -\lim_{x \to +0} \frac{(\ln x)^2}{\dfrac{1+x}{x}}$$

$$= -\lim_{x \to +0} \frac{2\dfrac{1}{x}\ln x}{-\dfrac{1}{x^2}} = 2\lim_{x \to +0} \frac{\ln x}{\dfrac{1}{x}} = 2\lim_{x \to +0} \frac{\dfrac{1}{x}}{-\dfrac{1}{x^2}} = -2\lim_{x \to +0} x = 0$$

$$\therefore \lim_{x \to +0} (1+x)^{\ln x} = 1$$

제5장 부정적분

p.162

1.

1) $\displaystyle\int 0\,dx = 0x + C = C$

2) $\displaystyle\int (x - 3^{20})\,dx = \frac{1}{2}x^2 - 3^{20}x + C$

3) $\displaystyle\int (6t - 7)\,dx = 3t^2 - 7t + C$

4) $\displaystyle\int (x^{99} + x^{89} - \ln 5)\,dx = \frac{1}{100}x^{100} + \frac{1}{90}x^{90} - x\ln 5 + C$

5) $\displaystyle\int \frac{2x^3 + 9}{x^4}\,dx = 2\int \frac{1}{x}\,dx + 9\int x^{-4}\,dx = 2\ln|x| - 3x^{-3} + C = 2\ln|x| - \frac{3}{x^3} + C$

6) $\displaystyle\int \frac{t^2 - 1}{t - 1}\,dt = \int \frac{(t-1)(t+1)}{t-1}\,dt = \int (t+1)\,dt = \frac{1}{2}t^2 + t + C$

7) $\displaystyle\int (x\sqrt{x} + \sqrt[3]{x^4})\,dx = \int \left(x^{\frac{3}{2}} + x^{\frac{4}{3}}\right)dx = \frac{2}{5}x^{\frac{5}{2}} + \frac{3}{7}x^{\frac{7}{3}} + C$

$$= \frac{2}{5}x^2\sqrt{x} + \frac{3}{7}x^2\sqrt[3]{x} + C$$

8) $\displaystyle\int \cos t(\tan t + \sec t)\,dt = \int \cos t\left(\frac{\sin t}{\cos t} + \frac{1}{\cos t}\right)dt$

$$= \int (\sin t + 1)\,dt = -\cos t + t + C$$

9) $\displaystyle\int (\tan^2\theta + 1)\,d\theta = \int \sec^2\theta\,d\theta = \tan\theta + C$

10) $\displaystyle\int \tan^2 x\,dx = \int (\sec^2 x - 1)\,dx = \tan x - x + C$

2.

1) $\int\left(\dfrac{1}{x^2}-1\right)dx = \int(x^{-2}-1)dx = \dfrac{1}{-2+1}x^{-2+1}-x+C = -\dfrac{1}{x}-x+C$

2) $\int\left(\sqrt{x^3}+4\right)dx = \int(x^{\frac{3}{2}}+4)dx = \dfrac{2}{5}x^{\frac{5}{2}}+4x+C = \dfrac{2}{5}x^2\sqrt{x}+4x+C$

3) $\int 3\csc x\cot x\,dx = -3\csc x+C$

4) $\int 2\csc^2 x\,dx = -2\cot x+C$

5) $\int(2e^x-4x)dx = 2e^x-2x^2+C$

6) $\int 6\sec^2 x\,dx = 6\tan x+C$

7) $\int \dfrac{x+2x^{\frac{4}{3}}}{x^{\frac{5}{3}}}dx = \int(x^{-\frac{2}{3}}+2x^{-\frac{1}{3}})dx$

$$= \dfrac{1}{-\dfrac{2}{3}+1}x^{-\frac{2}{3}+1}+2\cdot\dfrac{1}{-\dfrac{1}{3}+1}x^{-\frac{1}{3}+1}+C$$

$$= 3\sqrt[3]{x}+3\sqrt[3]{x^2}+C$$

8) $\int \dfrac{(x+1)^2}{x}dx = \int\dfrac{x^2+2x+1}{x}dx = \int(x+2+\dfrac{1}{x})dx$

$$= \dfrac{1}{2}x^2+2x+\ln|x|+C$$

9) $\int(7^t-\cot^2 t)dt = \int\{7^t-(\csc^2 t-1)\}\,dt = \int(7^t-\csc^2 t+1)\,dt$

$$= \dfrac{7^t}{\ln 7}+\cot t+t+C$$

10) $\int \dfrac{3^t-2^{t+1}}{2^t}dt = \int\left\{\left(\dfrac{3}{2}\right)^t-2\right\}dt = \dfrac{\left(\dfrac{3}{2}\right)^t}{\ln\dfrac{3}{2}}-2t+C$

p.168

1.

1) $3x-5=t$ 라 두면 $dx=\dfrac{1}{3}dt$

$$\therefore \int\sqrt{3x-5}dx=\int\sqrt{t}\,\dfrac{1}{3}dt=\dfrac{1}{3}\int t^{\frac{1}{2}}dt=\dfrac{2}{9}t^{\frac{3}{2}}+C=\dfrac{2}{9}t\sqrt{t}+C$$

$$=\dfrac{2}{9}(3x-5)\sqrt{3x-5}+C$$

[다른풀이]

$$\int\sqrt{3x-5}dx=\dfrac{1}{3}\int(3x-5)^{\frac{1}{2}}(3x-5)'dx=\dfrac{1}{3}\times\dfrac{1}{\dfrac{1}{2}+1}(3x-5)^{\frac{1}{2}+1}+C$$

$$=\dfrac{2}{9}(3x-5)\sqrt{3x-5}+C$$

2) $2x^2+3=t$ 라 두면 $xdx=\dfrac{1}{4}dt$

$$\therefore \int x(2x^2+3)^3\,dx=\dfrac{1}{4}\int t^3dt=\dfrac{1}{16}t^4+C$$

$$=\dfrac{1}{16}(2x^2+3)^4+C$$

[다른풀이]

$$\int x(2x^2+3)^3\,dx=\dfrac{1}{4}\int(2x^2+3)^3(2x^2+3)'dx=\dfrac{1}{4}\times\dfrac{1}{4}(2x^2+3)^4+C$$

$$=\dfrac{1}{16}(2x^2+3)^4+C$$

3) $3x+1=t$ 라 두면 $dx=\dfrac{1}{3}dt$

$$\therefore \int\dfrac{2}{3x+1}dx=\dfrac{2}{3}\int\dfrac{1}{t}dt=\dfrac{2}{3}\ln|t|+C=\dfrac{2}{3}\ln|3x+1|+C$$

[다른풀이]

$$\int \frac{2}{3x+1}dx = \frac{2}{3}\int \frac{(3x+1)'}{3x+1}dt = \frac{2}{3}\ln|3x+1| + C$$

4) $\sin x + 2 = t$ 라 두면 $\cos x\, dx = dt$

$$\therefore \int \frac{\cos x}{\sin x + 2}dx = \int \frac{1}{t}dt = \ln|t| + C = \ln(\sin x + 2) + C$$

[다른풀이]

$$\int \frac{\cos x}{\sin x + 2}dx = \int \frac{(\sin x + 2)'}{\sin x + 2}dt = \ln|\sin x + 2| + C = \ln(\sin x + 2) + C$$

5) $-2x + 7 = t$ 라 두면 $dx = -\frac{1}{2}dt$

$$\therefore \int e^{-2x+7}dx = -\frac{1}{2}\int e^t dt = -\frac{1}{2}e^t + C = -\frac{1}{2}e^{-2x+7} + C$$

6) $x^2 = t$ 라 두면 $x\, dx = \frac{1}{2}dt$

$$\therefore \int xe^{x^2}dx = \frac{1}{2}\int e^t dt = \frac{1}{2}e^t + C = \frac{1}{2}e^{x^2} + C$$

7) $2x + 5 = t$ 라 두면 $dx = \frac{1}{2}dt$

$$\therefore \int 7^{2x+5}dx = \frac{1}{2}\int 7^t dt = \frac{1}{2}\times \frac{7^t}{\ln 7} + C = \frac{1}{2\ln 7}7^{2x+5} + C$$

8) $-x^2 + 2 = t$ 라 두면 $x\, dx = -\frac{1}{2}dt$

$$\therefore \int x10^{-x^2+2}dx = -\frac{1}{2}\int 10^t dt = -\frac{1}{2}\times \frac{10^t}{\ln 10} + C = -\frac{1}{2\ln 10}10^{-x^2} + C$$

9) $x^2 = t$ 라 두면 $x\, dx = \frac{1}{2}dt$

$$\therefore \int x\sin^2 x\, dx = \frac{1}{2}\int \sin t\, dt = -\frac{1}{2}\cos t + C = -\frac{1}{2}\cos x^2 + C$$

10) $x^4 = t$ 라 두면 $x^3 dx = \dfrac{1}{4}dt$

$$\therefore \int x^3 \sec^2 x^4 dx = \frac{1}{4}\int \sec^2 t\, dt = \frac{1}{4}\tan t + C = \frac{1}{4}\tan x^4 + C$$

2.

1) $\ln x + 2 = t$ 라 두면 $\dfrac{1}{x}dx = dt$

$$\therefore \int \frac{5}{x(\ln x + 2)^3}dx = 5\int \frac{1}{t^3}dt = 5\int t^{-3}dt = -\frac{5}{2}t^{-2} + C$$

$$= -\frac{5}{2(\ln x + 2)^2} + C$$

2) $\sqrt{x} = t$ 라 두면 $\dfrac{1}{\sqrt{x}}dx = 2dt$

$$\therefore \int \frac{\cos\sqrt{x}}{\sqrt{x}}dx = 2\int \cos t\, dt = 2\sin t + C = 2\sin\sqrt{x} + C$$

3) $\sqrt[3]{x+1} = t$ 라 두면 $x + 1 = t^3$ 이므로 $dx = 3t^2 dt$

$$\therefore \int \frac{x^2}{\sqrt[3]{x+1}}dx = \int \frac{(t^3-1)^2}{t}\times 3t^2 dt = 3\int t(t^6 - 2t^3 + 1)dt$$

$$= 3\int (t^7 - 2t^4 + t)dt = 3\left(\frac{1}{8}t^8 - \frac{2}{5}t^5 + \frac{1}{2}t^2\right) + C$$

$$= 3t^2(\frac{1}{8}t^6 - \frac{2}{5}t^3 + \frac{1}{2}) + C$$

$$= 3(\sqrt[3]{x+1})^2\left\{\frac{1}{8}(x+1)^2 - \frac{2}{5}(x+1) + \frac{1}{2}\right\}$$

$$= \frac{3(5x^2 - 6x + 9)}{40}\sqrt[3]{(x+1)^2} + C$$

4) $e^x + e^{-x} = t$ 라 두면 $(e^x - e^{-x})dx = dt$

$$\therefore \int \frac{e^x - e^{-x}}{e^x + e^{-x}}dx = \int \frac{1}{t}dt = \ln|t| + C = \ln(e^x + e^{-x}) + C$$

5) $\cos x = t$ 라 두면 $\sin x\,dx = -dt$

$$\therefore \int \frac{\sin x}{\cos^3 x}dx = -\int \frac{1}{t^3}dt = \frac{1}{2t^2}+C = \frac{1}{2\cos^2 x}+C = \frac{1}{2}\sec^2 x + C$$

6) $\cos x = t$ 라 두면 $\sin x\,dx = -dt$

$$\therefore \int \tan x\,dx = \int \frac{\sin x}{\cos x}dx = -\int \frac{1}{t}dt = -\ln|t| + C = -\ln|\cos x| + C$$

7) $$\int \csc x\,dx = \int \csc x \times \frac{\csc x - \cot x}{\csc x - \cot x}dx = \int \frac{\csc^2 x - \csc x \cot x}{\csc x - \cot x}dx$$

여기서 $\csc x - \cot x = t$ 라 두면 $(\csc^2 x - \csc x \cot x)dx = dt$

$$\therefore \int \csc x\,dx = \int \frac{\csc^2 - \csc x \cot x}{\csc x - \cot x}dx = \int \frac{1}{t}dt = \ln|\csc x - \cot x| + C$$

3. 1) $x = a\sin\theta$ 라 두면 $dx = a\cos\theta\,d\theta$

$$\sqrt{a^2 - x^2} = \sqrt{a^2 - (a\sin\theta)^2} = \sqrt{a^2(1 - \sin^2\theta)}$$

$$= \sqrt{a^2\cos^2\theta} = a\cos\theta\,(\because\ a > 0,\ -\frac{\pi}{2} < \theta < \frac{\theta}{2})$$

$$\therefore \int \frac{1}{\sqrt{a^2 - x^2}}dx = \int \frac{1}{a\cos\theta}a\cos\theta\,d\theta = \int d\theta = \theta + C = \sin^{-1}\frac{x}{a} + C$$

2) $x = a\tan\theta$ 라 두면 $dx = a\sec^2\theta\,d\theta$

$$x^2 + a^2 = (a\tan\theta)^2 + a^2 = a^2(\tan^2\theta + 1) = a^2\sec^2\theta$$

$$\therefore \int \frac{1}{x^2 + a^2}dx = \int \frac{1}{a^2\sec^2\theta}a\sec^2\theta\,d\theta = \frac{1}{a}\int d\theta = \frac{1}{a}\theta + C = \frac{1}{a}\tan^{-1}\frac{x}{a} + C$$

4. $\sqrt{x^2 + A} = t - x$ 의 양변을 제곱하면 $x^2 + A = t^2 - 2xt + x^2$

$$x = \frac{t^2 - A}{2t}$$

따라서 $dx = \frac{t^2 + A}{2t^2}dt$

$$\sqrt{x^2+A}=t-x=t-\frac{t^2-A}{2t}=\frac{t^2+A}{2t}$$

$$\therefore \int\frac{1}{\sqrt{x^2+A}}dx=\int\frac{1}{\dfrac{t^2+A}{2t}}\times\frac{t^2+A}{2t^2}dt=\int\frac{1}{t}dt$$

$$=\ln|t|+C=\ln\left|x+\sqrt{x^2+A}\right|+C$$

5. $\tan\dfrac{x}{2}=t$ 라 두면

$\sec^2\dfrac{x}{2}=\tan^2\dfrac{x}{2}+1=t^2+1$ 에서 $\sec\dfrac{x}{2}=\pm\sqrt{t^2+1}$ 이므로

$\cos\dfrac{x}{2}=\pm\dfrac{1}{\sqrt{t^2+1}}$, $\sin\dfrac{x}{2}=\tan\dfrac{x}{2}\cos\dfrac{x}{2}=\pm\dfrac{t}{\sqrt{t^2+1}}$ (복호동순)

$$\sin x=2\sin\frac{x}{2}\cos\frac{x}{2}=2\left(\pm\frac{t}{\sqrt{t^2+1}}\right)\left(\pm\frac{1}{\sqrt{t^2+1}}\right)=\frac{2t}{t^2+1}$$

$$\cos x=2\cos^2\frac{x}{2}-1=2\left(\pm\frac{1}{\sqrt{t^2+1}}\right)^2-1=\frac{1-t^2}{t^2+1}$$

한편, $t=\tan\dfrac{x}{2}$ 의 양변을 미분하면

$$dt=\frac{1}{2}\sec^2\frac{x}{2}dx=\frac{1}{2}\left(\tan^2\frac{x}{2}+1\right)dx=\frac{1}{2}(t^2+1)dx$$

$$\therefore\ dx=\frac{2}{t^2+1}dt$$

1) 위의 관계식을 이용하면

$$\frac{1}{1+\sin x+\cos x}=\frac{1}{1+\dfrac{2t}{t^2+1}+\dfrac{1-t^2}{t^2+1}}=\frac{1}{\dfrac{2(t+1)}{t^2+1}}=\frac{t^2+1}{2(t+1)}$$

$$\therefore \int \frac{1}{1+\sin x+\cos x}dx = \int \frac{t^2+1}{2(t+1)}\times \frac{2}{t^2+1}dt = \int \frac{1}{t+1}dt$$

$$= \int \frac{(t+1)'}{(t+1)}dt = \ln|t+1| + C$$

$$= \ln\left|\tan\frac{x}{2}+1\right| + C$$

2) 위의 관계식을 이용하면

$$\frac{1}{1-\cos x} = \frac{1}{1-\dfrac{1-t^2}{t^2+1}} = \frac{1}{\dfrac{2t^2}{t^2+1}} = \frac{t^2+1}{2t^2}$$

$$\therefore \int \frac{1}{1-\cos x}dx = \int \frac{t^2+1}{2t^2}\times \frac{2}{t^2+1}dt = \int \frac{1}{t^2}dt$$

$$= -\frac{1}{t}+C = -\frac{1}{\tan\dfrac{x}{2}}+C$$

$$= -\cot\frac{x}{2}+C$$

p.172

1.

1) $$\int xe^{3x}dx = \int x\left(\frac{1}{3}e^{3x}\right)' dx = x\left(\frac{1}{3}e^{3x}\right) - \int (x)'\left(\frac{1}{3}e^{3x}\right)dx$$

$$= \frac{1}{3}xe^{3x} - \frac{1}{3}\int e^{3x}dx = \frac{1}{3}xe^{3x} - \frac{1}{9}e^{3x} + C$$

$$= \frac{1}{9}(3x-1)e^{3x} + C$$

2) $$\int (2x+1)e^x dx = \int (2x+1)(e^x)' dx = (2x+1)e^x - \int (2x+1)'e^x dx$$

$$= (2x+1)e^x - 2\int e^x dx = (2x+1)e^x - 2e^x + C$$

$$= (2x-1)e^x + C$$

3) $\displaystyle\int(x^2+x-2)e^{2x}dx = \int(x^2+x-2)\left(\frac{1}{2}e^{2x}\right)'dx$

$$= (x^2+x-2)\left(\frac{1}{2}e^{2x}\right) - \int(x^2+x-2)'\left(\frac{1}{2}e^{2x}\right)dx$$

$$= \frac{1}{2}(x^2+x-2)e^{2x} - \frac{1}{2}\int(2x+1)e^{2x}dx$$

$$= \frac{1}{2}(x^2+x-2)e^{2x} - \frac{1}{2}\int(2x+1)\left(\frac{1}{2}e^{2x}\right)'dx$$

$$= \frac{1}{2}(x^2+x-2)e^{2x} - \frac{1}{2}(2x+1)\left(\frac{1}{2}e^{2x}\right) + \frac{1}{2}\int(2x+1)'\left(\frac{1}{2}e^{2x}\right)dx$$

$$= \frac{1}{2}(x^2+x-2)e^{2x} - \frac{1}{2}(2x+1)\left(\frac{1}{2}e^{2x}\right) + \frac{1}{2}\int e^{2x}dx$$

$$= \frac{1}{2}(x^2+x-2)e^{2x} - \frac{1}{2}(2x+1)\left(\frac{1}{2}e^{2x}\right) + \frac{1}{4}e^{2x} + C$$

$$= \frac{1}{2}(x^2-2)e^{2x} + C$$

4) $\displaystyle\int x\cos x\,dx = \int x(\sin x)'dx = x\sin x - \int(x)'\sin x\,dx$

$$= x\sin x - \int \sin x\,dx$$

$$= x\sin x + \cos x + C$$

5) $\displaystyle\int(5x+1)\sin x\,dx = \int(5x+1)(-\cos x)'dx$

$$= (5x+1)(-\cos x) - \int(5x+1)'(-\cos x)dx$$

$$= -(5x+1)\cos x + 5\int\cos x\,dx$$

$$= -(5x+1)\cos x + 5\sin x + C$$

6) $\displaystyle\int(x^2+2x-3)\cos x\,dx = \int(x^2+2x-3)(\sin x)'dx$

$$= (x^2+2x-3)\sin x - \int(x^2+2x-3)'\sin x\,dx$$

$$= (x^2+2x-3)\sin x - \int(2x+2)\sin x\,dx$$

$$= (x^2+2x-3)\sin x + \int(2x+2)(\cos x)'dx$$

$$= (x^2 + 2x - 3)\sin x + (2x + 2)\cos x - \int (2x + 2)' \cos x \, dx$$

$$= (x^2 + 2x - 3)\sin x + (2x + 2)\cos x - 2\int \cos x \, dx$$

$$= (x^2 + 2x - 3)\sin x + (2x + 2)\cos x - 2\sin x + C$$

$$= (x^2 + 2x - 5)\sin x + (2x + 2)\cos x + C$$

7) $\displaystyle \int \ln x \, dx = \int (x)' \ln x \, dx = x \ln x - \int x (\ln x)' dx$

$$= x \ln x - \int x \frac{1}{x} dx = x \ln x - \int dx = x \ln x - x + C$$

$$= x(\ln x - 1) + C$$

8) $\displaystyle \int (3x - 5) \ln x \, dx = \int (\frac{3}{2}x^2 - 5x)' \ln x \, dx$

$$= \left(\frac{3}{2}x^2 - 5x \right) \ln x - \int \left(\frac{3}{2}x^2 - 5x \right)(\ln x)' dx$$

$$= \left(\frac{3}{2}x^2 - 5x \right) \ln x - \int \left(\frac{3}{2}x^2 - 5x \right)\frac{1}{x} dx$$

$$= \left(\frac{3}{2}x^2 - 5x \right) \ln x - \int \left(\frac{3}{2}x - 5 \right) dx$$

$$= \left(\frac{3}{2}x^2 - 5x \right) \ln x - \frac{3}{4}x^2 + 5x + C$$

9) $\displaystyle \int (12x^5 - 8x^3 + 1) \ln x \, dx = \int (2x^6 - 2x^4 + x)' \ln x \, dx$

$$= (2x^6 - 2x^4 + x) \ln x - \int (2x^6 - 2x^4 + x)(\ln x)' dx$$

$$= (2x^6 - 2x^4 + x) \ln x - \int (2x^6 - 2x^4 + x)\frac{1}{x} dx$$

$$= (2x^6 - 2x^4 + x) \ln x - \int (2x^5 - 2x^3 + 1) dx$$

$$= (2x^6 - 2x^4 + x) \ln x - \frac{1}{3}x^6 + \frac{1}{2}x^4 - x + C$$

10) $I = \displaystyle \int e^x \sin x \, dx$라 두면

$$I = \int e^x \sin x \, dx = \int (e^x)' \sin x \, dx = e^x \sin x - \int e^x (\sin x)' dx$$

$$= e^x \sin x - \int e^x \cos x\, dx = e^x \sin x - \int (e^x)' \cos x\, dx$$

$$= e^x \sin x - e^x \cos x + \int e^x (\cos x)'\, dx$$

$$= e^x (\sin x - \cos x) - \int e^x \sin x\, dx$$

$$= e^x (\sin x - \cos x) - I$$

위 식을 변형하면 $2I = e^x (\sin x - \cos x)$

$$\therefore\ I = \int e^x \sin x\, dx = \frac{1}{2} e^x (\sin x - \cos x) + C$$

11) $I = \int e^{3x} \sin x\, dx$ 라 두면

$$I = \int e^{3x} \sin x = \int e^{3x} (-\cos x)'\, dx = e^{3x}(-\cos x) - \int (e^{3x})'(-\cos x)\, dx$$

$$= -e^{3x} \cos x + 3 \int e^{3x} \cos x\, dx = -e^{3x} \cos x + 3 \int e^{3x} (\sin x)'\, dx$$

$$= -e^{3x} \cos x + 3e^{3x} \sin x - 3 \int (e^{3x})' \sin x\, dx$$

$$= e^{3x} (3\sin x - \cos x) - 9 \int e^{3x} \sin x\, dx$$

$$= e^{3x} (3\sin x - \cos x) - 9I$$

위 식을 변형하면 $10I = e^{3x}(3\sin x - \cos x)$

$$\therefore\ I = \int e^{3x} \sin x\, dx = \frac{1}{10} e^{3x} (3\sin x - \cos x) + C$$

12) $I = \int e^{2x} \cos 3x\, dx$ 라 두면

$$I = \int e^{2x} \cos 3x\, dx = \int \left(\frac{1}{2} e^{2x} \right)' \cos 3x\, dx = \left(\frac{1}{2} e^{2x} \right) \cos 3x - \int \left(\frac{1}{2} e^{2x} \right)(\cos 3x)'\, dx$$

$$= \frac{1}{2} e^{3x} \cos 3x + \frac{3}{2} \int e^{2x} \sin 3x\, dx$$

$$= \frac{1}{2} e^{2x} \cos 3x + \frac{3}{2} \int \left(\frac{1}{2} e^{2x} \right)' \sin 3x\, dx$$

$$= \frac{1}{2}e^{2x}\cos 3x + \frac{3}{2}\left(\frac{1}{2}e^{2x}\right)\sin 3x - \frac{3}{2}\int\left(\frac{1}{2}e^{2x}\right)(\sin 3x)'dx$$

$$= \frac{1}{2}e^{2x}\cos 3x + \frac{3}{4}e^{2x}\sin 3x - \frac{9}{4}\int e^{2x}\cos 3x\,dx$$

$$= \frac{1}{4}e^{2x}(2\cos 3x + 3\sin 3x) - \frac{9}{4}I$$

위 식을 변형하면 $\dfrac{13}{4}I = \dfrac{1}{4}e^{2x}(2\cos 3x + 3\sin 3x)$

$$\therefore\ I = \int e^{2x}\cos 3x\,dx = \frac{1}{13}e^{2x}(2\cos 3x + 3\sin 3x) + C$$

2.

1) $\displaystyle\int \sin^{-1}x\,dx = \int (x)'\sin^{-1}x\,dx = x\sin^{-1}x - \int x(\sin^{-1}x)'dx$

$$= x\sin^{-1}x - \int \frac{x}{\sqrt{1-x^2}}dx$$

$$= x\sin^{-1}x + \frac{1}{2}\int (1-x^2)^{-\frac{1}{2}}(1-x^2)'dx$$

$$= x\sin^{-1}x + \frac{1}{2}\frac{1}{-\frac{1}{2}+1}(1-x^2)^{-\frac{1}{2}+1} + C$$

$$= x\sin^{-1}x + (1-x^2)^{\frac{1}{2}} + C$$

$$= x\sin^{-1}x + \sqrt{1-x^2} + C$$

2) $\displaystyle\int \tan^{-1}x\,dx = \int (x)'\tan^{-1}x\,dx = x\tan^{-1}x - \int x(\tan^{-1}x)'dx$

$$= x\tan^{-1}x - \int \frac{x}{x^2+1}dx$$

$$= x\tan^{-1}x - \frac{1}{2}\int \frac{(x^2+1)'}{x^2+1}dx$$

$$= x\tan^{-1}x - \frac{1}{2}\ln(x^2+1) + C$$

3) $\displaystyle\int x\tan^{-1}x\,dx = \int\left(\frac{x^2+1}{2}\right)'\tan^{-1}x\,dx$

$$= \frac{(x^2+1)}{2}\tan^{-1}x - \int\frac{x^2+1}{2}(\tan^{-1}x)'dx$$

$$= \frac{(x^2+1)}{2}\tan^{-1}x - \int\frac{x^2+1}{2}\times\frac{1}{x^2+1}dx$$

$$= \frac{(x^2+1)}{2}\tan^{-1}x - \frac{1}{2}\int dx$$

$$= \frac{(x^2+1)}{2}\tan^{-1}x - \frac{1}{2}x + C$$

3. 1) $\displaystyle\int x\sec^2 x\,dx = \int x(\tan x)'dx = x\tan x - \int(x)'\tan x\,dx$

$$= x\tan x - \int\tan x\,dx = x\tan x + \int\frac{(\cos x)'}{\cos x}dx$$

$$= x\tan x + \ln|\cos x| + C$$

2) $\displaystyle\int(\ln x)^3 dx = \int(x)'(\ln x)^3 dx = x(\ln x)^3 - \int x\times 3(\ln x)^2\times\frac{1}{x}dx$

$$= x(\ln x)^3 - 3\int(\ln x)^2 dx = x(\ln x)^3 - 3\int(x)'(\ln x)^2 dx$$

$$= x(\ln x)^3 - 3x(\ln x)^2 + 3\int x\times 2(\ln x)\times\frac{1}{x}dx$$

$$= x(\ln x)^3 - 3x(\ln x)^2 + 6\int\ln x\,dx$$

$$= x(\ln x)^3 - 3x(\ln x)^2 + 6\int(x)'\ln x\,dx$$

$$= x(\ln x)^3 - 3x(\ln x)^2 + 6x\ln x - 6\int dx$$

$$= x(\ln x)^3 - 3x(\ln x)^2 + 6x\ln x - 6x + C$$

4. ⅰ) $n=0$(즉, $P(x)$가 상수)일 때 $P'(x)=0$이므로

$$\int P(x)e^{ax}dx = \int P(x)\left(\frac{1}{a}e^{ax}\right)'dx$$

$$= \frac{1}{a} P(x)e^{ax} - \frac{1}{a} \int P'(x)e^{ax}dx$$

$$= \frac{e^{ax}}{a} P(x)$$

$\therefore n=0$ 일 때 주어진 명제는 성립한다.

ii) $n=1$ 일 때 $P''(x)=0$ 이므로

$$\int P(x)e^{ax}dx = \int P(x)\left(\frac{1}{a}e^{ax}\right)' dx = \frac{1}{a}P(x)e^{ax} - \frac{1}{a}\int P'(x)e^{ax}dx \ \cdots ①$$

위의 ①을 반복하여 적용하면

$$\int P'(x)e^{ax}dx = \frac{1}{a}P'(x)e^{ax} - \frac{1}{a}\int P''(x)e^{ax}dx$$

$$\therefore \ \int P(x)e^{ax}dx = \frac{1}{a}P(x)e^{ax} - \frac{1}{a}\left\{\frac{1}{a}P'(x)e^{ax} - \frac{1}{a}\int P''(x)e^{ax}dx\right\}$$

$$= \frac{e^{ax}}{a}\left[P(x) - \frac{P'(x)}{a}\right]$$

$\therefore n=1$ 일 때 주어진 명제는 성립한다.

iii) $n=k$ 일 때 주어진 명제가 성립한다면

$$\int P(x)e^{ax}dx = \frac{e^{ax}}{a}\left[P(x) - \frac{P'(x)}{a} + \frac{P''(x)}{a^2} - \cdots + (-1)^k \frac{P^{(k)}(x)}{a^k}\right] \ \cdots ①$$

한편, $P(x)$가 $k+1$차 다항식이라면 $P'(x)$는 k차 다항식이므로 부분적분
과 위의 ①을 이용하면

$$\int P(x)e^{ax}dx = \int P(x)\left(\frac{1}{a}e^{ax}\right)' dx$$

$$= \frac{1}{a}P(x)e^{ax} - \frac{1}{a}\int P'(x)e^{ax}dx$$

$$= \frac{1}{a}P(x)e^{ax} - \frac{1}{a} \times \frac{e^{ax}}{a}\left[P'(x) - \frac{P''(x)}{a} + \cdots + (-1)^k \frac{P^{(k+1)}}{a^k}\right]$$

$$= \frac{a^{ax}}{a} \left[P(x) - \frac{P'(x)}{a} + \frac{P''(x)}{a^2} - \cdots + (-1)^{k+1} \frac{P^{(k+1)}}{a^{k+1}} \right]$$

$\therefore n = k+1$일 때도 주어진 명제는 성립한다.

ⅰ), ⅱ), ⅲ), 에 의하여 주어진 명제는 성립한다.

5. 1) $P(x) = x^3 - x + 1$ 이라 두면

$$P'(x) = 3x^2 - 1, \ P''(x) = 6x, \ P^{(3)}(x) = 6 \text{ 이므로}$$

$$\int (x^3 - x + 1)e^{2x}dx = \frac{e^{2x}}{2} \left[P(x) - \frac{P'(x)}{2} + \frac{P''(x)}{2^2} - \frac{P^{(3)}(x)}{2^3} \right] + C$$

$$= \frac{e^{2x}}{2} \left[(x^3 - x + 1) - \frac{3x^2 - 1}{2} + \frac{6x}{4} - \frac{6}{8} \right] + C$$

$$= \frac{e^{2x}}{8}(4x^3 - 6x^2 + 2x + 3) + C$$

2) $P(x) = x^4 - 2x^3 + x^2 + 1$ 이라 두면

$$P'(x) = 4x^3 - 6x^2 + 2x, \ P''(x) = 12x^2 - 12x + 2, \ P^{(3)}(x) = 24x - 12, \ P^{(4)}(x) = 24$$

이므로

$$\int (x^4 - 2x^3 + x^2 + 1)e^{-2x}dx$$

$$= \frac{e^{-2x}}{-2} \left[P(x) - \frac{P'(x)}{-2} + \frac{P''(x)}{(-2)^2} - \frac{P^{(3)}(x)}{(-2)^3} + \frac{P^{(4)}(x)}{(-2)^4} \right] + C$$

$$= \frac{e^{-2x}}{-2} \left[(x^4 - 2x^3 + x^2 + 1) + \frac{4x^3 - 6x^2 + 2x}{2} + \frac{12x^2 - 12x + 2}{4} + \frac{24x - 12}{8} + \frac{24}{16} \right] + C$$

$$= -\frac{e^{-2x}}{4}(2x^4 + 2x^2 + 2x + 3) + C$$

제6장   정적분

연습문제풀이

p.183

1.   1) p.180의 정적분정의와 비교하면 $a = 0$, $b = 2$, $f(x) = 5$ 이다. 따라서

$$\int_0^2 5dx = \lim_{n \to \infty} \sum_{k=1}^{n} f(\frac{2k}{n}) \frac{2}{n} = \lim_{n \to \infty} \sum_{k=1}^{n} 5 \cdot \frac{2}{n} = \lim_{n \to \infty} \frac{10}{n} \cdot n = 10$$

2) p.180의 정적분정의와 비교하면 $a = -3$, $b = 1$, $f(x) = 2$ 이다. 따라서

$$\int_{-3}^{1} 2dx = \lim_{n \to \infty} \sum_{k=1}^{n} f(-3 + \frac{4k}{n}) \frac{4}{n} = \lim_{n \to \infty} \sum_{k=1}^{n} 2 \cdot \frac{4}{n} = \lim_{n \to \infty} \frac{8}{n} \cdot n = 8$$

3) p.180의 정적분정의와 비교하면 $a = 0$, $b = 1$, $f(x) = x^2$ 이다. 따라서

$$\int_0^1 x^2 dx = \lim_{n \to \infty} \sum_{k=1}^{n} f(\frac{k}{n}) \frac{1}{n} = \lim_{n \to \infty} \sum_{k=1}^{n} \left(\frac{k}{n} \right)^2 \cdot \frac{1}{n}$$

$$= \lim_{n \to \infty} \frac{1}{n^3} \sum_{k=1}^{n} k^2 = \lim_{n \to \infty} \frac{1}{n^3} \cdot \frac{n(n+1)(2n+1)}{6}$$

$$= \lim_{n \to \infty} \frac{1}{6} \left(1 + \frac{1}{n} \right) \left(2 + \frac{1}{n} \right) = \frac{1}{3}$$

4) p.180의 정적분정의와 비교하면 $a = 0$, $b = 1$, $f(x) = x^3$ 이다. 따라서

$$\int_0^1 x^3 dx = \lim_{n \to \infty} \sum_{k=1}^{n} f(\frac{k}{n}) \frac{1}{n} = \lim_{n \to \infty} \sum_{k=1}^{n} \left(\frac{k}{n} \right)^3 \cdot \frac{1}{n}$$

$$= \lim_{n \to \infty} \frac{1}{n^4} \sum_{k=1}^{n} k^3 = \lim_{n \to \infty} \frac{1}{n^4} \cdot \left(\frac{n(n+1)}{2} \right)^2$$

$$= \lim_{n \to \infty} \frac{1}{4} \left(1 + \frac{1}{n} \right)^2 = \frac{1}{4}$$

2. 1) 직선 $y=10$, x축, $x=-1$ 및 $x=2$로 둘러싸인 도형은
오른쪽 그림과 같이 가로 3, 세로 10 사각형이다.

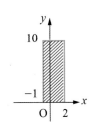

$$\therefore \int_{-1}^{2} 10\,dx = 3 \times 10 = 30$$

2) $y=\sin^2 x + \cos^2 x = 1$, x축, $x=1$ 및

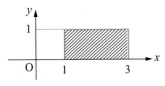

$x=3$으로 둘러싸인 도형은 오른쪽 그림과 같이
가로 2, 세로 1 사각형이다.

$$\therefore \int_{1}^{3} (\sin^2 x + \cos^2 x)\,dx = \int_{1}^{3} dx = 2 \times 1 = 2$$

3) 직선 $y=2x+1$, x축, $x=2$ 및 $x=5$로

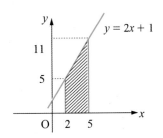

둘러싸인 도형은 오른쪽 그림과 같이 밑변 5,
윗변 11, 높이 3인 사다리꼴로 볼 수 있다.

$$\therefore \int_{2}^{5} (2x+1)\,dx = \frac{(5+11) \times 3}{2} = 24$$

4) 직선 $y=-3x+4$, x축, $x=-3$ 및 $x=1$로

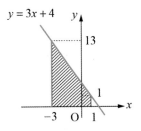

둘러싸인 도형은 오른쪽 그림과 같이 밑변 13,
윗변 1, 높이 4인 사다리꼴로 볼 수 있다.

$$\therefore \int_{-3}^{1} (-3x+4)\,dx = \frac{(13+1) \times 4}{2} = 28$$

5) $y=|x|$, x축, $x=-1$ 및 $x=1$로

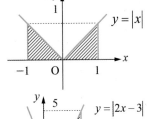

둘러싸인 도형은 오른쪽 그림과 같고, 그 면적은
1이다.

$$\therefore \int_{-1}^{1} |x|\,dx = 1$$

6) $y=|2x-3|$, x축, $x=0$ 및 $x=4$로

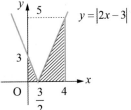

둘러싸인 도형은 오른쪽 그림과 같고, 그 면적은
$\dfrac{17}{2}$이다.

$$\therefore \int_0^4 |2x-3|dx = \frac{17}{2}$$

7) $1 \le x < 2$일 때 $[x]=1$이므로 $y=[x]$,
x축, $x=1$ 및 $x=2$로 둘러싸인 도형은
오른쪽 그림과 같고, 그 면적은 1이다.

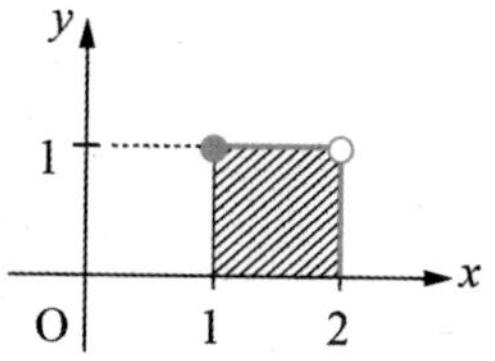

$$\therefore \int_1^2 [x]dx = 1$$

3. 1) 주어진 정적분은 오른쪽 그림과 같이 중심이 원점
이고 반지름이 a인 원의 내부중 제1사분면에 있는
빗금친 부분의 면적이다.

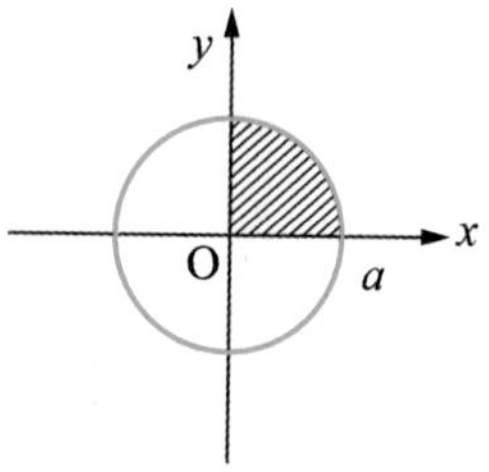

$$\therefore \int_0^a \sqrt{a^2-x^2}dx = \frac{\pi a^2}{4}$$

2) 주어진 정적분은 오른쪽 그림과 같이 중신이 원점
이고 반지름이 2인 원의 내부중 x축 위쪽에 있는
빗금친 부분의 면적이다.

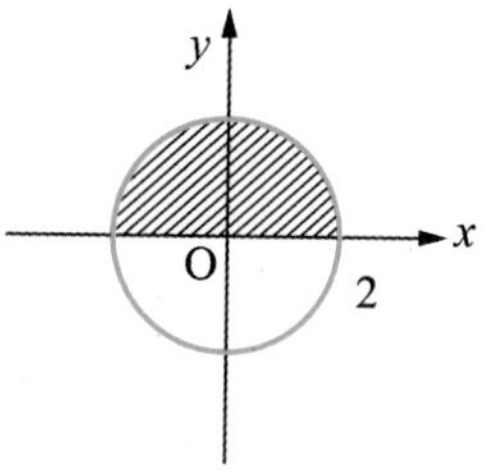

$$\therefore \int_{-2}^2 \sqrt{a^2-x^2}dx = \frac{\pi \times 2^2}{2} = 2\pi$$

3) 주어진 정적분은 오른쪽 그림과 같이 중심이 원점
이고 반지름이 4인 원의 내부중 제2사분면에 있는
빗금친 부분의 면적이다.

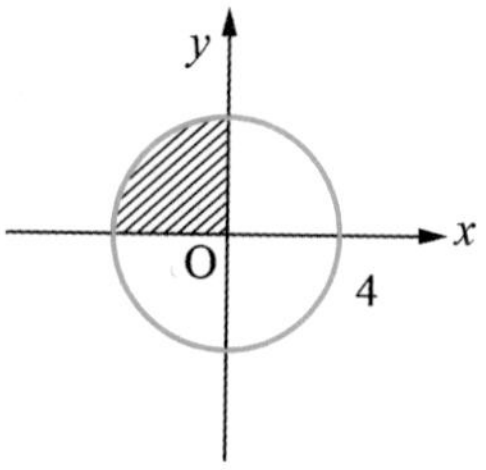

$$\therefore \int_{-4}^0 \sqrt{16-x^2}dx = \frac{\pi \times 4^2}{4} = 4\pi$$

4) 주어진 정적분은 오른쪽 그림과 같이 중심이 원점
이고 반지름이 3인 원의 내부중 제2사분면에 있는
빗금친 부분의 면적이다.

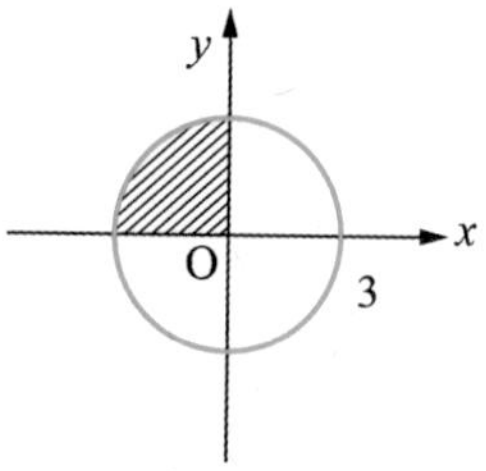

$$\therefore \int_{-3}^0 \sqrt{9-x^2}dx = \frac{\pi \times 3^2}{4} = \frac{9\pi}{4}$$

p.190

1.

1) p.184 정리 6.2의 정적분의 성질1)로부터 $\int_\pi^\pi (x^5 + \cos x + 2)dx = 0$

2) p.184 정리 6.2의 정적분의 성질1)로부터 $\int_{-1}^{-1} e^x dx = 0$

3) p.184 정리 6.2의 정적분의 성질2)로부터

$$\int_1^3 e^{x^2} dx + \int_3^1 e^{x^2} dx = \int_1^3 e^{x^2} dx - \int_1^3 e^{x^2} dx = 0$$

4) p.184 정리 6.2의 정적분의 성질2)로부터

$$\int_e^{e^2} \ln x^2 dx + \int_{e^2}^e \ln x^2 dx = \int_e^{e^2} \ln x^2 dx - \int_e^{e^2} \ln x^2 dx = 0$$

2.

$$\int_a^b f(x)dx = \int_a^c f(x)dx + \int_c^b f(x)dx = -3 + 5 = 2$$

$$\int_a^b g(x)dx = \int_a^c g(x)dx + \int_c^b g(x)dx = 2 + 6 = 8$$

1) $\int_b^a f(x)dx = -\int_a^b f(x)dx = -2$

2) $\int_b^a g(x)dx = -\int_a^b g(x)dx = -8$

3) $\int_a^b (13f(x) - 6g(x))dx = 13\int_a^b f(x)dx - 6\int_a^b g(x)dx = 13 \times 2 - 6 \times 8 = -22$

3.

1) $y = |2x - 1|$, x축, $x = 0$ 및 $x = 3$로 둘러

싸인 도형은 오른쪽 그림과 같고, 그 면적은

$\dfrac{13}{2}$ 이므로, $\int_0^3 |2x - 1|dx = \dfrac{13}{2}$

따라서 구하는 함수의 평균은

$\dfrac{1}{3}\int_0^3 |2x - 1|dx = \dfrac{1}{3} \times \dfrac{13}{2} = \dfrac{13}{6}$

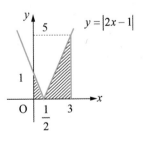

2) $f(c) = \dfrac{1}{3-0} \displaystyle\int_0^3 |2x-1| dx$ 에서

$$|2c-1| = \dfrac{13}{6}$$

$$2c-1 = \pm\dfrac{13}{6}$$

$$\therefore c = \dfrac{19}{12} (\because \ 0 < c < 3)$$

4. 적분에 관한 평균값의 정리로부터

$f(c) = \dfrac{1}{b-a} \displaystyle\int_a^b f(x)dx = 0$ 되는 c가 (a,b)안에 적어도 하나 존재한다.

따라서 $f(x) = 0$ 되는 x가 구간 (a,b)안에 적어도 하나 있다.

5. $$\int_0^2 f(x)dx = \int_0^1 f(x)dx + \int_1^2 f(x)dx$$

$$= \int_0^1 0dx + \int_1^2 1dx = 1$$

평균값의 정리가 성립한다면 구간 $(0,2)$안에 적당한 상수 c가 존재하여

$$f(c) = \dfrac{1}{2}\int_0^2 f(x)dx = \dfrac{1}{2}$$

이 되어야 한다. 그러나 $f(x)$는 0과 1의 값만 취하므로 이는 모순이다.

따라서 주어진 함수에 대하여는 평균값정리가 성립하지 않는다. 그 이유는 함수 $f(x)$가 구간 $[0,2]$에서 연속이 아니기 때문이다.

p.196

1.

1) $f(t) = t^3 - 2t$ 는 연속함수이므로

$$F'(x) = x^3 - 2x$$

2) $f(t) = e^t$ 는 연속함수이며, $\displaystyle\int_{-2x}^{0} e^t dt = -\int_{0}^{-2x} e^t dt$ 이므로

$$F'(x) = -e^{-2x}(-2x)' = 2e^{-2x}$$

3) $f(t) = \cos\left(t - \dfrac{\pi}{3}\right)$ 는 연속함수이므로

$$F'(x) = (x^2)' \cos\left(x^2 - \frac{\pi}{3}\right) = 2x\cos\left(x^2 - \frac{\pi}{3}\right)$$

4) $f(t) = \sqrt{t^2 + 1}$ 는 연속함수이고,

$$F(x) = \int_{x-1}^{3x-1} \sqrt{t^2 + 1}\,dt = \int_{0}^{3x-2}\sqrt{t^2+1}\,dt - \int_{0}^{x-1}\sqrt{t^2+1}\,dt$$

$$F'(x) = (3x-2)'\sqrt{(3x-2)^2 + 1} - (x-1)'\sqrt{(x-1)^2 + 1}$$

$$= 3\sqrt{(3x-2)^2 + 1} - \sqrt{(x-1)^2 + 1}$$

2.

1) $\displaystyle\int_{-1}^{1}(x^4 + x^3)\,dx = \left[\frac{1}{5}x^5 + \frac{1}{4}x^4\right]_{-1}^{1} = \frac{2}{5}$

2) $\displaystyle\int_{0}^{1}\sqrt[3]{x}\,dx = \int_{0}^{1}x^{\frac{1}{3}}\,dx = \left[\frac{3}{4}x^{\frac{4}{3}}\right]_{0}^{1} = \frac{3}{4}$

3) $\displaystyle\int_{1}^{4}\frac{(x+1)^2}{x}\,dx = \int_{1}^{4}\frac{x^2 + 2x + 1}{x}\,dx = \int_{1}^{4}\left(x + 2 + \frac{1}{x}\right)dx$

$$= \left[\frac{1}{2}x^2 + 2x + \ln|x|\right]_{1}^{4} = \left(\frac{16}{2} + 8 + \ln 4\right) - \left(\frac{1}{2} + 2 + \ln 1\right)$$

$$= 13\frac{1}{2} + 2\ln 2$$

4) $\displaystyle\int_0^{\frac{\pi}{2}} \cos x\,dx = \Big[\sin x\Big]_0^{\frac{\pi}{2}} = 1$

5) $\displaystyle\int_1^{\log_{10} 8} 10^x\,dx = \left[\frac{1}{\ln 10}10^x\right]_1^{\log_{10} 8} = \frac{1}{\ln 10}(10^{\log_{10} 8} - 10)$

$$= \frac{1}{\ln 10}(8-10) = -2\log_{10} e$$

6) $\displaystyle\int_0^{\frac{\pi}{4}} \sec^2 x\,dx = \Big[\tan x\Big]_0^{\frac{\pi}{4}} = 1$

7) $\displaystyle\int_{\frac{\pi}{6}}^{\frac{\pi}{3}} \sec x \tan x\,dx = [\sec x]_{\frac{\pi}{6}}^{\frac{\pi}{3}} = \sec\frac{\pi}{3} - \sec\frac{\pi}{6}$

$$= 2 - \frac{2}{\sqrt{3}} = 2(1 - \frac{\sqrt{3}}{3})$$

8) $\displaystyle\int_0^{\frac{\pi}{3}} \tan^2 x\,dx = \int_0^{\frac{\pi}{3}} (\sec^2 - 1)dx = \Big[\tan x - x\Big]_0^{\frac{\pi}{3}} = \sqrt{3} - \frac{\pi}{3}$

9) $\displaystyle\int_{-4}^{-2} \frac{1}{x}dx = \Big[\ln|x|\Big]_{-4}^{-2} = \ln 2 - \ln 4 = -\ln 2$

10) $\displaystyle\int_{-\frac{\pi}{2}}^{\frac{\pi}{2}} (8x^3 + \cos x)\,dx = \Big[2x^4 + \sin x\Big]_{-\frac{\pi}{2}}^{\frac{\pi}{2}} = 2$

11) $\displaystyle\int_0^{\frac{\pi}{2}} \frac{1+\cos 2x}{2}dx = \left[\frac{1}{2}x + \frac{1}{4}\sin 2x\right]_0^{\frac{\pi}{2}} = \frac{\pi}{4}$

12) $\displaystyle\int_4^9 \frac{1-\sqrt{x}}{\sqrt{x}}dx = \int_4^9 (x^{-\frac{1}{2}} - 1)dx = \left[2x^{\frac{1}{2}} - x\right]_4^9 = (6-9)-(4-4) = -3$

p.202

1.

1) $x^2 + 1 = t$ 라 두면 $xdx = \dfrac{1}{2}dt$ 이다.

또한, $x = 0$일 때 $t = 1$, $x = 1$일 때 $t = 2$

$$\therefore \int_0^1 x(x^2+1)^4 dx = \frac{1}{2}\int_1^2 t^4 dt = \frac{1}{2}\left[\frac{1}{5}t^5\right]_1^2 = \frac{31}{10}$$

2) $x^2 = t$ 라 두면 $xdx = \frac{1}{2}dt$ 이다.

또한, $x=0$일 때 $t=0$, $x=\sqrt{\pi}$ 일 때 $t=\pi$

$$\therefore \int_0^{\sqrt{\pi}} x\cos x^2 dx = \frac{1}{2}\int_0^{\pi}\cos t\, dt = \frac{1}{2}[\sin t]_0^{\pi} = 0$$

3) $x^2 + 1 = t$ 라 두면 $xdx = \frac{1}{2}dt$ 이다.

또한, $x=-1$일 때 $t=2$, $x=0$일 때 $t=1$

$$\therefore \int_{-1}^0 \frac{x}{x^2+1}dx = \frac{1}{2}\int_2^1 \frac{1}{t}dt = -\frac{1}{2}\int_1^2 \frac{1}{t}dt = -\frac{1}{2}[\ln|t|]_1^2 = -\frac{1}{2}\ln 2$$

4) $x^3 + 1 = t$ 라 두면 $x^2 dx = \frac{1}{3}dt$ 이다.

또한, $x=0$일 때 $t=1$, $x=2$일 때 $t=9$

$$\therefore \int_0^2 x^2 e^{x^3+1}dx = \frac{1}{3}\int_1^9 e^t dt = \frac{1}{3}\left[e^t\right]_1^9 = \frac{1}{3}(e^9 - e)$$

5) $\ln x = t$ 라 두면 $\frac{1}{x}dx = dt$ 이다.

또한, $x=1$일 때 $t=0$, $x=e$일 때 $t=1$

$$\therefore \int_1^e \frac{\ln x}{x}dx = \int_0^1 t\, dt = \left[\frac{1}{2}t^2\right]_0^1 = \frac{1}{2}$$

6) $\ln x = t$ 라 두면 $\frac{1}{x}dx = dt$ 이다.

또한, $x=1$일 때 $t=0$, $x=e$일 때 $t=1$

$$\therefore \int_1^e \frac{(\ln x)\times(\ln x + 1)}{x}dx = \int_0^1 t(t+1)dt = \int_0^1 (t^2 + t)dt = \left[\frac{1}{3}t^3 + \frac{1}{2}t^2\right]_0^1 = \frac{5}{6}$$

7) $\sqrt{x} = t$ 라 두면 $\dfrac{1}{\sqrt{x}} dx = 2dt$ 이다.

또한, $x = 0$ 일 때 $t = 0$, $x = \dfrac{\pi^2}{4}$ 일 때 $t = \dfrac{\pi}{2}$

$$\therefore \int_0^{\frac{\pi^2}{4}} \frac{\sin \sqrt{x}}{\sqrt{x}} dx = 2 \int_0^{\frac{\pi}{2}} \sin t\, dt = 2[-\cos t]_0^{\frac{\pi}{2}} = 2$$

8) $\sin x + 1 = t$ 라 두면 $\cos x\, dx = dt$ 이다.

또한, $x = 0$ 일 때 $t = 1$, $x = \dfrac{\pi}{2}$ 일 때 $t = 2$

$$\therefore \int_0^{\frac{\pi}{2}} e^{\sin x + 1} \cos x\, dx = \int_1^2 e^t\, dt = [e^t]_1^2 = e^2 - e$$

2.

1) $\displaystyle \int_0^1 xe^x dx = \int_0^1 x(e^x)' dx = \left[xe^x \right]_0^1 - \int_0^1 (x)' e^x dx$

$$= e - \int_0^1 e^x dx = e - \left[e^x \right]_0^1 = e - (e-1) = 1$$

2) 위의 1)의 결과 $\displaystyle \int_0^1 xe^x dx = 1$ 을 이용하면

$$\int_0^1 x^2 e^x dx = \int_0^1 x^2 (e^x)' dx = [x^2 e^x]_0^1 - \int_0^1 (x^2)' e^x dx$$

$$= e - 2 \int_0^1 xe^x dx = e - 2$$

[다른풀이] p.173 연습문제4번의 결과를 이용하면

$$\int_0^1 x^2 e^x dx = \left[\frac{e^x}{1} \left(x^2 - \frac{(x^2)'}{1} + \frac{(x^2)''}{1} \right) \right]_0^1 = [e^x (x^2 - 2x + 2)]_0^1 = e - 2$$

3) $\displaystyle \int_1^e (\ln x)^2 dx = \int_1^e (x)' (\ln x)^2 dx = [x(\ln x)^2]_1^e - \int_1^e x\{(\ln x)^2\}' dx$

$$= e - 2 \int_1^e \ln x\, dx = e - 2 \int_1^e (x)' \ln x\, dx$$

$$= e - 2 \times \left\{ [x \ln x]_1^e - \int_1^e x(\ln x)' dx \right\} = e - 2 \times \left\{ e - \int_1^e dx \right\}$$

$$= -e + 2[x]_1^e = e - 2$$

4) $\displaystyle \int_0^1 \ln(x+1)dx = \int_0^1 (x+1)' \ln(x+1)dx = [(x+1)\ln(x+1)]_0^1 - \int_0^1 dx$

$$= 2\ln 2 - [x]_0^1 = 2\ln 2 - 1$$

5) $\displaystyle \int_0^{\frac{\pi}{2}} x \sin x \, dx = \int_0^{\frac{\pi}{2}} x(-\cos x)' dx = [x(-\cos x)]_0^{\frac{\pi}{2}} + \int_0^{\frac{\pi}{2}} \cos x \, dx$

$$= [\sin x]_0^{\frac{\pi}{2}} = 1$$

6) $\displaystyle \int_0^{\pi} (x^2+1)\sin x \, dx = \int_0^{\pi} (x^2+1)(-\cos x)' dx$

$$= [-(x^2+1)\cos x]_0^{\pi} + 2\int_0^{\pi} x \cos x \, dx$$

$$= \pi^2 + 2 + 2\int_0^{\pi} x(\sin x)' dx$$

$$= \pi^2 + 2 + 2\left\{ [x\sin x]_0^{\pi} - \int_0^{\pi} \sin x \, dx \right\}$$

$$= \pi^2 + 2 + 2[\cos x]_0^{\pi} = \pi^2 - 2$$

7) $\displaystyle \int_0^{\pi} e^x \cos x \, dx = I$ 라 두면

$$I = \int_0^{\pi} e^x \cos x \, dx = \int_0^{\pi} (e^x)' \cos x \, dx$$

$$= [e^x \cos x]_0^{\pi} + \int_0^{\pi} e^x \sin x \, dx$$

$$= -(e^{\pi}+1) + \int_0^{\pi} (e^x)' \sin x \, dx$$

$$= -(e^{\pi}+1) + [e^x \sin x]_0^{\pi} - \int_0^{\pi} e^x \cos x \, dx$$

$$= -(e^{\pi}+1) - I$$

위 식에서 $2I = -(e^\pi + 1)$

$$\therefore \int_0^\pi e^x \cos x\, dx = -\frac{e^\pi + 1}{2}$$

8) $\int_0^{\frac{\pi}{2}} e^x \sin 2x\, dx = I$ 라 두면

$$I = \int_0^{\frac{\pi}{2}} e^x \sin 2x\, dx = \int_0^{\frac{\pi}{2}} (e^x)' \sin 2x\, dx$$

$$= [e^x \sin 2x]_0^{\frac{\pi}{2}} - 2\int_0^{\frac{\pi}{2}} e^x \cos 2x\, dx$$

$$= -2\int_0^{\frac{\pi}{2}} (e^x)' \cos 2x\, dx$$

$$= -2[e^x \cos 2x]_0^{\frac{\pi}{2}} - 4\int_0^\pi e^x \sin 2x\, dx$$

$$= 2(e^{\frac{\pi}{2}} + 1) - 4I$$

위 식에서 $5I = 2(e^{\frac{\pi}{2}} + 1)$

$$\therefore \int_0^{\frac{\pi}{2}} e^x \sin 2x\, dx = \frac{2(e^{\frac{\pi}{2}} + 1)}{5}$$

9) $\int_0^1 \sin^{-1} x\, dx = \int_0^1 (x)' \sin^{-1} x\, dx$

$$= [x\sin^{-1} x]_0^1 - \int_0^1 \frac{x}{\sqrt{1-x^2}}\, dx$$

$$= \sin^{-1} 1 + \frac{1}{2} \int_0^1 (1-x^2)^{-\frac{1}{2}} (1-x^2)'\, dx$$

$$= \frac{\pi}{2} + \left[(1-x^2)^{\frac{1}{2}} \right]_0^1$$

$$= \frac{\pi}{2} - 1$$

[참고] $1-x^2 = t$ 라 두면 $xdx = -\dfrac{1}{2}dt$ 이다.

또한, $x=0$ 일 때 $t=1$, $x=1$ 일 때 $t=0$

$$\therefore \int_0^1 \frac{x}{\sqrt{1-x^2}}dx = -\frac{1}{2}\int_1^0 \frac{1}{\sqrt{t}}dt = \frac{1}{2}\int_0^1 t^{-\frac{1}{2}}dt = \frac{1}{2}[2\sqrt{t}]_0^1 = 1$$

10) $\displaystyle\int_0^1 \tan^{-1} x\,dx = \int_0^1 (x)' \tan^{-1} x\,dx$

$$= [x\tan^{-1}x]_0^1 - \int_0^1 \frac{x}{x^2+1}dx$$

$$= \tan^{-1}1 - \frac{1}{2}\int_0^1 \frac{(x^2+1)'}{x^2+1}dx$$

$$= \frac{\pi}{4} - \frac{1}{2}[\ln(x^2+1)]_0^1$$

$$= \frac{\pi}{4} - \frac{1}{2}\ln 2$$

[참고] $x^2+1 = t$ 라 두면 $xdx = \dfrac{1}{2}dt$ 이다.

또한, $x=0$ 일 때 $t=1$, $x=1$ 일 때 $t=2$

$$\therefore \int_0^1 \frac{x}{x^2+1}dx = \frac{1}{2}\int_1^2 \frac{1}{t}dt = \frac{1}{2}[\ln|t|]_1^2 = \frac{1}{2}\ln 2$$

3.

1) $I_0 = \displaystyle\int_0^{\frac{\pi}{2}} (\sin x)^0\,dx = \int_0^{\frac{\pi}{2}} dx = [x]_0^{\frac{\pi}{2}} = \frac{\pi}{2}$

2) $I_1 = \displaystyle\int_0^{\frac{\pi}{2}} \sin x\,dx = [-\cos x]_0^{\frac{\pi}{2}} = 1$

3) $n \geq 2$ 인 자연수에 대하여

$$I_n = \int_0^{\frac{\pi}{2}} (\sin x)^n\,dx = \int_0^{\frac{\pi}{2}} (-\cos x)' \sin^{n-1} x\,dx$$

$$= [(-\cos x)\sin^{n-1} x]_0^{\frac{\pi}{2}} - \int_0^{\frac{\pi}{2}} (-\cos x) \times (n-1)(\sin^{n-2} x)\cos x\, dx$$

$$= (n-1)\int_0^{\frac{\pi}{2}} \cos^2 x \sin^{n-2} x\, dx$$

$$= (n-1)\int_0^{\frac{\pi}{2}} (1-\sin^2 x)\sin^{n-2} x\, dx$$

$$= (n-1)\left\{ \int_0^{\frac{\pi}{2}} (\sin^{n-2} x - \sin^n x)dx \right\}$$

$$= (n-1)(I_{n-2} - I_n)$$

위 식을 변형하면 $nI_n = (n-1)I_{n-2}$

$$\therefore\ I_n = \frac{n-1}{n} I_{n-2}$$

p.206

1.

1) $\displaystyle\int_0^\infty e^{-x}dx = \lim_{b\to\infty}\int_0^b e^{-x}dx = \lim_{b\to\infty}[-e^{-x}]_0^b = \lim_{b\to\infty}(1-\frac{1}{e^b}) = 1$

2) $\displaystyle\int_0^\infty xe^{-x}dx = \lim_{b\to\infty}\int_0^b xe^{-x}dx = -\lim_{b\to\infty}\int_0^b x(e^{-x})'dx$

   위의 식에서

   $$\int_0^b x(e^{-x})'dx = [xe^{-x}]_0^b - \int_0^b e^{-x}dx = be^{-b} + [e^{-x}]_0^b$$

   $$= be^{-b} + e^{-b} - 1$$

   $$\therefore\ \int_0^\infty xe^{-x}dx = -\lim_{b\to\infty}(be^{-b} + e^{-b} - 1) = 1$$

3) $x^2 = t$ 라 두면 $xdx = \dfrac{1}{2}dt$ 이고,

   $x=0$ 일 때 $t=0$, $x=b$ 일 때 $t=b^2$

   $$\int_0^b xe^{-x^2}dx = \frac{1}{2}\int_0^{b^2} e^{-t}dt = -\frac{1}{2}[e^{-t}]_0^{b^2} = \frac{1}{2}(1-e^{-b^2})$$

$$\therefore \int_0^\infty xe^{-x^2}\,dx = \lim_{b\to\infty}\int_0^b xe^{-x^2}\,dx = \lim_{b\to\infty}\frac{1}{2}(1-e^{-b^2}) = \frac{1}{2}$$

4)
$$\int_{-\infty}^0 \frac{1}{(x-1)^2}\,dx = \lim_{b\to-\infty}\int_b^0 \frac{1}{(x-1)^2}\,dx$$

$$= \lim_{b\to-\infty}\left[-\frac{1}{x-1}\right]_b^0 = \lim_{b\to-\infty}\left(1+\frac{1}{b-1}\right)$$

$$= 1$$

5) 주어진 피적분함수는 $x=1$에서 유계가 아니다.

$$\int_0^1 \frac{1}{\sqrt{1-x^2}}\,dx = \lim_{\varepsilon\to+0}\int_0^{1-\varepsilon}\frac{1}{\sqrt{1-x^2}}\,dx$$

$$= \lim_{\varepsilon\to+0}[\sin^{-1}x]_0^{1-\varepsilon} = \lim_{\varepsilon\to+0}\sin^{-1}(1-\varepsilon) = \frac{\pi}{2}$$

6) 주어진 피적분함수는 $x=0$에서 유계가 아니다.

$$\int_0^1 \ln x\,dx = \lim_{\varepsilon\to+0}\int_\varepsilon^1 \ln x\,dx$$

$$= \lim_{\varepsilon\to+0}[x\ln x - x]_\varepsilon^1 = \lim_{\varepsilon\to+0}(\varepsilon - \varepsilon\ln\varepsilon - 1) = -1$$

[참고] $\displaystyle\lim_{\varepsilon\to+0}\varepsilon\ln\varepsilon = \lim_{\varepsilon\to+0}\frac{\ln\varepsilon}{\dfrac{1}{\varepsilon}} = \lim_{\varepsilon\to+0}\frac{(\ln\varepsilon)'}{\left(\dfrac{1}{\varepsilon}\right)'} = \lim_{\varepsilon\to+0}\frac{\dfrac{1}{\varepsilon}}{-\dfrac{1}{\varepsilon^2}} = -\lim_{\varepsilon\to+0}\varepsilon = 0$

7) 주어진 피적분함수는 $x=0$에서 유계가 아니다.

$$\int_{-1}^1 \frac{1}{\sqrt[3]{x^2}}\,dx = \lim_{\varepsilon_1\to+0}\int_{-1}^{-\varepsilon_1} x^{-\frac{2}{3}}\,dx + \lim_{\varepsilon_2\to+0}\int_{\varepsilon_2}^1 x^{-\frac{2}{3}}\,dx$$

$$= \lim_{\varepsilon_1\to+0}[3\sqrt[3]{x}]_{-1}^{-\varepsilon_1} + \lim_{\varepsilon_2\to+0}[3\sqrt[3]{x}]_{\varepsilon_2}^1$$

$$= \lim_{\varepsilon_1\to+0}[3-3\sqrt[3]{\varepsilon_1}] + \lim_{\varepsilon_2\to+0}[3-3\sqrt[3]{\varepsilon_2}]$$

$$= 6$$

8) 주어진 피적분함수는 $x=1$에서 유계가 아니다.

$$\int_1^3 \frac{1}{\sqrt{x-1}}dx = \lim_{\varepsilon \to +0} \int_{1+\varepsilon}^3 \frac{1}{\sqrt{x-1}}dx$$

$$= \lim_{\varepsilon \to +0}[2\sqrt{x-1}]_{1+\varepsilon}^3 = \lim_{\varepsilon \to +0}(2\sqrt{2} - 2\sqrt{\varepsilon}) = 2\sqrt{2}$$

2.
$$\int_1^\infty \frac{1}{x^p}dx = \lim_{b \to \infty} \int_1^b x^{-p}dx$$

$$= \lim_{b \to \infty}\left[\frac{1}{-p+1} \times \frac{1}{x^{p-1}}\right]_1^b = \lim_{b \to \infty}\left(\frac{1}{p-1} - \frac{1}{p-1} \times \frac{1}{b^{p-1}}\right)$$

$$= \frac{1}{p-1}$$

3. 주어진 피적분함수는 $x = 0$ 에서 유계가 아니다.

$$\int_0^1 \frac{1}{x^p}dx = \lim_{\varepsilon \to +0} \int_\varepsilon^1 x^{-p}dx$$

$$= \lim_{\varepsilon \to +0}\left[\frac{1}{1-p}x^{-p+1}\right]_\varepsilon^1 = \lim_{\varepsilon \to +0}\frac{1}{1-p}(1 - \varepsilon^{-p+1}) = \frac{1}{1-p}$$

p.211

1.
구간 $[1,2]$를 4등분하면 $x_0 = 1$, $x_1 = \frac{5}{4}$, $x_2 = \frac{3}{2}$, $x_3 = \frac{7}{4}$, $x_4 = 2$ 이고,

피적분함수가 $f(x) = x^2$ 이므로

$$y_0 = 1, \ y_1 = \frac{25}{16}, \ y_2 = \frac{9}{4}, \ y_3 = \frac{49}{16}, \ y_4 = 4$$

또한, $h = \frac{1}{4}$ 이다.

1) 사다리꼴 공식에 의한 근삿값

$$\int_1^2 x^2 dx \fallingdotseq \frac{h}{2}\{y_0 + 2(y_1 + y_2 + y_3) + y_4\}$$

$$= \frac{1}{8}\left\{1 + 2\left(\frac{25}{16} + \frac{9}{4} + \frac{49}{16}\right) + 4\right\}$$

$$= \frac{75}{32}(= 2.34375)$$

2) Simpson 공식에 의한 근삿값

$$\int_1^2 x^2 dx \fallingdotseq \frac{h}{3}\left\{y_0 + 4(y_1 + y_3) + 2y_2 + y_4\right\}$$

$$= \frac{1}{12}\left\{1 + 4(\frac{25}{16} + \frac{49}{16}) + 2 \times \frac{9}{4} + 4\right\}$$

$$= \frac{7}{3}(= 2.\dot{3})$$

3) 실제 값

$$\int_1^2 x^2 dx = \left[\frac{1}{3}x^3\right]_1^2 = \frac{7}{3}$$

따라서 Simpson공식에 의한 근삿값이 실제 값에 더 가깝다.

(실제 값과 Simpson공식에 의한 근삿값은 서로 같다.)

2 구간 $[0,1]$를 4등분하면 $x_0 = 0,\ x_1 = \frac{1}{4},\ x_2 = \frac{1}{2},\ x_3 = \frac{3}{4},\ x_4 = 1$ 이고,

피적분함수가 $f(x) = \frac{1}{x^2 + 1}$ 이므로

$$y_0 = 1,\ y_1 = \frac{16}{17},\ y_2 = \frac{4}{5},\ y_3 = \frac{16}{25},\ y_4 = \frac{1}{2}$$

또한, $h = \frac{1}{4}$ 이다.

1) 사다리꼴 공식에 의한 근삿값

$$\int_0^1 \frac{1}{x^2 + 1} dx \fallingdotseq \frac{h}{2}\left\{y_0 + 2(y_1 + y_2 + y_3) + y_4\right\}$$

$$= \frac{1}{8}\left\{1 + 2\left(\frac{16}{17} + \frac{4}{5} + \frac{16}{25}\right) + \frac{1}{2}\right\}$$

$$= \frac{5323}{6800}$$

$$\fallingdotseq 0.782794$$

2) Simpson 공식에 의한 근삿값

$$\int_0^1 \frac{1}{x^2+1}dx \fallingdotseq \frac{h}{3}\left\{y_0 + 4(y_1 + y_3) + 2y_2 + y_4\right\}$$

$$= \frac{1}{12}\left\{1 + 4\left(\frac{16}{17} + \frac{16}{25}\right) + 2\times\frac{4}{5} + \frac{1}{2}\right\}$$

$$= \frac{8011}{10200}$$

$$\fallingdotseq 0.785392$$

3) 실제 값

$$\int_0^1 \frac{1}{x^2+1}dx = [\tan^{-1}x]_0^1 = \tan^{-1} = \frac{\pi}{4} \fallingdotseq 0.785398$$

따라서 Simpson공식에 의한 근삿값이 실제 값에 더 가깝다.

3. 구간 $[0,2]$를 4등분하면 $x_0 = 0,\ x_1 = \frac{1}{2},\ x_2 = 1,\ x_3 = \frac{3}{2},\ x_4 = 2$ 이고,

피적분함수가 $f(x) = \sqrt{1+x^3}$ 이므로

$$y_0 = 1,\ y_1 = \frac{3\sqrt{2}}{4},\ y_2 = \sqrt{2},\ y_3 = \frac{\sqrt{70}}{4},\ y_4 = 3$$

또한, $h = \frac{1}{2}$ 이다.

1) 사다리꼴 공식에 의한 근삿값

$$\int_0^2 \sqrt{1+x^3}dx \fallingdotseq \frac{h}{2}\left[y_0 + 2(y_1 + y_2 + y_3) + y_4\right]$$

$$= \frac{1}{4}\left\{1 + 2(\frac{3\sqrt{2}}{4} + \sqrt{2} + \frac{\sqrt{70}}{4}) + 3\right\}$$

$$= \frac{1}{4}\left\{4 + \frac{7\sqrt{2}}{2} + \frac{\sqrt{70}}{2}\right\}$$

$$\fallingdotseq 3.28326$$

2) Simpson 공식에 의한 근삿값

$$\int_0^2 \sqrt{1 + x^3}\,dx \fallingdotseq \frac{h}{3}\{y_0 + 4(y_1 + y_3) + 2y_2 + y_4\}$$

$$= \frac{1}{6}\left\{1 + 4(\frac{3\sqrt{2}}{4} + \frac{\sqrt{70}}{4}) + 2\sqrt{2} + 3\right\}$$

$$= \frac{1}{6}(4 + 5\sqrt{2} + \sqrt{70})$$

$$\fallingdotseq 3.2396$$

p.219

1. 1) $y = 4x^2$ 와 $y = x^3$ 의 교점의 x 좌표를 먼저 구한다.

$4x^2 = x^3$ 을 변형하면 $x^2(x-4) = 0$ 이므로 $x = 0, 4$

따라서 구하는 면적을 S 라면

$$S = \int_0^4 (4x^2 - x^3)dx = \left[\frac{4}{3}x^3 - \frac{1}{4}x^4\right]_0^4 = \frac{4^4}{3} - \frac{4^4}{4} = \frac{4^4}{3 \times 4} = \frac{4^3}{3} = \frac{64}{3}$$

2) $x^2 = 2ay$ 와 $y = 2a$ 의 교점의 x 좌표를 먼저 구한다.

$x^2 = (2a)^2$ 을 변형하면 $(x-2a)(x+2a) = 0$ 이므로 $x = -2a, 2a$

따라서 구하는 면적을 S 라면

$$S = \int_{-2a}^{2a} \left(2a - \frac{1}{2a}x^2\right)dx = 2\int_0^{2a} \left(2a - \frac{1}{2a}x^2\right)dx$$

$$= 2\left[2ax - \frac{1}{6a}x^3\right]_0^{2a} = \frac{16}{3}a^2$$

3) 구하는 면적을 S 라면

$$S = \int_0^1 x^n dx = \left[\frac{1}{n+1}x^{n+1}\right]_0^1 = \frac{1}{n+1}$$

4) 구하는 면적을 S 라면

$$S = \int_0^\pi \sin x dx = [-\cos x]_0^\pi = 2$$

5) 구하는 면적을 S라면

$$S = \int_0^1 e^x dx = [e^x]_0^1 = e - 1$$

6) 구하는 면적을 S라면

$$s = \int_{-\frac{\pi}{2}}^{\frac{\pi}{2}} \cos^2 x dx = 2\int_0^{\frac{\pi}{2}} \cos^2 x dx = \int_0^{\frac{\pi}{2}} (1 + \cos 2x) dx$$

$$= \left[x + \frac{1}{2} \sin 2x \right]_0^{\frac{\pi}{2}} = \frac{\pi}{2}$$

7) 구하는 면적을 S라면

$$S = \int_1^{e^3} \frac{1}{x} dx = [\ln |x|]_1^{e^3} = \ln e^3 - \ln 1 = 3$$

8) 두 곡선 $y = e^x$와 $y = e^{-x}$는 y축에 대
하여 대칭이므로 구하고자 하는 면적은
오른쪽 그림의 빗금친부분의 2배이다.
따라서 구하는 면적을 S라면

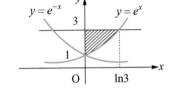

$$S = 2\int_1^3 x \, dy = 2\int_1^3 \ln y \, dy$$

$$= 2[y \ln y - y]_1^3 = 6\ln 3 - 4$$

[다른 방법] $S = 2\int_0^{\ln 3} (3 - e^x) \, dx = 2[3x - e^x]_0^{\ln 3} = 6\ln 3 - 4$

9) $y = \ln 2x$ 에서 $2x = e^y$ 즉, $x = \frac{1}{2}e^y$

구하는 면적을 S라면

$$S = \int_{-1}^2 x \, dy = \int_{-1}^2 \frac{1}{2} e^y \, dy = \left[\frac{1}{2} e^y \right]_{-1}^2 = \frac{1}{2}(e^2 - e^{-1})$$

10) 구하는 면적을 S라면

$$S = \int_0^2 x\,dy = \int_0^2 \frac{y}{y^2+1}\,dy$$

$$= \frac{1}{2}\int_0^2 \frac{(y^2+1)'}{y^2+1}\,dy$$

$$= \frac{1}{2}[\ln(y^2+1)]_0^2$$

$$= \frac{1}{2}\ln 5$$

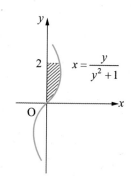

2. $y' = \dfrac{1}{x}$ 이므로 점 $(e,1)$ 에서 접선의 기울기는

$$y'\big|_{x=e} = \frac{1}{e}$$

따라서 접선의 방정식은 $y - 1 = \dfrac{1}{e}(x-e)$

즉, $y = \dfrac{x}{e}$

따라서 구하는 면적을 S 라면

$$S = \frac{e}{2} - \int_1^e \ln x\,dx = \frac{e}{2} - [x\ln x - x]_1^e = \frac{e}{2} - 1$$

3. 주어진 타원방정식을 매개변수 방정식으로 나타내면

$x = a\cos t,\ y = b\sin t$ (단, $0 \le t < 2\pi$)

이므로 점 $(0,b)$ 는 $t = \dfrac{\pi}{2}$, 점 $(a,0)$ 은 $t = 0$ 에 대응한다.

따라서 구하는 타원의 면적을 S 라면

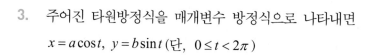

$$S = 4\int_0^a y\,dx = 4\int_{\frac{\pi}{2}}^0 (b\sin t)\times(-a\sin t)\,dt = 4ab\int_0^{\frac{\pi}{2}} \sin^2 t\,dt$$

$$= 2ab\int_0^{\frac{\pi}{2}}(1-\cos 2t)\,dt = 2ab\left[t - \frac{1}{2}\sin 2t\right]_0^{\frac{\pi}{2}} = \pi ab$$

[다른 방법]

오른쪽 그림의 x축 위쪽의 그래프는

$$y = \frac{b}{a}\sqrt{a^2 - x^2}$$

따라서 구하는 타원의 면적은 오른쪽 그림의
빗금친부분의 4배이다.

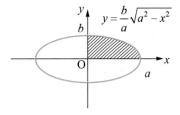

$$S = 4\int_0^a \frac{b}{a}\sqrt{a^2 - x^2}\,dx$$

$$= \frac{4b}{a}\int_0^a \sqrt{a^2 - x^2}\,dx$$

$$= \frac{4b}{a} \times \frac{\pi a^2}{4} = \pi ab$$

4. 구하는 면적을 S라면

$$S = \int_{-\frac{\pi}{4}}^{\frac{\pi}{4}} (\sec^2 x - \tan^2 x)\,dx = 2\int_0^{\frac{\pi}{4}} (\sec^2 x - \tan^2 x)\,dx$$

$$= 2\int_0^{\frac{\pi}{4}} dx = 2[x]_0^{\frac{\pi}{4}} = \frac{\pi}{2}$$

p.222

1. 1) $y = \frac{1}{3}(x^2 + 2)^{\frac{3}{2}}$ 이므로 $y' = \frac{1}{2}(x^2 + 2)^{\frac{1}{2}} \times 2x = x\sqrt{x^2 + 2}$

따라서 구하는 곡선의 길이를 l이라면

$$l = \int_0^2 \sqrt{1 + (y')^2}\,dx = \int_0^2 \sqrt{1 + x^2(x^2 + 2)}\,dx$$

$$= \int_0^2 \sqrt{(x^2 + 1)^2}\,dx = \int_0^2 (x^2 + 1)\,dx$$

$$= \left[\frac{1}{3}x^3 + x\right]_0^2 = \frac{14}{3}$$

2) $\dfrac{dx}{dy} = y^2 - \dfrac{1}{4y^2}$

따라서 구하는 곡선의 길이를 l 이라면

$$l = \int_1^2 \sqrt{1 + \left(\dfrac{dx}{dy}\right)^2}\, dy = \int_1^2 \sqrt{1 + \left(y^2 - \dfrac{1}{4y^2}\right)^2}\, dy$$

$$= \int_1^2 \sqrt{\left(y^2 + \dfrac{1}{4y^2}\right)^2}\, dy = \int_1^2 \left(y^2 + \dfrac{1}{4y^2}\right) dy$$

$$= \left[\dfrac{1}{3}y^3 - \dfrac{1}{4y}\right]_1^2 = \dfrac{59}{24}$$

3) $y = \dfrac{1}{6}x^3 + \dfrac{1}{2}x^{-1}$ 이므로 $y' = \dfrac{1}{2}x^2 - \dfrac{1}{2x^2}$

따라서 구하는 곡선의 길이를 l 이라면

$$l = \int_1^3 \sqrt{1 + (y')^2}\, dx = \int_1^3 \sqrt{1 + \left(\dfrac{x^2}{2} - \dfrac{1}{2x^2}\right)^2}\, dx$$

$$= \int_1^3 \sqrt{\left(\dfrac{x^2}{2} + \dfrac{1}{2x^2}\right)^2}\, dx = \int_1^3 \left(\dfrac{x^2}{2} + \dfrac{1}{2x^2}\right) dx$$

$$= \left[\dfrac{1}{6}x^3 - \dfrac{1}{2x}\right]_1^3 = \dfrac{14}{3}$$

4) 1) $y = \ln(e^x + 1) - \ln(e^x - 1)$ 이므로 $y' = \dfrac{e^x}{e^x + 1} - \dfrac{e^x}{e^x - 1}$

따라서 구하는 곡선의 길이를 l 이라면

$$l = \int_1^3 \sqrt{1 + (y')^2}\, dx = \int_1^3 \sqrt{1 + \left(\dfrac{2e^x}{e^{2x} - 1}\right)^2}\, dx$$

$$= \int_1^3 \sqrt{\left(\dfrac{e^{2x} + 1}{e^{2x} - 1}\right)^2}\, dx = \int_1^3 \dfrac{e^{2x} + 1}{e^{2x} - 1}\, dx = \int_1^3 \dfrac{e^x + e^{-x}}{e^x - e^{-x}}\, dx$$

여기서 $e^x - e^{-x} = t$ 라 두면, $(e^x + e^{-x})dx = dt$ 이고

$x = 1$ 일 때 $t = e - \dfrac{1}{e}$, $x = 3$ 일 때 $t = e^3 - \dfrac{1}{e^3}$

$\therefore l = \displaystyle\int_{e-\frac{1}{e}}^{e^3-\frac{1}{e^3}} \dfrac{1}{t}\,dt = \Big[\ln|t|\Big]_{e-\frac{1}{e}}^{e^3-\frac{1}{e^3}} = \ln\left(e^2 + \dfrac{1}{e^2} + 1\right)$

2. $\quad y' = \dfrac{-\sin x}{\cos x} = -\tan x$

따라서 구하는 곡선의 길이를 l 이라면

$l = \displaystyle\int_0^{\frac{\pi}{4}} \sqrt{1 + (y')^2}\,dx = \int_0^{\frac{\pi}{4}} \sqrt{1 + \tan^2 x}\,dx$

$\quad = \displaystyle\int_0^{\frac{\pi}{4}} \sqrt{\sec^2 x}\,dx = \int_0^{\frac{\pi}{4}} \sec x\,dx$

$\quad = \Big[\ln|\sec x + \tan x|\Big]_0^{\frac{\pi}{4}} = \ln(\sqrt{2} + 1)$

3. $\quad \dfrac{dx}{dy} = \sqrt{\sec^2 y - 1}$

따라서 구하는 곡선의 길이를 l 이라면

$l = \displaystyle\int_{-\frac{\pi}{3}}^{\frac{\pi}{3}} \sqrt{1 + \left(\dfrac{dx}{dy}\right)^2}\,dy$

$\quad = \displaystyle\int_{-\frac{\pi}{3}}^{\frac{\pi}{3}} \sqrt{\sec^2 y}\,dy = 2\int_0^{\frac{\pi}{3}} \sec y\,dy$

$\quad = 2\Big[\ln|\sec y + \tan y|\Big]_0^{\frac{\pi}{3}} = 2\ln(2 + \sqrt{3})$

p.226

1. 1) 구하고자 하는 체적을 V 라면

$$V = \pi \int_1^2 y^2\,dx = \pi \int_1^2 x\,dx = \pi\left[\frac{1}{2}x^2\right]_1^2 = \frac{3}{2}\pi$$

2) 먼저 두 곡선의 교점의 x 좌표를 먼저 구한다.

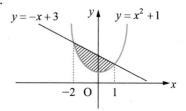

$$x^2 + 1 = -x + 3$$

$$x^2 + x - 2 = (x+2)(x-1) = 0$$

$$x = -2, 1$$

따라서 구하고자 하는 체적을 V 라면

$$V = \pi \int_{-2}^1 \{(-x+3)^2 - (x^2+1)^2\}\,dx$$

$$= \pi \int_{-2}^1 (-x^4 - x^2 - 6x + 8)\,dx$$

$$= \pi\left[-\frac{1}{5}x^5 - \frac{1}{3}x^3 - 3x^2 + 8x\right]_{-2}^1 = \frac{27}{5}\pi$$

3) 구하고자 하는 체적을 V 라면

$$V = \pi \int_1^3 y^2\,dx = \pi \int_1^3 \frac{1}{x^2}\,dx = \pi\left[-\frac{1}{x}\right]_1^3 = \frac{2}{3}\pi$$

4) 구하고자 하는 체적을 V 라면

$$V = \pi \int_1^{e^2} y^2\,dx = \pi \int_1^{e^2} (\ln x)^2\,dx$$

$$= \pi[x(\ln x)^2]_1^{e^2} - 2\pi \int_1^{e^2} \ln x\,dx$$

$$= 4\pi e^2 - 2\pi[x\ln x - x]_1^{e^2}$$

$$= 2\pi(e^2 - 1)$$

5) 구하고자 하는 체적을 V 라면

$$V = \pi \int_0^{\ln 2} y^2\,dx = \pi \int_0^{\ln 2} (e^x - 1)^2\,dx$$

$$= \pi \int_0^{\ln 2} (e^{2x} - 2e^x + 1)dx = \pi \left[\frac{1}{2}e^{2x} - 2e^x + x \right]_0^{\ln 2}$$

$$= (\ln 2 - \frac{1}{2})\pi$$

6) 구하고자 하는 체적을 V 라면

$$V = \pi \int_0^{\frac{\pi}{4}} (\cos^2 x - \sin^2 x)dx = \pi \int_0^{\frac{\pi}{4}} \cos 2x \, dx = \pi \left[\frac{1}{2}\sin 2x \right]_0^{\frac{\pi}{4}} = \frac{\pi}{2}$$

2. 1) 구하고자 하는 체적을 V 라면

$$V = \pi \int_0^1 x^2 dy = \pi \int_0^1 (y^2 + 1)^2 dy$$

$$= \pi \int_0^1 (y^4 + 2y^2 + 1)dy = \pi \left[\frac{1}{5}y^5 + \frac{2}{3}y^3 + y \right]_0^1 = \frac{28}{15}\pi$$

2) 구하고자 하는 체적을 V 라면

$$V = \pi \int_0^8 x^2 dy = \pi \int_0^8 y^{\frac{2}{3}} dy = \pi \left[\frac{3}{5}y^{\frac{5}{3}} \right]_0^8 = \frac{96}{5}\pi$$

3) $y = x^2$, $y = x$ 의 교점의 y 좌표는 각각 $y = 0, 1$ 이다.

따라서 구하고자 하는 체적을 V 라면

$$V = \pi \int_0^1 (y - y^2)dy = \pi \left[\frac{1}{2}y^2 - \frac{1}{3}y^3 \right]_0^1 = \frac{\pi}{6}$$

4) $x = y^2$, $x = y + 2$ 의 교점의 y 좌표는

$$y^2 - y - 2 = (y + 1)(y - 2) = 0 \quad \text{각각 } y = -1, 2 \text{ 이다.}$$

따라서 구하고자 하는 체적을 V 라면

$$V = \pi \int_{-1}^2 \{(y + 2)^2 - y^4\}dy = \pi \left[\frac{1}{3}(y + 2)^3 - \frac{1}{5}y^5 \right]_{-1}^2 = \frac{72}{5}\pi$$

5) 구하고자 하는 체적을 V 라면

$$V = \pi \int_1^e x^2 dy = \pi \int_1^e \frac{\ln y}{y} dy$$

$$= \pi \left[\frac{1}{2}(\ln y)^2 \right]_1^e = \frac{\pi}{2}$$

6) 구하고자 하는 체적을 V 라면

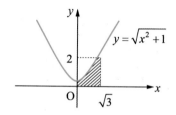

$$V = \pi \int_0^2 (\sqrt{3})^2 dy - \pi \int_1^2 (y^2 - 1) dy$$

$$= \pi [3y]_0^2 - \pi \left[\frac{1}{3}y^3 - y \right]_1^2 = \frac{14\pi}{3}$$

p.236

1. 1) 로그의 진수는 양수이어야 하므로 $\dfrac{1}{x-2y} > 0$ 즉, $x - 2y > 0$

　　따라서 정의역은 $\{(x,y) \mid x - 2y > 0\}$

　　한편, $-\infty < \ln\dfrac{1}{x-2y} < \infty$ 이므로 치역은 $\{z \mid z$ 는 실수$\}$

　2) 근호 안은 양수이어야 하므로 $x^2 - y > 0$

　　따라서 정의역은 : $\{(x,y) \mid x^2 - y > 0\}$

　　한편, $0 < \dfrac{1}{\sqrt{x^2 - y}} < \infty$ 이므로 치역은 $\{z \mid z$ 는 양의 실수$\}$

2. 1) 정의역은 $\{(x,y) \mid 0 \le x^2 + y^2 \le 1\}$, 치역은 $\{z \mid 0 \le z \le 1\}$

　　f 의 등위곡선은 $\sqrt{1 - (x^2 + y^2)} = z \,(0 \le z \le 1)$

　　즉, $x^2 + y^2 = (\sqrt{1 - z^2})^2$

　　이는 원점이 중심이고 반지름의 $\sqrt{1 - z^2}$ 인 원이다.

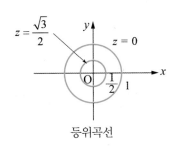

등위곡선

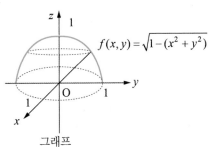

그래프

따라서 주어진 함수의 그래프는 반지름이 1인 반구로 위의 모양과 같다.

2) 정의역은 R^2, 치역은 R (실수의 집합)

f의 등위곡선은 $x+y+1=z$ (z는 실수)

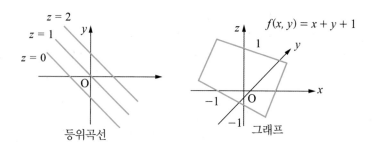

따라서 주어진 함수의 그래프는 평면으로 위의 모양과 같다.

3.

1) $\displaystyle\lim_{(x,y)\to(1,0)} \frac{x}{x-y} = \frac{1}{1-0} = 1$

2) $\displaystyle\lim_{(x,y)\to(1,-1)} e^{\frac{y}{x^2+y^2}} = e^{\frac{-1}{1^2+(-1)^2}} = e^{-\frac{1}{2}}$

3) $\left| \dfrac{x^2 y}{x^2+y^2} \right| \le |y|$ 이므로 $\displaystyle\lim_{(x,y)\to(0,0)}\left| \dfrac{x^2 y}{x^2+y^2} \right| \le \lim_{(x,y)\to(0,0)} |y| = 0$

$\therefore \displaystyle\lim_{(x,y)\to(0,0)} \dfrac{x^2 y}{x^2+y^2} = 0$

4) i) 직선 $y=x$를 따라 원점에 접근하는 경우

$$\lim_{(x,y)\to(0,0)} \tan^{-1}\frac{x}{y} = \lim_{x\to 0} \tan^{-1}\frac{x}{x} = \lim_{x\to 0} \tan^{-1} 1 = \tan^{-1} 1 = \frac{\pi}{4}$$

ii) 직선 $y=-x$를 따라 원점에 접근하는 경우

$$\lim_{(x,y)\to(0,0)} \tan^{-1}\frac{x}{y} = \lim_{x\to 0} \tan^{-1}\frac{x}{-x} = \lim_{x\to 0} \tan^{-1}(-1) = \tan^{-1}(-1) = -\frac{\pi}{4}$$

i)과 ii)로부터 접근하는 방법에 따라 값이 다르므로

$$\lim_{(x,y)\to(0,0)} \tan^{-1}\frac{x}{y} \text{ 은 존재하지 않는다.}$$

4. 1) i) $(x,y) \ne (0,0)$ 일 때

      xy, $\sqrt{x^2+y^2}$ 은 각각 연속함수이므로 $f(x,y)$는 연속이다.

  ii) $(x,y) = (0,0)$ 일 때

      ㉠ $f(0,0) = 0$ 으로 정의되고

      ㉡ $\left|\dfrac{xy}{\sqrt{x^2+y^2}}\right| = \left|\dfrac{\sqrt{x^2}}{\sqrt{x^2+y^2}}\right| \times |y| \le |y|$ 이므로

$$\lim_{(x,y)\to(0,0)}\left|\frac{xy}{\sqrt{x^2+y^2}}\right| \le \lim_{(x,y)\to(0,0)} |y| = 0$$

$$\therefore \lim_{(x,y)\to(0,0)} \frac{xy}{\sqrt{x^2+y^2}} = 0$$

      ㉢ $f(0,0) = \lim\limits_{(x,y)\to(0,0)} \dfrac{xy}{\sqrt{x^2+y^2}}$

      따라서 $f(x,y)$는 $(x,y) = (0,0)$ 에서 연속이다.

  i)과 ii) 에 의하여 $f(x,y)$는 모든 점에서 연속이다.

  2) i) $(x,y) \ne (0,0)$ 일 때 $f(x,y)$는 연속이다.

  ii) $(x,y) = (0,0)$ 일 때

      ㉠ $f(0,0) = 0$ 으로 정의되고

      ㉡ $\left| x\sin\dfrac{y}{x}\right| \le |x|$ 이므로

$$\lim_{(x,y)\to(0,0)}\left|x\sin\frac{y}{x}\right| \le \lim_{(x,y)\to(0,0)} |x| = 0$$

$$\therefore \lim_{(x,y)\to(0,0)} x\sin\frac{y}{x} = 0$$

$$\text{ⓒ } f(0,0) = \lim_{(x,y)\to(0,0)} x\sin\frac{y}{x}$$

따라서 $f(x,y)$ 는 $(x,y)=(0,0)$ 에서 연속이다.

ⅰ)과 ⅱ)에 의하여 $f(x,y)$ 는 모든 점에서 연속이다.

3) $x^2+y^2+1\geq 1$ 이고, 로그함수는 연속함수이므로

$f(x,y)=\ln(x^2+y^2+1)$ 은 모든 점에서 연속함수이다.

p.243

1.

$$\text{ⓐ } f_x(1,1) = \lim_{h\to 0}\frac{f(1+h,1)-f(1,1)}{h} = \lim_{h\to 0}\frac{(1+h)^2-(1+h)}{h}$$
$$= \lim_{h\to 0}(1+h)$$
$$= 1$$

$$\text{ⓑ } f_y(1,1) = \lim_{k\to 0}\frac{f(1,1+k)-f(1,1)}{k} = \lim_{k\to 0}\frac{1-(1+k)}{k}$$
$$= \lim_{h\to 0}(-1)$$
$$= -1$$

[다른 방법] $f_x(x,y) = 2x-y,\ f_x(x,y) = -x$ 이므로

$$f_x(1,1) = 1,\ f_y(1,1) = -1$$

2.

$$f_x(x,y) = \frac{2xy-y^2}{x^2y-xy^2},\ f_y(x,y) = \frac{x^2-2xy}{x^2y-xy^2} \text{ 이므로}$$

$$f_x(3,2) = \frac{4}{3},\ f_y(3,2) = -\frac{1}{2}$$

3.

1) $z_x = \dfrac{(x+y)-(x-y)}{(x+y)^2} = \dfrac{2y}{(x+y)^2},\ z_y = \dfrac{-(x+y)-(x-y)}{(x+y)^2} = \dfrac{-2x}{(x+y)^2}$

2) $z_x = 2xye^{2x}+2x^2ye^{2x},\ z_y = x^2e^{2x}$

3) $z_x = 2x\cos(x+y) - x^2\sin(x+y)$, $z_y = -x^2\sin(x+y)$

4) $z_x = \dfrac{2xy^2(x+y) - x^2y^2}{(x+y)^2} = \dfrac{xy^2(x+2y)}{(x+y)^2}$

   $z_y = \dfrac{2x^2y(x+y) - x^2y^2}{(x+y)^2} = \dfrac{x^2y(2x+y)}{(x+y)^2}$

5) $z_x = \dfrac{-\dfrac{y}{x^2}}{\sqrt{1-\left(\dfrac{y}{x}\right)^2}} = \dfrac{-y}{x^2\sqrt{1-\left(\dfrac{y}{x}\right)^2}} = -\dfrac{|x|\,y}{x^2\sqrt{x^2-y^2}}$

   $z_y = \dfrac{\dfrac{1}{x}}{\sqrt{1-\left(\dfrac{y}{x}\right)^2}} = \dfrac{1}{x\sqrt{1-\left(\dfrac{y}{x}\right)^2}} = \dfrac{|x|}{x} \times \dfrac{1}{\sqrt{x^2-y^2}}$

6) $z_x = \dfrac{2x}{x^2+y^2}$, $z_y = \dfrac{2y}{x^2+y^2}$

4. 1) $z_x = 4x^3y^2 + 3x^2$, $z_y = 2x^4y + 2y$ 이므로

   $z_{xx} = 12x^2y^2 + 6x$, $z_{xy} = z_{yx} = 8x^3y$, $2_{yy} = 2x^4 + 2$

2) $z_x = \dfrac{(x-2y) - (x+y)}{(x-2y)^2} = -\dfrac{3y}{(x-2y)^2}$,

   $z_y = \dfrac{(x-2y) + 2(x+y)}{(x-2y)^2} = \dfrac{3x}{(x-2y)^2}$ 이므로

   $z_{xx} = \dfrac{6y}{(x-2y)^3}$, $z_{xy} = z_{yx} = -\dfrac{3(x+2y)}{(x-2y)^3}$, $z_{yy} = \dfrac{12x}{(x-2y)^3}$

3) $z_x = y + \dfrac{y}{x}$, $z_y = x + \ln xy + 1$ 이므로

   $z_{xx} = -\dfrac{y}{x^2}$, $z_{xy} = z_{yx} = \dfrac{1}{x} + 1$, $z_{yy} = \dfrac{1}{y}$

4) $z_x = \dfrac{-\dfrac{y}{x^2}}{1+\left(\dfrac{y}{x}\right)^2} = -\dfrac{y}{x^2+y^2}$, $z_y = \dfrac{\dfrac{1}{x}}{1+\left(\dfrac{y}{x}\right)^2} = \dfrac{x}{x^2+y^2}$ 이므로

$$z_{xx} = \dfrac{2xy}{(x^2+y^2)^2},\ z_{xy} = z_{yx} = \dfrac{y^2-x^2}{(x^2+y^2)},\ z_{yy} = -\dfrac{2xy}{(x^2+y^2)^2}$$

p.244

1. $z_y = 2xy$ 이므로 구하고자 하는 접선의 기울기는 $z_y(1,2) = 2\times1\times2 = 4$

2. $z_x = -2xe^{-(x^2+y^2)}$ 이므로 구하고자 하는 접선의 기울기는

$$z_x(1,0) = -2e^{-1} = -\dfrac{2}{e}$$

3. $z_y = \dfrac{y}{\sqrt{x^2+y^2}}$ 이므로 구하고자 하는 접선의 기울기는

$$z_y(8,-6) = -\dfrac{6}{10} = -\dfrac{3}{5}$$

4. $z_x = \cos x \cos y$ 이므로 구하고자 하는 접선의 기울기는

$$z_x(\dfrac{\pi}{2},\pi) = 0$$

p.248

1. $z(a+h,b+k) - z(a,b) = \{(a+h)^3 - (a+h)(b+k) + (b+k^2)\} - \{a^3 - ab + b^2\}$

$$= 3a^2h + 3ah^2 + h^3 - ak - bh - hk + 2bk + k^2$$

위 식에 $a=5$, $b=4$, $h=-0.2$, $k=0.1$ 를 대입하여 Δz 를 구한다.

$$\Delta z = 3 \times 5^2 \times (-0.2) + 3 \times 5 \times 0.04 - 0.008 - 0.5 + 0.8 + 0.02 + 0.8 + 0.01$$

$$= -13.278$$

한편, $dz = z_x dx + z_y dy = (3x^2 - y)dx + (2y - x)dy$

위 식에 $x = 5$, $y = 4$, $dx = -0.2$, $dy = 0.1$를 대입하여 dz를 구한다.

$$dz = (3 \times 25 - 4) \times (-0.2) + (2 \times 4 - 5) \times 0.1 = -13.9$$

2. 1) $z_x = 2xy^3 + 2$, $z_y = 3x^2 y^2$ 이므로

$$dz = (2xy^3 + 2)dx + 3x^2 y^2 dy$$

2) $z_x = e^x \cos y$, $z_y = -e^x \sin y$ 이므로

$$dz = e^x \cos y\, dx - e^x \sin y\, dy = e^x (\cos dx - \sin dy)$$

3) $z_x = -\dfrac{\sqrt{y}}{2x\sqrt{x}}$, $z_y = \dfrac{1}{2\sqrt{xy}}$ 이므로

$$dz = -\frac{\sqrt{y}}{2x\sqrt{x}} dx + \frac{1}{2\sqrt{xy}} dy = \frac{1}{2x\sqrt{xy}}(-y\,dx + x\,dy)$$

4) $z_x = \dfrac{1}{2\sqrt{x+y}}$, $z_y = \dfrac{1}{2\sqrt{x+y}}$ 이므로

$$dz = \frac{1}{2\sqrt{x+y}} dx + \frac{1}{2\sqrt{x+y}} dy = \frac{1}{2\sqrt{x+y}}(dx + dy)$$

3. $z = \sqrt[5]{x^2 + 2y^3}$ 이라 두면 $z(4,2) = \sqrt[5]{4^2 + 2 \times 2^3} = \sqrt[5]{32} = 2$ 이고,

$$dz = \frac{2x\,dx + 6y^2 dy}{5\sqrt[5]{(x^2 + 2y^3)^4}}$$

위 식에 $x = 4$, $y = 2$, $dx = -0.2$, $dy = 0.1$을 대입하면

$$dz = \frac{-1.6 + 2.4}{5\sqrt[5]{(16+16)^4}} = \frac{0.8}{5 \times \sqrt[5]{(2^5)}} = \frac{0.1 \times 2^3}{5 \times 2^4} = \frac{0.1 \times 2^3}{5 \times 2^4} = \frac{0.1}{10} = 0.01$$

$$z(3.8, 2.1) - z(4,2) = 5\sqrt[5]{(3.8)^2 + 2(2.1)^3} - 2 \fallingdotseq 0.01$$

$$\therefore \sqrt[5]{(3.8)^2 + 2(2.1)^3} \fallingdotseq 2.01$$

p.255

1.

1) $\dfrac{dz}{dt} = z_x \dfrac{dx}{dt} + z_y \dfrac{dy}{dt} = 2xy^4 \dfrac{dx}{dt} + 4x^2 y^3 \dfrac{dy}{dt}$

$$= 2(\ln t) \times (t^2)^4 \times \dfrac{1}{t} + 4(\ln t)^2 \times (t^2)^3 \times 2t = 2t^7 (\ln t)(4 \ln t + 1)$$

2) $\dfrac{dz}{dt} = z_x \dfrac{dx}{dt} + z_y \dfrac{dy}{dt} = 2x \sin y \dfrac{dx}{dt} + x^2 \cos y \dfrac{dy}{dt}$

$$= 2\sqrt{t^2 + 3} \times \sin e^{2t} \times \dfrac{t}{\sqrt{t^2 + 3}} + (\sqrt{t^2 + 3})^2 \times \cos e^{2t} \times 2e^{2t}$$

$$= 2t \sin e^{2t} + 2(t^2 + 3)e^{2t} \cos e^{2t}$$

2.

1) $\dfrac{\partial z}{\partial s} = z_x \dfrac{\partial x}{\partial s} + z_y \dfrac{\partial y}{\partial s} = (3y^3 - 8x)2se^{s^2+1} + 9xy^2 \sqrt{t^2 + 1} \cos s$

$$= \left\{ 3\sqrt{(t^2 + 1)^3} \sin^3 s - 8e^{s^2+1} \right\} 2se^{s^2+1} + 9e^{s^2+1}(t^2 + 1)^{\frac{3}{2}} \sin^2 s \cos s$$

$\dfrac{\partial z}{\partial t} = z_x \dfrac{\partial x}{\partial t} + z_y \dfrac{\partial y}{\partial t} = (3y^3 - 8x) \times 0 + 9xy^2 \times \dfrac{t}{\sqrt{t^2 + 1}} \sin s$

$$= 9e^{s^2+1}(t^2 + 1)\sin^2 s \times \dfrac{t}{\sqrt{t^2 + 1}} \sin s = 9t\sqrt{t^2 + 1}\; e^{s^2+1} \sin^3 s$$

2) $\dfrac{\partial z}{\partial s} = z_x \dfrac{\partial x}{\partial s} + z_y \dfrac{\partial y}{\partial s} = (\ln y + \dfrac{y}{x}) \times \dfrac{1}{2} + (\dfrac{x}{y} + \ln x)e^t$

$$= \dfrac{1}{2}(\ln se^t + \dfrac{2ste^t}{st+4}) + (\dfrac{st+4}{2ste^t} + \ln \dfrac{st+4}{2t})e^t$$

$\dfrac{\partial z}{\partial t} = z_x \dfrac{\partial x}{\partial t} + z_y \dfrac{\partial y}{\partial t} = (\ln y + \dfrac{y}{x}) \times \left(-\dfrac{2}{t^2} \right) + (\dfrac{x}{y} + \ln x)se^t$

$$= -\frac{2}{t^2}(\ln se^t + \frac{2ste^t}{st+4}) + (\frac{st+4}{2ste^t} + \ln \frac{st+4}{2t})se^t$$

3.

$$g'(t) = F_x \frac{dx}{dt} + F_y \frac{dy}{dt}$$

위 식을 다시 t 로 미분하면

$$g''(t) = \left\{ F_{xx} \frac{dx}{dt} + F_{xy} \frac{dy}{dt} \right\} \frac{dx}{dt} + F_x \frac{d^2x}{dt^2} + \left\{ F_{yx} \frac{dx}{dt} + F_{yy} \frac{dy}{dt} \right\} \frac{dy}{dt} + F_y \frac{d^2y}{dt^2}$$

$$= F_{xx} \left(\frac{dx}{dt} \right)^2 + 2F_{xy} \frac{dx}{dt} \frac{dy}{dt} + F_{yy} \left(\frac{dy}{dt} \right)^2 + F_x \frac{d^2x}{dt^2} + F_y \frac{d^2y}{dt^2}$$

4. 1) $F(x,y) = x^3 - 3xy + y^3$ 이라 두면

$$\frac{dy}{dx} = -\frac{F_x}{F_y} = -\frac{3x^2-3y}{3y^2-3x} = \frac{x^2-y}{x-y^2} \ (\text{단, } \ x-y^2 \neq 0)$$

2) $F(x,y) = y\sin x - x\cos y$ 라 두면

$$\frac{dy}{dx} = -\frac{F_x}{F_y} = -\frac{y\cos x - \cos y}{\sin x + x\sin y} = \frac{\cos y - y\cos x}{\sin x + x\sin y}$$

5. 1) $F(x,y,z) = 5x^2 z - 2z^3 + 3yz$ 라 두면

$$\frac{\partial z}{\partial x} = -\frac{F_x}{F_z} = -\frac{10xz}{5x^2 - 6z^2 + 3y}$$

$$\frac{\partial z}{\partial y} = -\frac{F_y}{F_z} = -\frac{3z}{5x^2 - 6z^2 + 3y}$$

2) $F(x,y,z) = x^2 yz - 4y^2 z^2 + \cos xy$ 라 두면

$$\frac{\partial z}{\partial x} = -\frac{F_x}{F_z} = -\frac{2xyz - y\sin xy}{x^2 y - 8y^2 z}$$

$$\frac{\partial z}{\partial y} = -\frac{F_y}{F_z} = -\frac{x^2 z - 8yz^2 - x\sin xy}{x^2 y - 8y^2 z}$$

6.

$$z_\theta = f_x \frac{\partial x}{\partial \theta} + f_y \frac{\partial y}{\partial \theta} = f_x r \cos\theta - f_y r \sin\theta, \ z_r = f_x \frac{\partial x}{\partial r} + \frac{\partial y}{\partial r} = f_x \sin\theta + f_y \cos\theta$$

$$z_{\theta\theta} = \frac{\partial z_\theta}{\partial \theta} = \frac{\partial f_x}{\partial \theta} r \cos\theta - f_x r \sin\theta - \frac{\partial f_y}{\partial \theta} r \sin\theta - f_y r \cos\theta$$

$$= \{f_{xx} r \cos\theta - f_{xy} r \sin\theta\} r \cos\theta - f_x r \sin\theta - \{f_{yx} r \cos\theta - f_{yy} r \sin\theta\} r \sin\theta - f_y r \cos\theta$$

$$= r^2 \{f_{xx} \cos^2\theta - 2f_{xy} \sin\theta \cos\theta + f_{yy} \sin^2\theta\} - r(f_x \sin\theta + f_y \cos\theta)$$

$$z_{r\theta} = \frac{\partial z_r}{\partial \theta} = \frac{\partial f_x}{\partial \theta} \sin\theta + f_x \cos\theta + \frac{\partial f_y}{\partial \theta} \cos\theta - f_y \sin\theta$$

$$= \{f_{xx} r \cos\theta - f_{xy} r \sin\theta\} \sin\theta + f_x \cos\theta + \{f_{yx} r \cos\theta - f_{yy} r \sin\theta\} \cos\theta - f_y \sin\theta$$

$$= r\{f_{xx} \sin\theta \cos\theta + f_{xy} (\cos^2\theta - \sin^2\theta) - f_{yy} \sin\theta \cos\theta\} + (f_x \cos\theta - f_y \sin\theta)$$

대학수학

초판인쇄 2017년 03월 10일
초판발행 2017년 03월 17일

지은이 ㅣ 정용욱
펴낸이 ㅣ 노소영
펴낸곳 ㅣ 도서출판 마지원

등록번호 ㅣ 제559-2016-000004호
전화 ㅣ 031)855-7995
팩스 ㅣ 031)855-7996
주소 ㅣ 서울 양천구 신월로 19길 7 우림나동 201호
www.wolsong.co.kr
http://blog.naver.com/wolsongbook
ISBN ㅣ 979-11-88127-00-9

정가 18,000원

좋은 출판사가 좋은 책을 만듭니다.
도서출판 마지원은 진실된 마음으로 책을 만드는 출판사입니다.
항상 독자 여러분과 함께 하겠습니다.